冀北现代农业技术（第二版）

◎ 王宝地　沈凤英　罗永华　主编

中国农业科学技术出版社

图书在版编目（CIP）数据

冀北现代农业技术 / 王宝地，沈凤英，罗永华主编 .—2 版 .—北京：中国农业科学技术出版社，2016. 8

ISBN 978 - 7 - 5116 - 2696 - 7

Ⅰ. ①冀…　Ⅱ. ①王…②沈…③罗…　Ⅲ. ①农业技术 - 技术发展 - 河北省　Ⅳ. ①F327. 22

中国版本图书馆 CIP 数据核字（2016）第 179932 号

责任编辑　白姗姗
责任校对　贾海霞

出 版 者　中国农业科学技术出版社
　　　　　北京市中关村南大街 12 号　邮编：100081
电　　话　(010)82106638(编辑室)　(010)82109704(发行部)
　　　　　(010)82109709(读者服务部)
传　　真　(010)82106650
网　　址　http://www. castp. cn
经 销 者　各地新华书店
印 刷 者　北京富泰印刷有限责任公司
开　　本　710mm ×1 000mm　1/16
印　　张　18. 25
字　　数　317 千字
版　　次　2016 年 8 月第 2 版　2016 年 8 月第 1 次印刷
定　　价　40. 00 元

版权所有 · 翻印必究

《冀北现代农业技术》

编 写 人 员

主　编： 王宝地　沈凤英　罗永华

副主编： 吴伟刚　高海琴

编　委：（按姓氏笔画排序）

王智宾　牛　斌　师永东　杨立军

李庆军　武少元　武玉环　赵广阔

赵立平　南　洁　索丙玉　贾宝芝

尉文彬

第二版前言

本书自2013年出版以来，受到广大基层农业技术人员欢迎。按照“科教兴农、人才强农、新型职业农民固农”的战略要求，迫切需要大力培育一批“有文化、懂技术、会经营”的新型职业农民和基层农业技术人员。为进一步贯彻落实中央的战略部署，提高农民教育培训质量和效果，同时也为各地培育新型职业农民和基层农技人员培训提供基础保障——高质量教材，我们组织一批农业专家、学者共同再版了培训教材，供各新型职业农民培育机构和基层农技人员培训基地使用。

我国正处在传统农业向现代农业转化的关键时期，大量先进的农业科学技术、农业设施装备、现代化经营理念越来越多地被引入农业生产的各个领域。第一版教材在使用过程中有幸得到众多基层农业技术指导人员对内容编排提出的诸多宝贵意见，在此基础上，我们对《技术篇》的内容做了大幅度的调整，对《综述篇》增加了近两年来农业新政策并进行了详细解读。随着我国农业新政策与农业技术的飞速发展，为适应现代农业的实际需要，也为了全面提高本书的质量，我们趁此机会对全书进行了一次修订。除了订正原书的疏漏之外，还吸收了一些农业科研新成果，充实教材的内容。

关于本教材的具体修订工作，特作以下两点说明。

一是基本保持原书的体系、结构不变。增加了近两年来农业新政策的详细解读，为避免篇幅过大，精简了《技术篇》内容。本书简明扼要的编写风格依然没有改变。

二是大量更新了《技术篇》农业新技术的内容，注重理论联系实际、深入浅出、通俗易懂，突出了本教材的可读性、技术性、可操作性和实用性。使读者在阅读学习农业新技术的同时，能对现实的农业技术问题进行比较系统的把握，从而提高读者的业务素质和综合技能，同时我们期待本书中的先进的实用技术得到最大范围的推广和应用。

本教材由王宝地、沈凤英、罗永华、吴伟刚、高海琴、牛斌、王智宾、武玉环、尉文彬、师永东、贾宝芝等共同编写与修订。我们本着对读者负责和精益求精的精神，对原教材通篇进行字斟句酌的思考、研究，力求防止和消除一切瑕疵和错误。但由于水平所限，书中难免还会出现缺点和错误，敬请读者批评指正。同时借此机会，向使用本教材的广大基层农技技术人员和新型职业农民，向给予我们关心、鼓励和帮助的同行、专家学者致以由衷的感谢！

编　者

2016 年 5 月

第一版前言

近年来，国家以中央一号文件的形式制定了一系列惠农政策，投入大量资金，以“阳光工程”等形式培训农民，使农民通过培训掌握了大量的农业实用技术和农业生产技能，并在从事农业生产过程中得到实惠，依靠科技达到脱贫致富的目的。由于我国正处于由传统农业向现代农业转变过程，高科技、新技术、新品种广泛应用于农业生产，农民要学习的东西非常多，农民需要掌握实用性、可操作性、一看就懂一学就会的农业实用技术。为贯彻落实中央一号文件精神，巩固基层农业技术推广体系改革与建设成果，大力提升基层农业技术推广体系公共服务能力，中央财政安排专项资金对基层农业技术推广体系改革与建设工作进行补助（简称农技推广补助项目），把基层农技人员知识更新培训列为项目实施的重要内容，同时广大基层农技人员又是向农民传授农业技术的主要力量，因此，广大基层农技人员急需进行知识更新，特别是当前还有一大批大学生“村官”从事农业、农村工作，而他们当中许多人不是农业院校毕业生，也急需掌握现代农业技术，有必要对基层农技人员和大学生“村官”进行农业技术方面知识更新培训，对他们的培训有别于对农民的培训，基层农技人员和大学生“村官”除需要掌握农业实用技术外，还需掌握现代农业以及各地主导产业的发展动态等，增加“宽度”，需要了解应用于现代农业中的高科技、新技术、新品种等方面的内容，增加“深度”，使他们通过学习培训，感觉到我国现代农业在发展过程中商机无限，从事农业工作前途光明，使他们产生投资农业创业的激情，带领农民致富，向职业农民转变，成为现代职业农民，用他们的知识和聪明才智，推动我国现代农业不断向前发展。

本书在起草过程中，将现代农业和高科技、新技术的理念贯穿始终，侧重冀北现代农业的特点，没有过多地阐述基础理论知识，力求简单通俗，注重“宽度”，兼顾“深度”，突出特色。内容涵盖了综述篇和技术篇两部分，将我国现代农业发展动态和冀北农业的发展概况，以及近年来高科技、新技术在农业上的应用技术介绍给读者，同时作为全国农技推广补贴项目县基层农技人员知识更新培训教材来编辑整理。

本书在编写过程中得到河北省农业厅农业科教处、河北北方学院、张家口市农牧局、张家口市农业科学院等单位的大力支持，在此表示感谢！

由于本书编写时间仓促，加之作者水平有限，如有不当之处，敬请读者给予谅解。

编　者

2013 年 1 月

目　　录

第一部分　综　述　篇

第二部分　技　术　篇

第一部分

综　述　篇

第一章　现代农业发展规划

第一节　中央一号文件发布背景

中央一号文件原指中共中央每年发的第一份文件，现在已经成为中共中央重视农村问题的专有名词。中共中央在1982—1986年连续5年发布以农业、农村和农民为主题的中央一号文件，对农村改革和农业发展作出具体部署。2004—2016年又连续13年发布以“三农”（农业、农村、农民）为主题的中央一号文件，强调了“三农”问题在中国的社会主义现代化时期“重中之重”的地位。

2013年中央一号文件提出，鼓励和支持承包土地向专业大户、家庭农场、农民合作社流转，其中，“家庭农场”的概念是首次在中央一号文件中出现。2014年中央一号文件确定，进一步解放思想，稳中求进，改革创新，坚决破除体制机制弊端，坚持农业基础地位不动摇，加快推进农业现代化。2015年中央一号文件确定加大改革创新力度加快农业现代化建设。

新华社2016年1月27日授权发布《关于落实发展新理念加快农业现代化实现全面小康目标的若干意见》。这是改革开放以来第18份以“三农”为主题的中央一号文件，也是自2004年以来，中央一号文件连续13次聚焦“三农”。2016年中央一号文件强调要用发展新理念破解“三农”新难题，提出要推进农业供给侧结构性改革。

对当前我国“三农”发展呈现出的新矛盾、新挑战，文件有哪些破题之策？

一、“农业现代化”：连续三年写入标题

回顾近6年来的中央一号文件，2011—2013年的主题分别是水利、农业科技、新型农业经营体系，而从2014年至今，则连续3年将“农业现代化”写入文件标题。

专家认为，“农业现代化”连续3年“入题”含义深远。当前，我国农业面临千年未有之变局，迫切需要通过落实新理念，加快推进农业现代化，从根本上提升竞争力，破解农业农村发展面临的各种难题。

近年来，我国农产品产量持续增长，粮棉油、果菜鱼等大宗农产品总量均居世界首位，人均占有量超过世界平均水平，但国际农产品市场竞争加剧，大而不强、多而不优、竞争力弱等问题日益凸显。

对此文件提出，持续夯实现代农业基础，提高农业质量效益和竞争力。大力推进农业现代化，必须着力强化物质装备和技术支撑，着力构建现代农业产业体系、生产体系、经营体系，实施藏粮于地、藏粮于技战略，推动粮经饲统筹、农林牧渔结合、种养加一体、一二三产业融合发展，让农业成为充满希望的朝阳产业。

中国社会科学院农村发展研究所研究员李国祥表示，农业是受自然灾害影响较大的行业，我国现代农业的基础不牢，水利等基础设施欠账较多，加快现代农业发展，必须在物质技术装备、基础设施方面着力，建立健全现代农业发展的政策支持体系。

二、“供给侧结构性改革”：首次写进中央一号文件

与当前经济转型升级方向相一致，“供给侧结构性改革”一词2016年首次写入了中央一号文件。专家指出，尽管“供给侧结构性改革”在文件中仅出现一次，但15 000字的文件内容通篇体现出农业供给侧改革思路。

在优化农业生产结构和区域布局方面，文件提出，在确保谷物基本自给、口粮绝对安全的前提下，基本形成与市场需求相适应、与资源禀赋相匹配的现代农业生产结构和区域布局，提高农业综合效益。

“农业供给侧改革不是聚焦数量问题，主要是结构和效益问题。”农业部副部长余欣荣认为，近年来我国粮食连年增产，供求总量基本平衡，但结构性矛盾问题也十分突出。玉米出现阶段性供过于求，大豆缺口逐年扩大，优质饲草供应不足，有效供给不能适应需求变化。

为推进种植业结构调整，农业部已经决定适当调减非优势区粮食生产，重点是调减东北冷凉区、北方农牧交错区、西北风沙干旱区及西南石漠化区等“镰刀弯”地区的玉米种植面积。调减出的耕地将根据市场需求和农牧发展需要，因地制宜地发展青贮玉米、饲草、杂粮杂豆等作物。

文件还提出，树立大食物观，面向整个国土资源，全方位、多途径开发食物资源，满足日益多元化的食物消费需求。记者了解到，马铃薯主食开发工作将继续推进，越来越多的马铃薯馒头、马铃薯面条等产品将端上人民群众餐桌。

三、以“绿色发展”保护资源修复生态

我国农业发展取得巨大成就的同时，也付出了资源环境代价，出现耕地质量下降、地下水超采、农业面源污染加重等问题，资源与环境的紧箍咒越绷越紧。

对此文件提出，推动农业可持续发展，必须确立发展绿色农业就是保护生态的观念，加快形成资源利用高效、生态系统稳定、产地环境良好、产品质量安全的农业发展新格局。

“绿色发展本是农业的天然功能，但目前很多追求眼前利益的做法与绿色发展相悖，需要及时纠正。”中国农业大学农民问题研究所所长朱启臻认为，要加快改变农业开发强度过大、利用方式粗放的状况，放弃“高投入、高产出”的掠夺经营方式，大力发展循环农业，采用休耕、轮作、种植结构调整等措施修复农业生态环境。

文件还提出，强化食品安全责任制，把保障农产品质量和食品安全作为衡量党政领导班子政绩的重要考核指标。这意味着“舌尖上的安全”或将与领导干部的“官帽”紧密联系在一起，督促地方政府把更多精力放在食品安全问题上。

四、补齐“短板”吹响决胜小康冲锋号

“短板”一说，源于管理学中的木桶理论：一个木桶能装多少水，取决于最短的那块板子。小康不小康，关键在老乡。今后五年是我国全面建成小康社会的决胜阶段，农村成为最需要补齐的那块短板。

随着中央强农惠农富农政策不断完善，新农村建设发展势头良好。但不可否认的是，农村基础设施依然薄弱，重建设轻管护；农村基本公共服务难以适应当下农民需求，重硬件轻软件；农村环境存在脏、乱、差现象，重眼前轻规划；农村老龄化、空心化严重，推进市民化过程中重“面子”轻“里子”。特别是农村仍存在大量贫困人口，亟待脱贫致富。

对此文件提出，把国家财政支持的基础设施重点放在农村，建好、管好、护好、运营好农村基础设施，加快推动城镇公共服务向农村延伸，开展农村人居环境整治行动和美丽宜居乡村建设，推进农村劳动力就业创业和农民工市民化，实

施脱贫攻坚工程，坚决打赢脱贫攻坚战。

中国农业科学院农业经济与发展研究所研究员蒋和平认为，今年一号文件在强调农村基础设施建设的同时，还强调不断提高农村学前教育、乡村教师队伍等基本公共服务水平，今后美丽乡村和农民幸福家园建设必将驶入快车道。

五、“产业融合”支撑农民增收

“十二五”期间，我国农民人均收入年均增长 9.5%，2015 年农民人均收入突破万元大关，增幅连续第 6 年高于 GDP 和城镇居民收入增幅。然而，农民收入不高且不平衡问题依然存在，随着农产品价格下行和农民工资性收入增长乏力“双碰头”，保持农民收入持续较快增长难度加大。

对此文件提出，必须充分发挥农村的独特优势，深度挖掘农业的多种功能，培育壮大农村新产业新业态，推动产业融合发展成为农民增收的重要支撑，让农村成为可以大有作为的广阔天地。

“在农业转型发展过程中，推进农业的产业化经营，促进‘接二（产）连三（产）’是一个重要方向。”中国社会科学院农村发展研究所研究员李国祥认为，要建立利益联结机制，让农户分享加工销售环节收益。

与此同时，农村第三产业发展也被寄予厚望。我国休闲农业近年来已经进入发展快车道，2015 年休闲农业吸引游客 11 亿人次，受益农民达3 300万人。

对此，文件提出，依托农村绿水青山、田园风光、乡土文化等资源，大力发展休闲度假、旅游观光、养生养老、创意农业、农耕体验、乡村手工艺等，使之成为繁荣农村、富裕农民的新兴支柱产业。

第二节　中央一号文件详细解读

一、2016 年中央一号文件解读

习近平总书记强调，重农固本，是安民之基。任何时候都不能忽视农业、忘记农民、淡漠农村，始终把解决好“三农”问题作为全党工作重中之重。“十三五”开局之年的新年伊始，2016 年中央一号文件如期出台，中共中央、国务院发出了关于落实发展新理念加快农业现代化实现全面小康目标的若干意见。新世纪第 13 个中央一号文件，瞄准全面建成小康社会宏伟目标，贯彻五大发展新理

念，明确了到 2020 年现代农业建设取得明显进展、农民生活达到全面小康水平、社会主义新农村建设水平进一步提高等目标任务，出台了提高农业质量效益和竞争力、推动农业绿色发展、促进农民收入持续较快增长、提高新农村建设水平、增强农村发展内生动力、加强和改进党对“三农”工作的领导“六大板块”、30 条政策举措，是推动“十三五”时期农村改革发展的指导性文件。

中央一号文件强调，要牢固树立和切实贯彻创新、协调、绿色、开放、共享的发展理念，破解“三农”新难题，厚植农业农村发展优势，推进农业供给侧结构性改革，加快转变农业发展方式，保持农业稳定发展和农民持续增收，走产出高效、产品安全、资源节约、环境友好的农业现代化道路，推动新型城镇化与新农村建设双轮驱动、互促共进，让广大农民平等参与现代化进程、共同分享现代化成果。

学习贯彻中央一号文件精神，重在统一思想，深刻领会中央的战略意图，凝聚起持续重视和加强“三农”工作的广泛共识，营造好推动农业农村发展再上新台阶的良好氛围；贵在统一行动，准确把握中央的决策部署，把中央的战略意图一层层传达下去，把中央的政策举措一项项落实下去。

（一）着力推进农业供给侧结构性改革，让农业成为充满希望的朝阳产业

农业供给侧结构性改革，是农业结构调整的升级版，涵盖生产力调整和生产关系变革两个层次，就是通过体制机制改革推动农业的转型升级，优化农产品供给结构，调减无效和低端供给，扩大有效和中高端供给，提高农产品供给体系的质量和效率，提高农业质量效益和竞争力。

做好农业供给侧结构性改革这篇大文章，首先要转变发展理念、调整工作路数，不能再简单以产量论英雄，不能再走靠拼资源、拼环境增加供给的传统老路，要在确保中国人的饭碗牢牢端在自己手中、饭碗里装的主要是中国粮的前提下，推动农业由“生产导向”向“消费导向”转变，由主要追求产量向产量质量效益并重转变，由超垦过牧向种养适宜转变，由不合理增施化肥农药向生态绿色农业转变，切实增强农产品供给结构的适应性和灵活性，使农产品供给更加契合消费需求，并引导和拉动新的消费需求。当前，要在去库存、降成本、补短板上多下工夫。

去库存。就是要调减供大于求的无效供给，压缩非优势区的农作物生产，有序消化过大的库存。要树立大农业、大食物观念，推动粮经饲统筹、农林牧渔结合、种养加一体、一二三产业融合发展的理念。在确保谷物基本自给、口粮绝对安全的前提下，启动实施种植业结构调整规划，稳定水稻和小麦生产，适当调减“镰刀弯”地区玉米种植，加快粮改饲试点。采取“分品种施策、渐进式推进”的办法，完善农产品市场调控制度。推进政策性粮食销售，支持粮食主产区发展畜牧业和粮食加工业，化解库存压力。

降成本。就是要发展多种形式的适度规模经营，大力推广节本增效技术，有效降低农业生产成本。要发挥规模经营在现代农业建设中的引领作用，既要发展土地流转型的规模经营，积极培育家庭农场、专业大户、农民合作社、农业产业化龙头企业等新型农业经营主体；也要发展生产服务型的规模经营，支持多种类型的新型农业服务主体开展代耕代种、联耕联种、土地托管等专业化规模化服务，加快培育新型职业农民。实施化肥农药零增长行动，推动种养业废弃物资源化利用、无害化处理。大力开展区域规模化高效节水灌溉行动，积极推广先进适用节水灌溉技术。

补短板。就是要补农业产能的短板，补农业生态环境的短板。要实施藏粮于地、藏粮于技战略。大规模推进高标准农田建设，到 2020 年确保建成 8 亿亩*、力争建成 10 亿亩集中连片、旱涝保收、稳产高产、生态友好的高标准农田；大规模推进农田水利建设，到 2020 年农田有效灌溉面积达到 10 亿亩以上。强化现代农业科技创新推广体系建设，重点突破生物育种、农机装备、智能农业、生态环保等领域关键技术，健全适应现代农业发展要求的农业科技推广体系，加快推进现代种业发展。加强农业资源保护和生态修复，从根本上改变开发强度过大、利用方式粗放的状况。探索实行耕地轮作休耕制度试点，通过轮作、休耕、退耕、替代种植等多种方式，对地下水漏斗区、重金属污染区、生态严重退化地区开展综合治理。突出抓好源头控制和全程可追溯两大环节，全面提高农产品质量和食品安全水平，确保老百姓“舌尖上的安全”。

（二）着力厚植农业农村发展优势，让农村成为可以大有作为的广阔天地

中华文明根植农耕文明，中国社会源于村庄社会。伴随着工业化、城镇化的深入推进和经济社会结构的深刻变化，农村的“母体”优势正在以新的方式彰显。过去人们对高楼林立、车水马龙的城市趋之若鹜，现在人们开始向往农村的乡土气息、田园风光。要充分发挥农业功能的丰富性、绿水青山的生态性、乡村文化的独特性，推动农村一二三产业融合发展，让古老的农业、传统的农村焕发出新的生机和活力。

---

* 1 亩≈667 平方米，15 亩 =1 公顷。全书同

扬农业产业链长附加值高的长处。要做好耕地、园地、林地、草地、水域等农业资源开发利用的大文章，念好“山海经”、唱好“林草戏”，大力发展旱作农业、热作农业、优质特色杂粮、特色经济林、木本油料、竹藤花卉、林下经济等琳琅满目的特色农业。促进农产品初加工、精深加工及综合利用加工协调发展，提高农产品加工转化率和附加值。加快农业生产与农产品加工、流通、服务有机结合，形成“接二连三”的全产业链，让农民更多分享产业链增值收益。

扬农村新产业新业态发展潜力大的长处。要大力推进“互联网+”现代农业，应用物联网、云计算、大数据、移动互联等现代信息技术，推动农业全产业链改造升级。加快实现行政村宽带全覆盖，创新电信普遍服务补偿机制，推进农村互联网提速降费。加强县乡村物流服务网络和设施的建设与衔接，实施“快递下乡”工程。鼓励大型电商平台开展农村电商服务，支持地方和行业健全农村电商服务体系，加快形成线上线下融合、农产品进城与农资和消费品下乡双向流通格局。通过政府与社会资本合作、贴息、设立基金等方式，带动社会资本投向农村新产业新业态。

扬乡村乡土人文绿色生态吸引力大的长处。绿水青山，就是金山银山，让绿水青山真正成为金山银山。要依托独具魅力的乡土资源，大力发展休闲度假、旅游观光、养生养老、创意农业、农耕体验、乡村手工艺等新产业，使之成为繁荣农村、富裕农民的新兴支柱产业，成为推动农民就地就近城镇化的有效途径。切实强化规划引导，采取以奖代补、先建后补、财政贴息、产业投资基金等方式扶持休闲农业与乡村旅游业发展，着力改善休闲旅游重点村的基础服务设施。积极支持农民发展休闲旅游业合作社，引导和支持社会资本开发农民参与度高、受益面广的休闲旅游项目。实施休闲农业和乡村旅游提升工程、振兴中国传统手工艺计划。遵循乡村自身发展规律，体现农村特点，注重乡土味道，保留乡村风貌，鼓励各地因地制宜探索各具特色的美丽宜居乡村建设模式。

（三）着力补齐农村发展短板，让亿万农民与全国人民一道迈入全面小康社会

小康不小康，关键看老乡。未来5年，能否实现农村贫困人口全部脱贫，能否拉长农业这条“四化同步”的短腿、补齐农村这块全面小康的短板，将直接影响全面建成小康社会的成色，影响中国特色社会主义现代化的进程。加快补齐农村发展短板，必须促进城乡公共资源均衡配置、城乡要素平等交换，稳步提高城乡基本公共服务均等化水平。

补农村基础设施的短板。把国家财政支持的基础设施建设重点放在农村，建好、管好、护好、运营好农村基础设施，促进城乡基础设施互联互通、共建共享。在“水”方面，实施农村饮水安全巩固提升工程。在“电”方面，加快实施农村电网改造升级工程，开展农村“低电压”综合治理。在“路”方面，加快实现所有具备条件的乡镇和建制村通硬化路、通班车，推动一定人口规模的自然村通公路。在“气”方面，发展农村规模化沼气。在“房”方面，加大农村危房改造力度，通过贷款贴息、集中建设公租房等方式，加快解决农村困难家庭的住房安全问题。深入开展农村人居环境整治行动和美丽宜居乡村建设，实施农村生活垃圾治理5年专项行动，加快农村生活污水治理和改厕，全面启动村庄绿化工程。

补农村社会事业的短板。把社会事业发展的重点放在农村和接纳农业转移人口较多的城镇，加快推动城镇公共服务向农村延伸，推进农村基层综合公共服务资源优化整合。在教育方面，建立城乡统一、重在农村的义务教育经费保障机制。逐步分类推进中等职业教育免除学杂费，率先从建档立卡的家庭经济困难学生实施普通高中免除学杂费。在卫生方面，整合城乡居民基本医疗保险制度，适当提高政府补助、个人缴费和受益水平，全面实施城乡居民大病保险制度。在社保方面，完善城乡居民养老保险参保缴费激励约束机制，引导参保人员选择较高档次缴费。改进农村低保申请家庭经济状况核查机制，实现农村低保制度与扶贫开发政策有效衔接。建立健全农村留守儿童和妇女、老人关爱服务体系。在文化方面，全面加强农村公共文化服务体系建设，继续实施文化惠民项目。

补农村扶贫开发的短板。充分发挥党的领导的政治优势和社会主义的制度优势，实施精准扶贫、精准脱贫，因人因地施策，分类扶持贫困家庭，坚决打赢脱贫攻坚战。到2020年稳定实现农村贫困人口不愁吃、不愁穿，义务教育、基本医疗、住房安全有保障，确保现行标准下的农村贫困人口实现脱贫、贫困县全部摘帽、解决区域性整体贫困。

（四）着力深化农村改革，释放农业农村发展新动能

改革是推动农业农村发展的第一动力，也是破解“三农”难题的“金钥匙”。要破除农村生产关系不适应生产力发展的体制机制障碍，拆除城乡二元结构的体制藩篱，为加快推进中国特色农业农村现代化提供制度保障。党的十八届三中全会以来，中央在“三农”领域推出了一系列重大改革和改革试点，取得了积极进展和初步成效。2015年，中共中央办公厅、国务院办公厅印发的《深化农村改革综合性实施方案》，明确了农村改革的顶层设计和路线图，从深化农村集体产权制度改革、加快构建新型农业经营体系、健全农业支持保护制度、健全城乡发展一体化体制机制、加强和创新农村社会治理5个方面进行了具体部署。“十三五”时期，关键是要推动农村各项改革举措落地生根、开花结果，不断释放改革红利，让农民群众有更多的获得感。

深化农村集体产权制度改革。到2020年基本完成土地等农村集体资源性资产确权登记颁证、经营性资产折股量化到本集体经济组织成员，健全非经营性资产集体统一运营管理机制，保护农民合法财产权益，发展壮大农村集体经济。稳定农村土地承包关系，完善“三权分置”办法，明确农村土地承包关系长久不变的具体规定。规范做好农村土地征收、集体经营性建设用地入市、宅基地制度改革试点，开展扶持村级集体经济发展试点。

健全农业农村投入持续增长机制。要继续做好“加法”，优先保障财政对农业农村的投入，确保力度不减弱、总量有增加。更要做好“乘法”，充分发挥财政政策导向功能和财政资金杠杆作用，鼓励和引导金融资本、工商资本更多投向农业农村。完善财政资金使用和项目管理办法，多层级深入推进涉农资金整合统筹。将种粮农民直接补贴、良种补贴、农资综合补贴合并为农业支持保护补贴，重点支持耕地地力保护和粮食产能提升。用3年左右时间建立健全全国农业信贷担保体系。加快构建多层次、广覆盖、可持续的农村金融服务体系，发展农村普惠金融，降低融资成本，全面激活农村金融服务链条。在风险可控前提下，稳妥有序推进农村承包土地的经营权和农民住房财产权抵押贷款试点。完善农业保险制度，扩大农业保险覆盖面、增加保险品种、提高风险保障水平。

改革完善粮食等重要农产品价格形成机制和收储制度。继续执行并完善稻谷、小麦最低收购价政策，深入推进新疆维吾尔自治区棉花、东北地区大豆目标价格改革试点。针对当前玉米产大于需、库存增加、替代品进口大量增加的实际，要按照市场定价、价补分离的原则，积极稳妥推进玉米收储制度改革，建立玉米生产者补贴制度，引导农民调整生产结构。深化国有粮食企业改革，发展多元化市场购销主体。

深化农村改革，要力求改有所破、改有所立、改有所成。对中央部署的改革任务和试点工作，要加强指导、积极推进，真正做到蹄急而步稳。及时总结可复制、可推广的成熟经验，转化为全面推开的政策，并推动相关法律法规的立改废释，尽快使点上试验的“盆景”变成面上推开的“风景”。

二、2004—2010年七个一号文件亮点和新意

第一是“四取消”，即取消农业税、屠宰税、牧业税、农业特产税。

第二是“四补贴”，即对种粮农民直接补贴、良种补贴、农机购置补贴、农业生产资料综合补贴。

第三是“一奖励”，即对粮食主产县和财政困难县实行奖励补助。

第四是最低收购价、临时收储等价格支持和调控措施。

第五是采取农村基础设施建设支持政策。

第六是农村社会事业促进政策，推动城乡基本公共服务均等化。

第七是加快改善农村民生，强调就业、保障、安居。

三、2011 年中共中央一号文件《关于加快水利改革发展的决定》

这是改革开放以来第 13 个以“三农”为主题的中央一号文件，也是新中国成立 62 年来中共中央首次系统部署水利改革发展全面工作的决定。文件出台了一系列针对性强、覆盖面广、含金量高的新政策、新举措。

新战略定位：“国家安全”。

水利建设：10 年将投 4 万亿元。

水资源管理：确立“三条红线”：一是确立水资源开发利用控制红线；二是确立用水效率控制红线；三是确立水功能区限制纳污红线。

根治水患：2020 年建成“防洪抗旱减灾体系”。

水价改革：减轻低收入群体负担。

加快水利改革发展的目标任务。

1. 力争通过 5 到 10 年的努力，基本建成

防洪抗旱减灾体系、水资源合理配置和高效利用体系、水资源保护和河湖健康保障体系、有利于水利科学发展的制度体系。

2. 坚持五个原则

一要坚持民生优先；二要坚持统筹兼顾；三要坚持人水和谐；四要坚持政府主导；五要坚持改革创新。

3. 水利改革发展的主要任务

突出加强农田水利等薄弱环节建设：全面加快水利基础设施建设，继续实施大江大河治理，加强水资源配置工程建设，搞好水土保持和水生态保护，合理开发水能资源，强化水文气象和水利科技支撑

建立水利投入稳定增长机制：实行最严格的水资源管理制度，不断创新水利发展体制机制。

四、把农业科技摆上更加突出位置—2012 年中共中央一号文件《关于加快推进农业科技创新持续增强农产品供给保障能力的若干意见》

2012 年中央一号文件六大亮点

亮点一：把“农业科技”摆上更加突出位置

实现农业持续稳定发展、长期确保农产品有效供给，根本出路在科技。农业科技是确保国家粮食安全的基础支撑，是突破资源环境约束的必然选择，是加快现代农业建设的决定力量，具有显著的公共性、基础性、社会性。必须紧紧抓住世界科技革命方兴未艾的历史机遇，坚持科教兴农战略，把农业科技摆上更加突出的位置，下决心突破体制机制障碍，大幅度增加农业科技投入，推动农业科技跨越发展，为农业增产、农民增收、农村繁荣注入强劲动力。

亮点二：在政策设计上，明确“三大指向”强农惠农富农

进一步加大强农惠农富农政策力度，奋力夺取农业好收成，合力促进农民较快增收，努力维护农村社会和谐稳定。

亮点三：在总体思路上，提出“三强三保”

围绕强科技保发展、强生产保供给、强民生保稳定，进一步加大强农惠农富农政策力度，奋力夺取农业好收成，合力促进农民较快增收，努力维护农村社会和谐稳定。

亮点四：在“三农”投入上，要求“三个持续加大”

持续加大财政用于“三农”的支出、持续加大国家固定资产投资对农业农村的投入、持续加大农业科技投入，确保增量和比例均有提高。

亮点五：在农业科技定位上，界定“三是三性”

农业科技是确保国家粮食安全的基础支撑，是突破资源环境约束的必然选择，是加快现代农业建设的决定力量，具有显著的公共性、基础性、社会性。

亮点六：在提升农技推广服务能力上，集中出台“三大政策”

“一个衔接两个覆盖”。“一个衔接”是要让基层在岗的农技推广人员工资收入水平与基层事业单位的平均水平相衔接。“两个覆盖”，一个是农技推广体系改革与建设示范县项目要覆盖到所有的农业县（市、区、场），解决基层农技推广机构没有工作经费的问题。一个是农业技术推广机构条件建设项目要覆盖全部的乡镇，主要是解决他们的办公条件，比如说房屋、仪器设备、交通工具等。

五、中央一号文件历史价值

深化农村经济体制改革，进一步解放和发展农村生产力，统筹城乡发展，建设社会主义新农村。

21世纪9个中央一号文件有一个鲜明主题：缩小城乡差距，促进城乡经济社会一体化发展。

在战略决策上，体现了“统筹城乡发展”。

在指导方针上，体现了“多予、少取、放活”。

在着力点上，体现了“改善农村民生”。

六、结论

农业稳则基础牢、农村稳则社会安、农民富则国家强。改革开放以来，中国农村取得了举世瞩目的成就，但问题依旧存在，由于历史上所形成的制度与体制障碍，农村的落后与贫穷、愚昧和偏僻、偏执与保守，与城市相比还存在一定的反差。加强“三农”工作，着力解决“三农”问题，关系着党和国家的全局，关系着实现全面小康社会的宏伟目标，关系着中华民族的伟大复兴和中国特色社会主义事业的长远发展，也关系着社会主义新农村建设与和谐社会的构建，因此，在“三农”问题的解决中，必须坚持解放思想、实事求是、与时俱进的思想路线，在深化改革中开拓发展新途径，破除一切妨碍发展的观念、改变一切束缚发展的做法、革除一切影响发展的体制，只有这样，“三农”问题的真正解决才有希望。

第三节　农业区域发展规划

一、农业区域发展规划的定义、作用与指导思想

（一）定义

农业区域发展规划是在一定的区域范围内（省、市、县、镇等）以现状分析为基础，以社会经济发展和市场需求的趋势作背景，以资源潜力分析为依据，找准发展的思路，选准农业结构调整的重点，包括主导产业与辅助产业的配置，制定发展的目标与措施，最大限度地优化资源配制，挖掘资源潜力，释放和形成新的生产力，促进农业经济的发展，增加农民的收入，对一个地区农业发展与农业资源开发

项目的设置起纲领性的指导作用，并在发展中滚动补充和进一步完善规划。

（二）作用

1. 进一步开发利用农业资源

通过规划找准农业资源开发的切入点，使农业资源科学配置，促进农业规模化、专业化、商品化农业的发展。

2. 进一步改善生产条件，促进农业长期、稳定发展

通过规划中的基础设施建设，改善生产条件，提高土地利用率、劳动生产率和经济效益。

3. 为农民脱贫致富和全面建设小康社会找出可行的途径

使农村经济社会发展可预见可操作，提高农业发展的速度与发展质量。

4. 提高农业的投入效益

按规划优选出项目组织实施，提高效益。

5. 有利于面向市场发展高产、优质、高效、安全农业

促进农业产业化经营，提高农业发展的质量。

（三）指导思想

是制定农业区域发展规划的基本思路，它是一根贯穿在全规划中的红线，在制定每一项发展规划时，需要认真思考、归纳、提炼成为目的清晰、文字简洁的指导思想，切忌把指导思想变成套话、空话。

二、农业区域发展规划要贯穿现代农业发展的理念

1. 以工业化思路武装农业

现代农业要坚持用工业化的理念发展农业，用工业化的生产方式改造农业，打破小生产的自然农业格局；依靠区域内的龙头企业，带动农产品加工业的大发展；用现代科学技术武装农业，用工业化的方式来抓农业。

2. 以集群化模式打造链条

集群通常集中发生在特定的地理区域。产业地理集中的发生是由于地理接近性可以使集群的生产率和创新利益进一步放大。它有助于交易费用的降低、信息的创造和流动、为满足集群特殊需要的地方机构的发展以及感知同行竞争的压力。在发达国家，农业产业集群的理论研究和发展实践已经较为成熟，一些依托农业产业集群的特色农业产业已经成为一些国家或地区的支柱产业，很值得借鉴。

3. 比较效益原则

主导产业必须选择在当前和今后一定时期内，在本地区适宜发展产业中比较效益最好的产业。

4. 开发主体意愿原则

选择主导产业必须尊重开发主体对开发项目品种的选择和尊重历史传统产业习惯，同等条件下群众愿意发展的传统产业优先选择。

5. 产业政策原则

选择发展主导产业要符合本级政府或上级政府已出台的产业政策的要求。

三、农业区域发展规划的编制

（一）农业区域发展规划应遵循的原则

必须服从上一级规划，要与上一级规划很好地衔接，不能超出上级规划的原则界限另搞一套，在不违背上级总体规划的基本原则基础上，根据自身的实际情况，搞好县域农业发展规划。

（二）技术路线

前期工作—外业调查—分析研究—编制规划—征求意见—修改（反复多次）—定稿—评审。

1. 前期工作

主要论证确定规划内容，成立规划协调机构，遴选专家，制定工作方案，编制规划大纲，调查表格。

2. 外业调查

规划编制人员对规划编制单位提出的有关编制内容情况进行外业调查，如县情、农情、资源利用现状及市场需求等，通过实地调查收集数据资料，掌握规划基础材料。

3. 分析研究

对调查数据资料进行汇总、分析、研究、听取专家部门的意见，提炼观点，构思。

4. 编制规划

根据规划大纲编制县域规划。先编制专题规划，后编总体（综合）规划。

5. 征求意见、修改

规划初稿完成后征求规划单位及有关部门专家意见，进行修改，如此反复多次，基本没有意见后定稿。

6. 评审

由规划单位组织有关专家进行评审验收，提交文、图、表齐全的规划成果。

（三）工作方法

1. 成立编制规划领导小组和编制小组

2. 广泛收集资料

收集三方面的资料：规划编制单位资料（县情）；上级有关部门和周边地区相关的资料；区域外、国外有关资料。资料收集可采取到部门收集有关资料与到实地调查相结合，面上调查与典型调查相结合，单因素调查与综合因素调查相结合的方法进行。数据收集范围包括：历史的、现在的、未来的。收集的资料尽可能做到齐全、翔实、可靠。任何虚假数据对搞好规划都是极为有害的。

3. 广泛听取意见，理清思路

广泛听取意见是做好规划的关键，特别是听取规划单位和所属部门的意见，了解他们的思路、要求和想法。了解上级部门及有关专家对规划编制单位的看法及有关产业政策衔接问题。通过广泛听取意见，加上实地调查掌握的调查资料，经过对比分析，可初步理清思路，确定规划目标。广泛听取意见，对搞好规划有很大的帮助，可减少走弯路，是做好规划工作的关键。

4. 认真编写规划

首先确定总体规划目标。规划涉及农、林、牧、劳务等农村经济指标。为避免各专题规划超出总规划目标，规划编写之初必须做好各专题规划平衡指标工作，根据各专题规划提出的指标，进行综合平衡，提出规划总体目标，再根据综合平衡后确定的总目标中各专题规划指标编专题规划。这样可避免在未确定目标的情况下，各专题按自定的目标进行编制，汇总时超出低于总目标不平衡现象，再作修改等于重来，会浪费很多时间精力。

（四）农业区域发展规划编制过程中应防止的误区

1. 沿用我国计划经济体制下，编制农业发展总体规划的旧程序，即先对本地区进行资源优势分析，找出优势资源，然后将优势资源转化成优势产品，依次再推算出经济效益

这种编制农业发展总体规划的模式，我们称其为“一厢情愿”的规划。其结果只能是“规划、规划，墙上挂挂”，没有实际应用意义。目前我国现行的经济体制是社会主义市场经济体制，市场已经成为各种经济要素中的首要经济要

素，对经济和交往起着支配和主导作用。因此，编制规划首先要考虑市场这一主导因素。应先分析市场动向、需求和潜力，再结合本地农业资源优势，找出与市场需求相吻合的优势资源，进行市场定向和定位，扩大规模，形成商品性生产。要充分考虑当地所能筹集到的资金能力，确定应建立和发展的优势产业，在此基础上，再进行经济效益分析，这样的规划才能符合实际，切实可行。

2. 采取行政手段，布署农业各部门分别编制各自专业的发展规划，然后将其汇总成册，就认为是当地农业发展总体规划

这样的规划，我们称其为“拼盘规划”。其结果只能是矛盾重重，难以实施。我们所说的农业发展总体规划是指政府一级所编制的规划，是高层次的。它源于各部门规划，又高于部门规划，是站在政府的高层次上，融合各部门规划之长，所做出的生产力总体布局。它本身是一个“化合物”，而不是一个“混合物”或“拼盘”，这样的规划才是实际需要的规划。

3. 编制规划以后，由当地领导审批后即颁布实施

这样的规划我们称其为“长官规划”。其结果及易出现“张书记掌政时栽树，李书记当权时砍树”，使其规划缺乏权威性和连续性。我们主张编制出的农业发展总体规划要保证科学性和实用性基础上，应提交同级人民代表大会充分讨论和通过，这样通过立法形式，所确立的规划，既集中了群众的智慧，履行了民主程序，保障了科学性，又避免了由于行政官员更迭而易造成的不衔接可能。只有这样，农业发展总体规划才能落到实处。

（五）农业区域发展规划中必须科学准确地确定主导产业

农业主导产业是指一个地区或区域内在因地制宜、充分发挥农业资源优势的基础上，在一定时期产业体系内技术先进，生产规模大，商品率高，经济效益显著，能够较大幅度地增加农民收入和地方财政收入，并在产业体系中占有较大比重，对相关产业具有强烈拉动作用的产业。

运用合理的产业政策对主导产业进行培育和扶持，促进其健康快速发展，并通过它的带动作用，促进上游产业和后续产业的发展，从而可以推动整个经济的腾飞。

选择主导产业一般应遵循以下原则。

市场导向原则：主导产业必须是在今后一定时期，一定地域范围内产品具有较好的市场前景，其中大部分能够直接可通过加工而成为商品销售，且市场占有率较高的产业。

资源适宜性原则：主导产业必须是该地区资源条件最适宜产业之一，且可开

发资源量广质优，区域分布相对集中，开发利用后可持续发展。

以品牌化手段抢占市场：大力实施品牌工程，有了行业的“品牌”，农业商品才有具体的目标，质量农业、精品农业也才能落到实处。

以生态化理念实现持续：发展过程中，需要协调发展农业循环经济，搞好立体种养、“农畜经”结合，“种养加”一体化等生态循环农业模式和技术的推广应用，促进整个农业生产步入可持续发展的良性循环轨道。

四、农业区域发展规划设计思路

1. 规划宏观条件分析
2. 区域农业发展 SWOT
3. 区域农业发展战略
4. 农业产业构架
5. 产业项目规划设计
6. 生态环境保护与生产条件规划
7. 农业科技保障规划
8. 重点建设工程项目汇总
9. 实施保障措施
10. 规划相关附图

SWOT 分析：国际上，现代企业在研究企业战略选择时，常用 SWOT 分析方法。这是一个将引起事物变化的内部因子—优势与劣势、外部环境因子—机遇与威胁，予以综合集成的定性分析方法。S——优势（strength）；W——劣势（weakness）；O——机遇（opportunity）；T——威胁（threat）。编制规划时，应遵循科学发展观，从资源与生态环境、市场、组织与管理、成本、科教、人才、信息、资金等要素，以及区位、交通、能源、通讯、文化等社会发展因素，运用 SWOT 分析方法分析农业发展所面临的优势、劣势、机会与威胁。

区域产业发展 SWOT 分析的目的，在于使产业的发展战略的制定更加适应区域发展的内、外部条件；相应的，在制定农业发展战略时，也应对某一区域农业发展条件因素做系统性分析。

第二章　我国现代农业发展趋势

第一节　现代农业与农业产业化

一、基本概念

（一）传统农业（traditional agriculture）

传统农业是指沿用长期积累的农业生产经验，不使用任何化学合成的农用生产资料，主要以人、畜力进行耕作，采用农业、人工措施或传统的矿物源、植物源药剂进行病虫草害防治为主要技术特征的精耕细作、农牧结合、小面积经营的农业生产方式。

（二）现代农业（modern agriculture）

概念　现代农业应是用现代物质条件装备的，用现代科技武装的、以现代管理理论和方式经营的、生产效率达到一定先进水平的农业，同时，现代农业也是一个多元化社会需求与角度的有机载体。

系统定义　从以市场为主导来看，它是市场农业；从其以追求利润为目的来看，它是企业化农业；从其以科技化为支撑来看，它是科技农业；从其贸工农产业链条的角度来看，它是产业化农业；从农民的角度来看，它是职业化农民的农业；从农村的角度来看，它是功能化新农村的农业。

类型　绿色农业、休闲农业、工厂化农业、特色农业、观光农业、立体农业、订单农业。

（三）无公害农业（pollution-free agriculture）

无公害农业是指在无污染区域内或已经消除污染的区域内，充分利用自然资源，最大限度地限制外源污染物进人农业生态系统，生产出无污染、安全、优质营养类产品，同时，生产及加工过程不对环境造成危害的农业生产方式。无公害

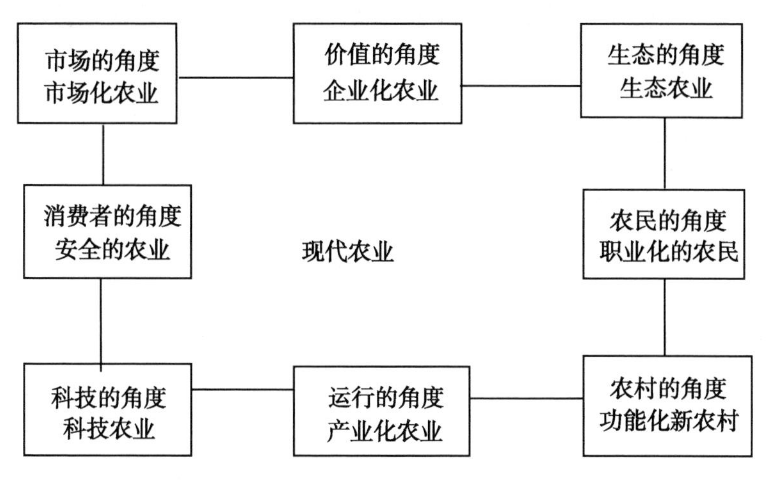

现代农业的系统定义

农业又称为环境亲和型农业。

（四）有机食品（organic food）

有机食品指来自有机农业生产体系，根据有机农业原则和有机农产品生产方式及标准生产、加工出来的，并通过有机食品认证机构认证的供人们食用的一切食品。包括粮食、蔬菜、奶制品、水果、饮料、禽畜产品、蜂蜜、水产品、调料、药物、酒类等。

（五）现代循环农业（modern cycle agriculture）

一种将传统农业中的循环经济特点和现代农业中高效率的特点有机融合在一起，既体现循环经济以资源减量化、循环利用为特点，以尽可能少的外界资源投入，实现既定的产出目标，同时，又体现现代农业以现代科技武装农业和以现代管理理念管理农业、实现高效农业的特点。

（六）农业产业化（agriculture industrialization）

概念：以市场为导向，以经济效益为中心，以主导产业、产品为重点，优化组合各种生产要素，实行区域化布局、专业化生产、规模化建设、系列化加工、社会化服务、企业化管理，形成种养加、产供销、贸工农、农工商、农科教一体化经营体系，使农业走上自我发展，自我积累、自我约束、自我调节的良性发展轨道的现代化经营方式和产业组织形式。

内涵：产业化经营是发挥市场配置资源基础性作用的最佳形式。产业化经营是高级化的经济结构和区域布局。产业化经营是调节企业与农户之间利益关系的有效调节机制。产业化经营是较高层次的现代农业经济。产业化经营是按照市场经济要求构建的经济组织和经营机制。

二、现代农业的特征

1. 生产技术科学化

一整套建立在现代自然科学基础上的农业科学技术的形成与推广，使农业生产技术由经验转向科学。如在植物学、动物学、遗传学、物理学、化学等科学发展的基础上，育种、栽培、饲养、土壤改良、植保等农业科技迅速发展和广泛应用。

2. 生产手段机械化

现代机器体系的形成和农业机器的广泛应用，农业由手工生产转变为机器生产。技术经济性能优良的拖拉机、耕耘机、联合收割机、农用汽车以及林牧渔业机械，成为农业的主要生产工具，使投入农业的能源显著增加。

3. 生产分工专业化

农业企业规模扩大、农业生产的地区分工、企业分工日益发达。“小而全”的自给自足生产被高度专业化、商品化的生产所代替。

4. 产业经营一体化

农业生产过程同加工、销售以及生产资料的制造和供应紧密结合，专业化分工、商品化生产促成了农工商一体化。

5. 管理方法信息化

依托于经济数学的方法、电子计算机等现代信息技术，现代企业管理和宏观管理中管理方法量化趋势明显。

6. 农业生产高效化

现代农业的发展显著地提高了土地生产率、劳动生产率，使农业生产和农村面貌发生了显著的变化。

三、现代农业产业体系及其特征

现代农业产业体系是集食物保障、原料供给、资源开发、生态保护、经济发展、文化传承、市场服务等产业于一体的综合系统，是多层次、复合型的产业体系。由下列 3 个方面构成。

一是农产品产业体系。包括粮食、棉花、油料、畜牧、水产、蔬菜、水果等各个产业，以确保国家粮食安全和主要农产品供给。

二是多功能产业体系。包括生态保护、休闲观光、文化传承、生物能源等密切相关的循环农业、特色产业、生物能源产业、乡村旅游业和农村二三产业等，以充分发挥农业多种功能，增进经济社会效益。

三是现代农业支撑产业体系。包括农业科技、社会化服务、农产品加工、市场流通、信息咨询等为农服务的相关产业，以提升农业现代化水平，提高农业抗风险能力、国际竞争能力、可持续发展能力。

（一）现代农业产业体系的结构特征

1. 农业区域专业化

在资源禀赋优势的基础上，形成了农作物主产区。在某种农作物主产区集中连片的区域，种植规模大且种植品种相对单一，出现了产业带。

2. 农业产业集聚

在农业区域专业化的基础上，产生了对农业生产的产前、产中、产后各环节专业化分工与社会化协作的要求，相关支持产业应运而生。专业化的农业产业及其相关支持产业位于同一区域中时，形成集研发、投入品供应、生产、销售一体化的农业产业集聚区。

在集聚区中，通过现代农业产业体系实现要素耦合，完成整个产业体系从要素投入到商品农产品批发直至零售的全部运营过程。农业产业集聚的结果，是培育出区域农产品竞争优势。

3. 畜牧业成为重要的产业部门

现代农业产业体系的一个突出特色是，由种植业生产区域专业化布局推动了畜牧业生产的区域专业化发展，而畜牧业的发展又带动了种植业结构的调整。

（二）现代农业产业体系的功能特征

1. 保障与增收的基本功能

保障粮食安全、改善食物结构、供给原材料、增加农业生产者收入是农业结构的基本功能。

2. 提供公共物品的社会功能

社会功能看，农业承担着保护生态环境、传承田园文化、观光休闲等为市场提供公共物品的功能，社会功能源于农业的正外部性效应，其与传统农业的比较见下表。

表　传统农业与现代农业的观念和运行方式的比较

比较项目	传统农业	现代农业
核心价值	保障食品供给	经济效益、社会效益、生态效益
发展理念	宏观上符合社会需要微观上遵循生产者需要	实现社会效益、经济效益与生态效益综合价值的产业载体
管理方式	农户家庭生产	产业化发展、企业化运作，市场化增效、价值化经营。
成本与效益	关注生产者成本	关注市场需求与价值
产业形式	传统的种植业、养殖业	从需求到生产的产业体系
技术应用的目的	提高劳动生产率	创造市场价值的手段
关注方式	资源—生产—销售	需求—价值—产业—资源
产品质量	自然标准、无需品牌	专业标准、需要品牌
产品价值	就生产与保障讨论价值	在保障供给的基础上、强化食品安全生态环境和市场价值
农工技能	无类别差异，混业发展	分工、分业 强调标准化与职业化的发展
产业主体	生产的主体是农民	由产业链联结的多种产业主体并存

四、发展农业产业化经营的意义

发展农业产业化经营是扭转农业弱质低效局面的根本出路。

有利于解决农业社会效益高与经济效益低之间的矛盾，提高农业比较效益，增加农民收入。

有利于解决小生产与大市场的矛盾，逐步实现农业生产的市场化，引导农民进入市场。

有利于解决农户经营规模狭小与现代农业要求之间的矛盾。促进传统农业向现代农业转变。

有利于提高农业的生产力水平，实现经济增长方式由粗放型向集约型的转变。

1. 农业产业化基本特征市场化

（1）资金、技术、人才、劳动力、土地、设备等生产要素靠市场配置。

（2）农业生产、加工、流通各环节之间的利益调节靠市场机制去实现。

（3）产业化经营过程中从原料到终端产品的销售通过市场去实现。

区域化　在一定区域内，依托资源优势，突出发展一业或几业形成优势产业，实现布局和产业的优化。

专业化　在生产、加工、销售和服务各环节实现专业化。

规模化　产业化规模的大小与所追求的最佳效益相一致，随着产业化的发展，其规模是一个由小到大发展的过程。

企业化　就是用工业化思维谋划农业发展，借鉴工业生产、技术、物资、资金、成本等方面管理办法管理农业，以实现集约化经营，获取最大经济效益。

一体化　这是产业化经营的核心。一体化关键在于形成风险共担、利益共享的利益共同体。

社会化　即实现服务体系的社会化。

2. 农业产业化产生的客观条件

小规模分散化的经营体制与大市场无法衔接，需要在经营体制上寻求突破。农户是我国农业最基本的经营单位，由于资源、人口等方面原因，我国农户经营规模小、生产效率低下。

农民收入的单一性导致收入增长滞缓，需要在增收渠道上寻求新突破。农民收入增长滞缓，是“三农”问题的核心，也是全国共性的问题，这个问题在粮食主产区更为明显。

农村产业结构不合理严重制约农村经济发展，需要在结构调整上寻求突破。就农业内部结构分析，以粮食生产为主的种植业仍然占主导位置，农产品区域优势没有形成，农产品加工滞后，流通瓶颈没有完全打开，品牌农业开发处于起步阶段。解决农业产业结构调整，关键还要通过产业化去带动。

农村劳动力的大量剩余和城市化发展的制约，需要在新的就业途径上寻求突破。通过农业产业化，延长农业产业链，发展农村二三产业，转移和吸收剩余劳动力。财政、金融对农业投入不足，影响了农业整体竞争能力提升，需要寻求新的投入渠道。通过发展农业产业化，有利于吸纳社会资金，发展农村经济。

3. 农业产业化的经营主体

以农业资源为基础，以实现农产品加工和营销增值为目的，直接带动农民增收和间接促进农民增收的运行主体。主要包括：农业产业化龙头企业、农产品批发交易市场、农业示范园区和基地、农民合作组织、农产品经纪人。

第二节　我国现代农业产业技术体系简介

2007年农业部、财政部共同启动了现代农业产业技术体系建设。这一体系以农产品为单元，以产业为主线，在不打破管理体制的前提下，实行各级各类科技资源的整合和科技人员的大联合、大协作，围绕重点任务研发、前瞻性研究、基础性工作和应急性任务，开展联合攻关。

目前，已开展了水稻、小麦、油菜、棉花、生猪等50个现代农业产业技术体系建设，涉及34个作物产品、11个畜产品和5个水产品，设立了50个产业技术研发中心。

现代农业产业技术体系由产业技术研发中心和综合试验站二个层级构成。每一个农产品设置一个国家产业技术研发中心（由若干功能研究室组成），研发中心设1名首席科学家和若干科学家岗位；在主产区设立若干综合试验站，每个综合试验站设1名站长。

国家农业产业体系建设在张家口设置情况

设5个专家岗位7个综合试验站，涉及8个专业。燕麦2个岗位1个试验站、马铃薯1个岗位1个试验站、油用胡麻1个岗位1个试验站、谷子1个岗位、向日葵和食用豆各1个试验站，2011年又新增葡萄和大宗蔬菜2个试验站。在全国地市级数量、涉及专业排名第一。

第三节　迅速发展的现代农业趋势

随着科技的进步与发展，各种高新科技广泛应用与农业，农业将发生一系列深刻的变革，现代农业的发展进程将大大加快。在现代农业科技的引领下，现代农业未来发展将呈现以下趋势。

一、生物基因工程农业将迅速发展

农业生物遗传基因资源的拥有和开发利用，正在为现代农业注入新鲜的活力和动力。作物、生物多样性重要组成部分的遗传基因资源，是人类赖以生存与发展创新的物质基础。为此，世界各国在21世纪，都把农业遗传基因资源的保护、研究和开发利用作为一项大事来抓。科学家们预言，现代农业对作物新品种改良和创新，正开始由过去传统的偏重矮化、高产型，逐步向超高产创新型、抗病广谱性和营养保健型方向转变，尤其是通过细胞分子杂交和基因重组导入等生物基因工程技术来创造新物种和新的生物资源。

二、信息农业正在兴起

当代世界正在由工业化时期进入信息化时代，以计算机多媒体技术、光纤和通信卫星技术为特征的信息化浪潮正在席卷全球。同样，现代信息技术也正在向农业领域渗透，形成信息农业。信息农业的基本特征可概括为：农业基础装备信息化、农业技术操作全面信息化、农业经营管理信息网络化。信息农业又包括两个内容：一是农业信息化；二是农业信息产业化。

三、生态农业的发展已逐渐成为全人类的共识

农业生态环境将实现新改观。生物农药、高效低毒残留农药和有机肥料的利用水平将显著提高，农业面源污染将得到有效控制。土壤持续生产力大幅度提高，草原沙化、盐渍化、退化将得到有效遏制。渔业资源环境明显改善，循环农业方式将基本形成，农业可持续发展能力显著增强。随着持续农业观点的迅速传播，它将代表农业发展的方向，并成为现代农业发展的一种新趋势。

四、设施农业将日趋成熟

设施农业是具有一定的设施，能在局部范围改善或创造环境气象因素，为动、植物生长发育提供良好的环境条件，而进行有效生产的农业。设施农业是农业工程学科领域，是依靠科技进行形成的高新技术产业，是当今世界最具活力的产业之一，也是世界上各国用以提高新鲜农产品的重要技术措施。目前发达国家的设施农业已形成成套技术，完备的设施设备、生产规范、产量的可靠性与质量的保证体系，并在向高层次、高科技和自动化、智能化方向发展，将形成全新的技术体系。

五、农业产业化、企业化和市场化是现代农业发展的潮流

随着社会的发展，农业生态系统中的能量物质流、资金价值流、信息流将会更加迅速，系统将更加开放，与外界市场的联系将更加紧密。在这种情况下，农业生产直接受市场的引导和调控。农业产业化、市场化和企业化将成为现代农业

发展的必然。农业产业化程度、农产品商业化程度、初级农产品深加工程度，体现了农业生产—生态系统发展的综合水平。

六、现代农业由注重产值（量）的外延型发展向重视效益的内涵型方向发展

传统农业生产只重视粮食作物单产和产值的提高。但是，在市场经济下，特别是进入 WTO 后，农业除了重视产量（值）的提高外，更应注重经济效益和产品质量，调整农业产业结构，发展名特优商品农业，提高农产品科技含量和商品附加值，降低农业生产成本，提高农产品的市场位，使农业由规模型、外延型转变到内涵型、质量型的发展模式，实现农业的现代化经营管理。农业的发展，除了其产品的“市场位”，还取决于其“生态位”。生态位反映产品生态价值、环境价值和美学价值，市场位则反映产品的市场竞争能力。二者相辅相成，产品生态位优的，有利于其市场位的提高；单纯追求市场价值不顾生态环境价值的农业企业，则缺乏长远发展的竞争潜力。

七、现代农业使农民收入加快提高

农民务农收益明显增加，外出务工数量和工资水平将进一步提高，休闲农业、观光农业等蓬勃发展，农民增收渠道进一步拓宽，收入来源日趋多元，持续增收的长效机制基本形成。

第三章　现代农业推广服务

第一节　农业推广的概念

农业推广活动是伴随农业生产活动而发生、发展起来的一项专门活动。随着农业推广活动的逐渐深入，农业推广已成为农业和农村发展服务的一项社会事业。由于不同国家政治、经济、文化的差别，农业和农村发展各阶段农业生产力发展水平的不同，农业推广活动的内容、形式、方法有很大的差异，然而，追溯其本质，都是以推广为动力，来改变农民的行为，促进农业和农村的发展。

一、农业推广的基本概念

从世界各国农业推广发展的历史看，农业推广的涵义是随着时间、空间的变化而演变的。在不同的社会历史条件下，农业推广是为了不同目标，采取不同方式来组织进行的。从农业推广活动的发生和发展历史，我们不难看出，随着社会经济由低级向高级发展，农业推广工作由单纯的生产技术型逐渐向教育型和现代型扩展。

1. 狭义的农业推广

狭义农业推广在国外起源于英国剑桥的“推广教育”和早期美国大学的“农业推广”，基本的涵义是：把大学和科学研究机构的研究成果，通过适当的方法介绍给农民，使农民获得新的知识和技能，并且在生产中采用，从而增加其经济收入。这是一种单纯以改良农业生产技术为手段，提高农业生产水平为目标的农业推广活动。世界上一些发展中国家的农业推广都属于狭义的农业推广。我国长期以来沿用农业技术推广的概念，也属此范畴。《中华人民共和国农业技术推广法》（1993 年 7 月 2 日第八届全国人民代表大会常务委员会二次会议通过）指出：“农业技术推广，是指通过试验、示范、培训、指导以及咨询服务等，把农业技术普及应用于农业生产产前、产中、产后全过程的活动。”该法又将农业技术界定为“应用于种植业、林业、畜牧业、渔业的科研成果和实用技术。”

2. 广义的农业推广

这是西方发达国家广为流传的农业推广概念，它是农业生产发展到一定水平，农产品产量已满足或已过剩，市场因素成为农业生产和农村发展主导因素以及提高生活质量成为人们追求目标的产物。广义的农业推广已不单纯地指推广农业技术，还包括教育农民、组织农民以及改善农民实际生活等。这类推广工作的重点包括：对成年农民的农事指导，对农家妇女的家政指导，对农村青年的“手、脑、身、心”教育，即“4H 教育”（Hands，Head，Health，Heart）。1962年，在澳大利亚召开的世界第 10 届农业推广会议对农业推广的解释是：通过教育过程，帮助农民改善农场经营模式和技术，提高生产效益和收入，提高乡村社会的生活水平和教育水平。1973 年，联合国粮农组织出版的《农业推广参考手册》（第一版）将农业推广解释为：农业推广是在改进耕作方法和技术、增加产品效益和收入、改善农民生活水平和提高农村社会教育水平方面，主要通过教育来帮助农民的一种服务或体系。

世界上许多摆脱贫困国家的农业推广，都是指广义的农业推广，其工作范围包括：①有效的农业生产指导；②农产品运销、加工、贮藏的指导；③市场信息和价格的指导；④资源利用和环境保护的指导；⑤农家经营和管理计划的指导；⑥家庭生活的指导；⑦乡村领导人的培养与使用指导；⑧乡村青年的培养与使用指导；⑨乡村团体工作改善的指导；⑩公共关系的指导。

3. 现代农业推广

当代西方发达国家，农业已实现了现代化、企业化和商品化，农民文化素质和科技知识水平已有极大提高，农产品产量大幅度增加，面临的主要问题是如何在生产过剩条件下提高农产品的质量和农业经营的效益。因此，农民在激烈的生产经营竞争中，不再满足于生产和经营知识的一般指导，更重要的是需要提供科技、市场、金融等方面的信息和咨询服务。为描述此种农业推广的特征，学者们又提出了“现代农业推广”的概念。联合国粮农组织出版的《农业推广》（1984 年第二版）写道：“推广工作是一个把有用信息传递给人们（传播过程），然后帮助这些人获得必要的知识、技能和正确的观点，以便有效地利用这些信息或技术（教育过程）的一种过程”。与此解释类似的有 A. W. 范登班和 H. S. 霍金斯所著的《农业推广》（1988 年），他们认为：“推广是一种有意识的社会影响形式。通过有意识的信息交流来帮助人们形成正确的观念和做出最佳决策。”

从以上叙述可看出，狭义农业推广是一个国家处于传统农业发展阶段，农业商品生产不发达，农业技术水平是制约农业生产的主要因素的情况下的产物。在此种情况下，农业推广首要解决的是技术问题，因此，势必形成以技术指导为主的“技术推广”。广义农业推广则是一个国家由传统农业向现代农业过渡时期，农业商品生产比较发达，农业技术已不是农业生产的主要限制因素下的产物。在此种情况下，农业推广所要解决的问题除了技术以外，还有许多非技术问题，由此便产生了以“教育”为主要手段的“农业推广”。而“现代农业推广”是在一个国家实现农业现代化以后，农业商品生产高度发达，往往是非技术因素（如市场供求等）成为农业生产和经营的限制因素，而技术因素则退于次要地位情况下的产物。在此种情况下，必然出现能够提供满足农民需要的各种信息和以咨询为主要手段的“现代农业推广”。可以这样说，狭义农业推广以“技术指导”为主要特征，广义农业推广以“教育”为主要特征，而现代农业推广则以“咨询”为主要特征。

4. 中国特色的农业推广

20 世纪 90 年代后期以来，我国正在由传统农业向现代农业转变，农业技术不断进步，数量型农业逐步向质量和效益型农业提升，特别是建立社会主义市场经济体制，实施“科教兴国”战略，对我国农业推广理论与方法提出新的挑战。随着经济全球化的到来，以及加入 WTO，我国原有的农业推广体系必须进行改革，农业技术推广的概念也必须拓宽。结合我国国情并借鉴国外农业推广发展的历史经验，我们既不能停留在技术推广这种农业推广的初级形式阶段，也不能完全照搬国外的农业推广模式，唯一出路就是要探索出具有中国特色的、符合中国国情的农业推广模式。我们认为，在今后相当长的一段时期内，在由计划经济向社会主义市场经济、传统农业向现代农业转变的时期内，比较适合中国国情的农业推广内涵应该是：农业推广是应用自然科学和社会科学原理，采取教育、咨询、开发、服务等形式，采用示范、培训、技术指导等方法，将农业新成果，新技术、新知识及新信息，扩散、普及应用到农村、农业、农民中去，从而促进农业和农村发展的一种专门化活动。

由以上内涵不难看出，农业推广集科技、教育、管理及生产活动于一体，具有系统性、综合性及社会性的特点。农业推广的根本任务是通过扩散、沟通、教育、干预等方法，使我国的农业和农村发展走上依靠科技进步和提高劳动者素质的轨道，根本目标是发展农业生产、繁荣农村经济和改善农民生活。

二、与农业推广有关的几个概念

1. 农业科技成果转化

农业科技成果转化是指：把农业科研单位、大专院校在小范围、限制条件下取得的科研成果，经过中间试验、技术开发、成果示范和宣传推广等一系列活动，使成果应用于生产实际，在生产领域发挥作用，形成生产能力并取得社会、经济或生态效益的活动过程。科技成果转化更强调实现成果的产业化和商品化，在我国现实情况下，离开了科技成果转化，农业推广工作就失去基本内涵和根本动力。

2. 农业技术开发

农业技术开发是指：利用农业应用基础研究、应用研究成果，通过各种必要的具有实用目的的实验，为生产开拓出新产品、新材料、新设备、新技术和新工艺的各种技术开发活动。农业推广人员与技术专家共同进行的技术开发活动是开展农业推广的前提条件。农业新技术研制成功后不可能立即广泛投入生产，往往要进行成果的二次开发或进行技术的组装配套，以适应当地生产条件和农民的接受能力。而这一过程即为农业技术开发。

3. 农村教育

农村教育是开发农村人力资源的活动，主要包括：农村的扫盲教育、农村的基础教育、农村职业教育、农村生计教育和教育为农村发展服务的全部活动。农业推广的对象是人而不是物，其基本目的在于开发民智，其性质属于教育性，这种教育是以农村社会为范围，以全体农民为对象，以农民的实际需要为出发点，以新的经验和先进的科学技术、经营管理知识和技能为教材，以提高农业生产、改善农民生活质量、发展农村经济为目的的。因此，广义的农业推广可延伸为农村教育。

4. 农村发展

农村是一个包含社会、经济、技术、自然、文化等丰富内容的综合体，因而农村发展也可以理解为农村综合发展。在发展经济学中，“发展”一词有着严格的时间和空间规定性，主要是指从经济不发达走向经济发达的历史过程。狭义的农业推广是为了促进农业生产的目标而产生和发展的，而现代农业推广的内容包含社区发展、农村教育、农业经营、农村家政及资源开发与利用等。所以，农业推广是推动以教育为目的因素的农村发展的核心力量，从内容体系上看，农业推广是农村发展的一个重要组成部分；从动力机制上看，农业推广是农村发展的一种重要推动力量。

三、当前农业技术推广中存在的主要问题

（一）农业推广资金投入不足，制约着推广力度

发达国家农技推广经费一般占到农业总产值的0.6%～1.0%，发展中国家也在0.5%左右，但我国不足0.2%，人均经费更少。因经费不足等原因，部分地方政府“卸包袱”，出现了“线断、网破、人散”的被动局面。

（二）我国农民对现代农业高新技术接纳能力差，并且缺乏采用新技术的需求动力，影响农业新技术成果推广转化质量

1. 农民对新技术接纳能力差

当前我国农业女性化趋势在增强，妇女是农业生产的主力军，而在农村，妇女的文化水平较低，在实用技术培训中，对于专业的术语听不懂，失去兴趣。在一定程度上影响着农业科技推广整体质量的提高。

2. 农户的资金有限，限制了技术的传播与发展

以羊羔的育肥技术为例，虽然温棚羊羔育肥的方式经济效益比较好，但是需要有资本金购置羊羔和盖羊棚，很多农户由于受到资金限制就无法采用这种技术。

3. 农民的需求是从现实的经济利益出发的，当面对自上而下的推广项目，需要相关部门投入一定的资源，否则农民参与的积极性不大

也就是说，不能将所有的外部支持转化为农民的内源发展动力，让农民不能积极参与到推广活动中。

（三）农业技术推广队伍积极性不高，影响农技推广效率

在现行农业推广制度下，农业技术推广及开发的速度，效果，服务质量，最后效益不能和推广主体的努力程度成正相关，现行农业制度对农业科技推广缺乏有效的激励。难以提高农技推广效率。

（四）农民居住地分散，组织化程度低，农业技术推广缺乏有效的渠道

我国农业经营存在分散性的特点，农业生产的高度分散性，使得技术推广成本高，导致技术与产业的割裂。

四、健全现代农业技术推广服务体系促进农业发展

中共中央、国务院《关于扎实推进社会主义新农村建设的若干意见》明确提出："发展现代农业是社会主义新农村建设的首要任务，是以科学发展观统领农村工作的必然要求"。

"十一五"期间河北省张家口市以科学发展观为指导，提出以社会主义新农村建设为核心，以发展现代农业为重点，积极围绕农业科技推广创新，壮大马铃薯、蔬菜、口蘑、葡萄、林果、畜牧几大产业的工作思路，准确把握了现代农业发展方向。农业科技推广部门应充分认识现代科技对现代农业发展的作用，探讨进一步加快农业科技推广创新的思路和措施，为现代农业发展服务，对推动张家口市现代农业发展具有十分重要的现实意义。主要做法如下。

1. 转变观念，创新工作思路

现代农业是继原始农业、传统农业之后的一个农业发展新阶段，是应用现代科技，改造传统农业，促进农村生产力发展的过程，也是转变农业增长方式，促进农业又好又快的发展过程。从过程上看，是实现农业的科学化、集约化、市场化和产业化；从结果上看，是实现农业的高产、优质、高效和可持续发展。农业科技推广部门必须对发展现代农业有一个准确而清晰的认识，进一步转变观念，从"以科技为本"逐步转变为"以人为本"的农技推广，从以服务农业生产为主线逐步转变为农业生产、农民生活、农村生态为主的农技推广，从以技术为主线逐步转变为以产品为主线的农技推广。在推广服务中，要求做到推广形式多样化、推广内容全程化，既搞好产前信息服务、技术培训、农资供应，又要搞好产中技术指导和产后加工、营销服务，通过服务领域延伸，推进农业区域化布局、专业化生产和产业化经营。

2. 健全农业科技服务体系

现代农业的发展需要有一支高素质的农业科技推广队伍，要整体谋略，用好现有人才，培养后备人才，办好科技人才的继续教育，使农业科技推广工作可持续发展。加大与北方学院、河北农业大学的市校合作力度，提高科技对农业增长的贡献率；加强基层农业技术推广服务体系建设，提高技术推广人员素质，积极推进农村科技人员包村制度建设；打破部门界限，加强联系与协作，为现代农业发展提供资金、技术、物资、运销、信息、中介等方面的服务，增强现代农业发展后劲。

3. 拓展农业科技推广的服务范围

农技推广要适应现代农业发展的要求，推广服务范围不再是孤立的“农业生产”，而是服务于农业生产发展，为农民生活水平提高、农村生态改善、农村文明的综合服务，推广对象不再是单纯的田间劳动者，而是面对农村从事各产业的全体农民和农业产业化经营上各环节的所有劳动者。围绕“十二五”发展目标，要扶持各类示范园区、示范户、农业龙头企业、农民合作经济组织发展，壮大农业技术推广的社会力量，要立足发挥地方资源优势，突出特色，以市场为导向，按照产业化思路发展集约农业，延长产业链条，开展农产品加工、保鲜、储藏、运输、销售等服务。同时，加大推广农产品标准化技术指导和管理，行使监测检验职能，建立健全农产品质量监测检验机制，努力创建农业优质品牌，走向市场，提高农产品的附加值和市场竞争能力，增加农民收入，使农业科技推广在龙头带基地、品牌兴产业、产业富农民中发挥应有作用。

4. 强化提高农民的科技素质和科技应用能力

张家口市农业的发展史是一部科学技术不断进步的历史，从20世纪60年代化肥、农膜、农药使用到后来的良种引进、测土配方施肥、大棚温室技术推广都为农业的发展做出贡献。近几年，农民的科技素质虽然有所提高，但整体水平仍然较低，特别是随着农村青壮年劳力向城市和非农业产业流动，农村劳动力结构急剧变化，农业劳动者素质呈结构性下降趋势，在这种情况下发展现代农业，提高农民科学综合素质显得尤为紧迫。因此，农业科技部门要加强农业科技培训，要围绕主导产业，实行“一村一品”大力培训专业农民，实施农科教一体化计划，利用农校、农村中小学、党员电教等培训资源，加强技术培训，提高农民的科技意识和素质，培养和造就一批“有文化、懂技术、会经营”的新型职业农民。培养一大批生产能手、能工巧匠、经营能人和乡村科技骨干，从根本上改变农业科技落后状况。

第二节　农业科技成果转化原理

农业科技成果是一个内涵丰富的综合性概念，其转化更是一个复杂的运作过程。只有将科技成果潜在的生产力转化为现实生产力，才能在推动农业生产和社会进步中真正发挥作用，农业科技成果转化原理是农业推广的基本原理之一。

一、农业科技成果

（一）农业科技成果的概念

农业部《农业科技成果鉴定办法（试行）》规定，农业科技成果是指通过鉴定（或审定）的“在农业各个领域内，通过调查、研究、试验、推广应用，所提出的能够推动农业科学进步，具有明显经济效益、社会效益并通过鉴定或被市场机制所证明的物质、方法或方案”。根据这一定义农业科技成果主要包括：为了解决某一农业科学技术问题而取得的具有一定新颖性，先进性和实用性的应用科技成果；在重大农业科学技术问题研究过程中取得的有一定创新性，先进性和独立应用价值或学术意义的阶段性科技成果；引进、消化、吸收国外先进农业技术取得的科技成果；农业科技成果推广应用过程中取得的成果；为阐明农业生产中一些自然现象、特性或规律取得的具有一定学术意义的科学理论成果；为农业管理、决策服务的软科学成果；发明专利，实用新型专利等。

（二）农业科技成果的类型

由于农业科学诸多分支学科研究的领域、对象、任务和目的不同，所获科技成果的特点和表现形式亦不相同，评价的标准、应用方式和转化规律也不尽相同。为了正确判定，有效管理和推广应用，一般对农业科技成果进行以下分类。

1. 依成果性质分类

根据农业科技成果形成过程中相互关联的不同发展阶段，及其社会职能与生产的联系程度，并与科学研究的分类相对应，可把农业科技成果分为基础性研究成果、应用性研究成果、开发性科技成果三大类。

2. 依据成果的表现形式分类

在农业科技成果的推广应用过程中，一项成果有无物质载体，既影响该成果的扩散速度和效果，又涉及推广方式、方法等推广机制的选择。从这种意义上讲，农业科技成果一般可分为：物化类有形和技术方法类无形成果两大类型。

我国农业生产经营规模小且分散，新成果的应用取决于分散劳动者的决策或随机反应，情况复杂，某一成果是否被应用，与成果类型、劳动者的认识和管理水平及生态生产条件等多种因素相关。这是造成农业科技成果应用分散的主要原因，也是我国农业实现规模化生产的困难所在。

二、科技成果转化

（一）科技成果转化的概念

农业科技成果的转化有广义和狭义之分。广义的转化是指农业科技成果在科技部门内部、科技部门之间、科技领域到生产领域的运动过程。狭义的转化是指对具有实用价值的农业科技成果进行的后续试验、开发、应用、推广，直至取得经济、社会或生态效益的运作过程。本章所指的农业科技成果转化是指狭义的转化，表现形式是把农业科技成果由潜在的、知识形态的生产力转为现实的、物质形态的生产力。

（二）农业科技成果转化的评价指标

农业科技成果转化的评价，主要是评价农业科技成果向现实生产力转化过程中，人力、物力、财力的投入效果。衡量和评价农业科技成果转化的程度和效率的指标主要有转化率、推广度、推广率及推广指数等。此外，与其相关的还有平均推广速度、新增总产值、新增纯收益、年均纯收益和投入产出比等。

三、我国农业科技成果转化常见的几种运行机制

任何一个复杂事物的运动过程，都有其自身的规律，并受内在机制的制约和影响。王慧军等通过长期调查研究，将我国农业科技成果转化的内在机制归纳为“领导行为、科技行为、推广行为和农民行为的有效统一”。其实质内容是将领导、科技、推广、农民行为中的动力激励，整体调控，定向发展等功能在农业科技成果转化中整合起来，从而实现转化的目标效益。

我国农业科技成果转化机制经过半个世纪的建设和发展，特别经过改革开放30多年来的不断改革与完善，已基本形成了与具有中国特色社会主义市场经济体制相适应的多种运行机制。

（一）科、教、推三结合的运行机制

农业科研、教学、推广部门通过共同承担项目的方式转化科技成果所形成的“科、教、推”三结合运行机制，在计划经济时代是我国农业科技成果转化的重要方式，三者既有分工，又有合作，对我国农业经济的快速发展起到了巨大的推动作用，并创造了辉煌的成就。今后相当长一段时间仍然是我国农业科技成果转化的一种运行机制。但是随着我国由社会主义计划经济向商品经济的转变，原体制下的无偿转让技术规则，知识产权得不到保护，三个系统从业人员的经济利益

由国家按照相应分配制度统一发放，人才资源由国家统一调配等，缺乏激励、竞争机制等需要逐步改革。特别是我国加入WTO后，“绿箱政策”启动，有了稳定的投入机制，转化系统自身积累与发展机制也将形成，加之市场和计划共同调控功能，“科、教、推”三结合运行机制将会得到更为科学的整合，并继续发挥农业科技成果转化的主体作用。

（二）技、政、物三结合的运行机制

“农业发展，一靠政策、二靠科技、三靠投入”。技、政、物三结合的运行机制，正是在这种认识的过程中应运而生的。它分为两种形式。一种是使科技攻关联合体，一种是推广中的集团承包服务体。

（三）农业高新技术科技园的运行机制

农业高新技术科技园，是在学习借鉴工业高新技术开发区（国外称工业孵化器）的基础上，在“九五”期间涌现出的新生事物。由于农业科技园产业特色鲜明，科技含量高，示范带动作用良好，按市场机制运作，与市场经济体制有着良好的适应性，呈现出旺盛的生命力。农业科技园主要在苗木工程、生物疫苗、生物农药工程、绿色环保工程、温室栽培工程等方面，从事以基因工程为核心的现代生物技术的开发与应用，所以产业特色比较鲜明，科技含量高。

科技园在建立初期，主要由国家投资或兼管（也有股份制合作投资），一旦建成或采用集体经营管理，或个体承包经营，进入自主经营、自负盈亏，充分利用技术合同法，免税等优惠政策，完全按市场机制运作，视市场需求及时调整研究开发和生产方向，受行政干预少。在人才任用方面，引入竞争机制和经济激励机制。采用收入与效益挂钩、或浮动工资制度。对重点岗位和开发项目，一般是以高薪聘请高层次人员或专家做顾问，以调动他们的创新积极性。机构精干，工作效率高。由于产品商品性较强，产值高，效益好，一般具有自组织，自积累功能。但从运作情况看，若园区开发生产项目选择不当，资金缺乏，技术不新、不高，高创造能力人员少，就难以取得理想的效果。

（四）企业、基地、农户三结合的运行机制

农业现代化程度愈高，农业产品的商品率也越高，在市场经济体制下，农民从事农业经营的目的不再是为了自给，而是追求利益最大化。联产承包负责制条件下的小规模经营，成本高，品质差，效益低，甚至增产不增收。走产业化、规模化的路子成为历史的必然选择。企业、基地、农户三结合的运行机制就是在这种情况下产生的，大体分为4种类型。

1. 类型

第一类，是一些有眼光的企业家，根据传统工业投资回报率较低的现实，纷纷将资金转向投资回报率较高的农业领域。如哈慈（国际）绿色食品有限公司，在山东寿光、诸城两市建立的SOD番茄、太空椒、绿色无公害蔬菜生产基地等属这类。第二类，是一些大型企业或外向型食品、果蔬菜类加工企业，为了提高产品质量，降低成本，增加市场竞争力，确保稳固的原料来源而建立的生产基地。如新亚龙（原龙丰）集团在山东阳信县建立了优质专用小麦生产基地。第三类，是部分科研（企业、民营）育种单位，为了保证良种质量，提高市场占有率，结合专业特点而建立的良种繁育基地，如天津市黄瓜研究所在天津的武清区、山东宁阳县和河北的定州市建立的黄瓜良种制种基地；莱州市登海玉米研究所在全国各地建立的登海系列玉米杂交种制种基地。第四类，是农业推广人员以原工作单位为依托而成立的多种联合公司。为农民提供产供销一体化服务。

上述4种类型的企业、基地加农户的运行机制，不论出发点和主观意愿如何，客观行为结果都可促进农业科技成果的现实生产力的转化。

2. 特点

一般情况下，这种运作模式推广应用的动物、植物优良品种，首先由企业（公司）通过自主研究开发，国外引进，购买专利，或技术转化等形式，获得生产经营权。然后按企业（公司）不同产品系列对原料类型和需要数量，通过基地与农户签订产品购销合同，安排规模不等的农户进行生产。公司负责产中技术指导，产品按合同标准经严格验收后，以高于市场10%～30%的价格回收。这种三结合运行机制有以下特点：①以经济利益为纽带，价值规律作用显著；含有风险共负，利益分享的成分，调动和加强了企业和农户两方的积极性和责任心。②通过定单农业的形式，实现了小单元分散经营与大规模生产的有机结合，解决了产供销分离的问题。实现了农业生产专业化，提高了规模效益和产品商品率。③延伸了农业生产的产业链条，增加了农产品附加值，有利于增加农民收入。④企业承担产前预测、产中的技术服务和产后的包销，掌握着运作的主动权。⑤受市场特别是外贸形势影响，这种结合很不稳定。⑥企业投资开发或引进技术成果，既减轻了国家负担，又吸纳了大量技术人员。总之，它是一种市场经济体制下，农业科技成果转化的良好运行机制。

（五）经营、咨询、推广三结合的运行机制

经营、咨询、推广三结合的运行机制，是市场经济发展的客观要求和必然趋势。它在农业推广部门不断进行深化改革的探讨中产生。主要形式是：农业推广机构将种子、苗木、农药、化肥、农机具或动物疫苗、饲料等物化类成果，根据专业经验和所掌握的信息，并结合当地环境与生产条件，制定出所推广物化技术的规格、型号，以经营的方式传递到农民手中，同时跟踪进行配套的综合服务，解答农民各种咨询，指导他们进行正确使用管理操作方法。经营、咨询、推广三结合实现了过去单纯服务型向有偿、无偿服务相结合的过渡，解决了技术服务与物质供给相分离的矛盾。经营中所获利润可增强推广机构的活力和实力，使推广机构具备了自积累、自发展的机能。

四、农业科技成果转化的效益

采取不同形式与方法，不断促进科技成果向现实生产的转化，一方面可以使社会的物质资源和能源得到更有效的利用，另一方面为我国国民经济发展，社会文明程度的不断提高奠定最坚实的物质基础，其效益具体体现在以下 3 个方面。

（一）经济效益

农业科技成果转化后，一般可产生显著的直接经济效益和潜在的生态经济效益。通过 3 种途径：一是节本增效，即单位面积或规模产出值相同，但产投比高于被替代的技术（以下简称对照）。二是节本、增产、增效，也就是既减少成本，又提高产量，效益显著高于对照。三是增本增效，即投入稍大于对照技术，产品产量却大幅度提高，效益随之增加。每项新技术成果的经济效益，必须高于准备取代的对照技术，这是衡量成果质量的第一标准。

（二）生态效益

改善生态条件是农业科技成果的基本效能之一。农业科技成果转化的结果，都应考虑提高生态效益，改善生态环境，维护生态系统的整体性，生物的多样性，提高可持续发展的能力。具体的讲，转化的结果应该有助于人类更科学有效地处理好当前利益与长远利益，局部利益与全局利益，宏观利益与微观利益，经济效益和生态效益之间的关系。科学开发利用无限资源，节约利用有限资源，使人类永远处在一个生生不息的可持续生态环境中。这既是农业科技成果转化的最高目标，也是转化必须遵循的原则。

（三）社会效益

农业科技成果转化的社会效益，是建立在经济和生态效益基础之上的更高形式的综合性效益。广大农业推广工作者，在从事科技成果推广转化过程中，所采用的试验、示范、咨询、培训、授课、音像宣传、科普著作等形式，将新的知识、新的技术或信息，源源不断地传播输送给广大农民，使他们的科技文化素质不断提高，从事农业经营的决策能力、操作管理技能也随之得到提高，而农民又是农业生产力中最为活跃的主体，这就形成了从生产力转化到新生力形成的自然循环。

从广义的角度讲，农业科技成果转化，增加了粮、棉、油、菜及畜、禽、鱼、贝的产量，改善了品质，为人们的衣食安全和身体健康提供了保障。使人们不再为衣、食而耗费太多的时间，可将越来越多的人从繁重的体力劳动中解脱出来，从事知识密集型创造性劳动。提高农业生产率、降低农业从业人员与社会各业人员的比例，是一个国家由农业向工业化过渡的基础，也是促进社会迅速发展的必由之路，这点不但可从发达国家与欠发达国家的对比中得到证实，从我国由传统农业向现代农业的发展进程中也可得到证实。

第三节　农业推广方式与模式

一、农业推广程序

农业推广程序是农业推广原则在推广工作中的具体应用，它是一个动态的过程。新中国成立以来，由于各个历史时期经济、文化环境的不同，农业推广的形式和立足点也不同，简单地讲，可以归纳为“田、点、板、网、包”五个字，即20世纪50年代初抓试验田、种子田、丰产田，50年代末逐步发展试验示范点或农业推广工作基点，60年代抓粮食作物、经济作物等农业推广样板田，70年代以县、公社、大队、生产队建立“四级农科网”，80年代实行家庭联产承包。实际上以上5种形式都离不开“试验、示范、推广”这一基本程序。

进入20世纪80年代中期，我国农业推广开始受到政府、教学和科研等部门的高度重视，农业推广程序也在理论的指导下，不断丰富、完善了其内容。概括起来可分为“项目选择、试验、示范、培训、服务、推广、评价”7个步骤。

（一）项目选择

项目选择是一个收集信息、制订计划、选定项目的过程，也是推广工作的前提。如果选准了好的项目，就等于农业推广工作完成了一半。项目的选定首先要收集大量信息，项目信息主要来源于4个方面：①引进外来技术；②科研、教学单位的科研成果；③农民群众先进的生产经验；④农业推广部门的技术改进。推广部门，根据当地自然条件、经济条件、产业结构、生产现状、农民的需要及农业技术的障碍因素等，结合项目选择的原则，进行项目预测和筛选，初步确定推广项目，推广部门聘请有关的科研、教学、推广等各方面的专家、教授和技术人员组成论证小组，对项目所具备的主观与客观条件进行充分论证。通过论证认为切实可行的项目，则转入评审、决策、确定项目的阶段，即进一步核实本地区和外地区的信息资料，详细调查市场情况，吸收群众的合理化建议，对项目进行综合分析研究，最后做出决策。推广项目确定后，就应制定试验、示范、推广等计划。

（二）试验

试验是推广的基础，是验证推广项目是否适应当地的自然、生态、经济条件及确定新技术推广价值和可靠程度的过程。由于农业生产地域性强，使用技术的广泛性受到一定限制，因此，对初步选中的新技术必须经过试验。而正确的试验可以对新成果、新技术进行推广价值的正确评估，特别是引进的成果和技术，对其适应性进行试验就更为重要。如新品种的引进和推广就需要先进行试验。历史上不经试验就引种而失败的例子很多。因此掌握农业推广试验的方法，对农业推广人员搞好推广工作十分重要。

（三）示范

示范是进一步验证技术适应性和可靠性的过程，又是树立样板对广大农民、乡镇干部、科技人员进行宣传教育、转化思想的过程，同时还要逐渐扩大新技术的使用面积，为大面积推广做准备。示范的内容，可以是单项技术措施、单个作物，也可以是多项综合配套技术或模式化栽培技术。

目前，我国多采用科技示范户和建立示范田的方式进行示范。搞好一个典型，带动一方农民，振兴一地经济，示范迎合了农民的直观务实心理，达到“百闻不如一见”的效果。因此，示范的成功与否对项目推广的成效有直接的影响。

（四）培训

培训是一个技术传输的过程，是大面积推广的“催化剂”，是农民尽快掌握新技术的关键，也是提高农民科技文化素质、转变农民行为最有效的途径之一。培训时多采用农民自己的语言，不仅通俗易懂，而且农民爱听，易于接收。培训方法有多种，如举办培训班、开办科技夜校、召开现场会、巡回指导、田间传授和实际操作，建立技术信息市场、办黑板报、编印技术要点和小册子，通过广播、电视、电影、录像、VCD、电话等方式宣传介绍新技术、新品种。

（五）服务

服务不仅局限于技术指导，还包括物资供应及农产品的贮藏加工运输销售等利农、便农服务。各项新技术的推广必须行政、供销、金融、电力、推广等部门通力协作，为农民进行产前、产中、产后一条龙服务，为农民排忧解难，具体来说，帮助农民尽快掌握新技术，做好产前市场与价格信息调查、产中技术指导、产后运输销售等服务；为农民做好采用新技术所需的化肥、农药、农机具等生产资料供应服务；帮助农民解决所需贷款的服务。所有这些是新技术大面积推广的重要物质保证，没有这种保证，新技术就谈不上迅速推广。以上几方面也是新技术、新产品推广过程中必不可少的重要环节。

（六）推广

推广是指新技术应用范围和面积迅速扩大的过程，是科技成果和先进技术转化为直接生产力的过程，是产生经济效益、社会效益和生态效益的过程。新技术在示范的基础上，一经决定推广，就应切实采取各种有效措施，尽量加快推广速度。目前常采取宣传、培训、讲座、技术咨询、技术承包等手段，并借助行政干预、经济手段的方法推广新技术。在推广一项新技术的同时，必须积极开发和引进更新更好的技术，以保持农业推广旺盛的生命力。

（七）评价

评价是对推广工作进行阶段总结的综合过程。由于农业的持续发展，生产条件的不断变化，一项新技术在推广过程中难免会出现不适应农业发展的要求，因此，推广过程中应对技术应用情况和出现的问题及时进行总结。推广基本结束时，要进行全面、系统的总结和评价，以便再研究、再提高，充实、完善所推广的技术，并产生新的成果和技术。

对推广的技术或项目进行评价时，技术经济效果是评价推广成果的主要指标。同时，也应考虑经济效益、社会效益和生态效益之间的关系，不论进行到哪一步，都应该有一个信息反馈过程，使推广人员及时准确掌握项目推广动态，不断发现问题和解决问题，加快成果的转化速度。

推广工作要遵循推广程序，但更重要的是推广人员要根据当地实际情况灵活掌握和运用，不可生搬硬套。

二、农业推广程序的灵活应用

农业推广程序中，试验、示范、推广是农业推广的三个基本程序。一般来讲，农业推广应按照“试验、示范、推广”这一基本顺序进行，特别是某项技术的适应性、有效性未得到充分论证，组装配套技术没有相应配合的情况下盲目大面积推广，往往会给生产造成损失。但在实际推广过程中，有很多情况需要灵活掌握。通常在下列情况下可以灵活运用推广程序。

（1）同一自然条件下，由于发达地区和欠发达地区思想观念和经济条件的不同，某项新技术已在发达地区大面积推广开来，而欠发达地区尚未采用。在这种情况下，可以组织农民到发达地区参观，运用示范等各种推广手段直接进行推广。

（2）农民自身在多年的实践中总结出的行之有效的实用技术、先进经验等，推广部门在及时总结关键技术要点的同时，采用召开现场会等方式大力宣传，不必进行试验、示范就可以在同类地区直接大力推广。

（3）科研部门在当地自然条件和生产条件下培育的某些新品种等成果，由于在本地进行了多年多点试验和一定面积的示范，在农民中产生了一定的影响。这样的品种一经审定后，就可直接进入推广领域，不必重复试验。

（4）由于科研单位研究的某项技术就是针对某一地区存在的主要问题进行研究的，当研究成功后，就可以减少中间环节，直接在当地进行大面积推广。

（5）由于综合组装的技术多数是在当地进行多年摸索的单学科的各项技术，或是正在推广应用的技术，实践证明是行之有效，所以组装起来后不必进行试验、示范就可推广，达到增产、增收的目的。

（6）由于现代科技成果管理上的规定，某项科研成果在取得成果前，必须有一定的示范面积。而这些示范工作多是科研部门和推广部门共同完成的。因此，这样的成果，推广部门不必进行试验就可以在其适应的范围内迅速推广。

（7）20 世纪 80 年代采用的“教、科、推”三结合的协调攻关项目。例如，在推广棉花优化成铃配套调控技术项目中，“教、科、推”统一制定试验研究和示范推广方案，由攻关人员在试验基点进行试验研究后，筛选出最优调控模式并进行示范推广。这样的成果通过鉴定后，即可直接在适宜地区推广。

综上所述，农业推广程序在推广过程中起着非常重要的作用，是推广工作的步骤和指南，不但要求每个推广人员必须掌握，而且还要求推广人员根据项目的性质及当地自然条件和经济条件灵活运用好推广程序。

三、世界农业推广方式

（一）一般推广方式

一般推广方式是目前世界上占主导地位的农业推广方式，农业推广的组织管理形式是从中央农业部到地方各行政区层层设立推广机构，实行直接的垂直管理。

这种方式的主要优点是，从中央到地方实行垂直管理，能较好地向农民解释政府政策，加快从中央到地方的信息传递，同时使全国范围内的推广活动易于控制。其缺点是完全由政府发工资的人多，加大了中央财政负担，运行效率不高。有时出现基层推广人员不顾当地农民需要，去满足上级要求，而这样的要求可能并没有考虑当地情况。

（二）产品专业化推广方式

产品专业化推广方式是为提高某特定产品的总产量而专门进行推广的方式。这种方式通过严格的利益关系实行产供销一条龙服务，在经济作物和畜牧业上应用较广。主要特点是，推广项目由商业组织制定，包括项目的目标、内容、活动及推广人员的聘任等。推广项目通过推广人员向农民提供现场指导和示范来实施，各种条件均由商业组织提供，农业推广被视为商品生产一项基本投入。农作物产品的总产量是衡量这一推广成效的尺度。

这种推广方式的最大优点是专门组织的推广技术符合实际专业产品生产的需要，产供销能协调一致，技术传递比较及时，对推广人员易于监督和考核。其缺点是商业组织的利益与农业利益不容易兼顾。

（三）培训和访问推广方式

这种推广方式，以严格的纪律和模式化区别于其他推广方式。其具体做法是：专家培训推广员，推广员深入农户开展推广服务。该方式最显著的特点是推广人员的知识更新快，对推广工作的监督管理严格，同时推广人员与农民之间的信息交流易于沟通。但推广队伍庞大，开支大，管理过于僵化，缺乏灵活性。

（四）群众性推广方式

群众性推广方式是将农民以一定的形式组织起来，参与推广及销售、加工、信贷等活动，从根本上提高推广工作的效率和效果。

由于农民的参与，使得推广内容因地制宜，推广方法也有效得当，国家开支减少，技术应用率高。其缺点是，中央对推广项目的控制权太小，基本材料的汇报统计困难，农民组织的力量很强，有时可能对中央有压力。

（五）项目推广方式

项目推广方式是目前运用较为普遍的一种推广方式。最大的优点是，由于项目在有限的时间及特定的地点执行，易于评估，国外资助者也易于看到项目的短期效果；新技术和新的推广方法可以得到试验，从而为更大的推广项目奠定基础。其主要缺点是，项目执行时间太短，所需经费太多；外援中止后，项目的延续得不到保证。

（六）农业系统开发推广方式

农业系统开发推广方式是以农户（农场）为综合系统开展推广工作。这种方式的主要优点是，推广的内容有针对性，有助于加强推广和科研的联系，能使农民自愿采纳新技术。其缺点是，科研人员参与农作系统的研究不仅要增加开支，而且时间较长，难以监督。

（七）费用共担（分摊）推广方式

农业推广经费在各受益者之间合理分担，以保证推广事业的长期稳定发展。这种方式主要优点是，由于地方参与推广计划的制定，推广的内容比较符合农民的需要；由于地方能够影响到推广人员的人事安排，所以推广人员增强了责任感，容易赢得农民的信任，还能减轻中央财政的负担。主要缺点是，中央对推广计划的制定和推广人员的人事安排、考评监督等比较困难。

（八）教育机构推广方式

教育机构推广方式是以高校为基础，建立农业教育、科研、推广三位一体的农业推广体系，并在高校内建立农业推广站（中心）。其优点是，可使教学更符合实际，可加强师生与农村、农民及推广部门的联系。其缺点是学校搞推广工作可能有经费等条件限制。

四、我国农业推广方式

（一）项目计划方式

项目计划型是政府有计划、有组织地以项目的形式推广农业科技成果，是我国目前农业推广的重要形式。各级农业科研行政部门和农业推广部门，每年都要从中编列一批重点推广项目，有计划、有组织地大面积推广应用。

按项目计划推广，一般要经过项目的选择、论证、试验、示范、培训、实施、评价等步骤，项目的选择和论证是关键。项目要选择当地生产急需的、投资少、见效快、效益高的技术；适应范围广、增产潜力大、能较快地在大面积上推广应用的技术。项目的论证要考虑到推广地区农民的文化素质和经济状况，推广人员能力，以及物资供应、市场影响等因素。项目经过论证后，报上级批准后，方可定为推广项目。一般各级管各级的推广项目，由上级主管部门组织协调实施。一个项目一般推广 3 ~4 年，取得预定效益后再实施新的推广项目。

（二）技术承包方式

技术承包型主要是各级农技推广部门、科研、教学单位利用自身的技术专长在农业技术开发的新领域为了试验示范和获取部分经济效益的一种推广形式，是推广单位或推广人员与生产单位或农民在双方自愿、互惠、互利的基础上签订承包合同，运用经济手段和合同形式推广技术。它是联系经济效益计算报酬的有偿服务方式。技术承包虽然取得了一定的成绩，但也有不少问题有待研究解决。减产了要赔款，超产却要不到超产款。此外，承包者要担风险，如遭受自然灾害的影响，生产资料如农药、化肥、农膜等物资短缺或供应不及时，影响了产量，虽然不是承包者的责任，但减产了总是影响承包者的声誉。

（三）技物结合方式

技术与物资结合是以示范推广农业技术为核心，提供配套物资及相关的产品销售加工信息服务。这就要求农业推广人员采取技术、信息和配套物资三者相结合的推广方式。按现行体制，农技推广部门一般从事公益性农技推广工作，技物结合方式主要由农业生产资料供应商来做。

（四）企业带动方式

为了适应新阶段农业和农村经济结构调整的需要，兴办生产、加工、销售等龙头企业，发展贸工农、产加销一体化，以市场为导向进行农业生产，带动周边农民生产，企业按合同收购、加工、销售，使农民种养有指导，生产过程有服务，销售产品有门路。这种推广方式，企业承担了一部分农技推广工作，同时加强了基地建设，规模了生产经营，搞活了市场，引导农民产业结构的调整。目前出现的推广形式主要为“公司 + 基地（农户） + 市场”类型。

（五）农业开发方式

农业开发型主要是指对尚未利用的资源运用新技术进行合理开发利用，使之发展成为有效的农业新产业。其中农业科技开发是手段和桥梁，是农业开发的核心。

农业开发模式主要是按照“两高一优”农业高新技术发展的要求，满足广大农民对农业生产高效益的需要。具体办法是，农贸结合，建立基地，推广农业技术，开展综合服务，走以市场为导向的农业技术推广新路，此法的好处是，促进了各地名、特、优、新、稀农产品的开发性生产。

（六）科技下乡方式

科技下乡是以大专院校、科研院所等单位为主体，将高校、科研机构和技术部门的科技成果和先进技术，通过适当的方式（如科技大篷车、小分队等）介绍给农民和乡镇技术干部，使科技应用于农村各行各业，从而推动农村经济的发展，有利于提高社会、生态、经济效益，加速乡、村物质文明和精神文明的建设。

第四节　农业推广方法

农业推广方法是农业推广部门、推广组织和推广人员为达到推广目标，对推广对象所采取的不同形式的组织措施、教育和服务手段。农业推广的手段，是指在传播农业技术时所利用的各种载体和媒体。随着科学技术的进步和传播媒体的不断创新，推广方法也更加丰富，作为推广部门和推广人员，必须学会掌握正确的推广方法，运用各种手段，具有较高的推广技巧，为实现农业推广的最佳效果而服务。

农业推广方法分为三大类：大众传播法、集体指导法和个别指导法。

一、大众传播法

大众传播法是推广者将农业技术和信息经过选择、加工和整理，通过大众传播媒体传播给广大农民群众的推广方法。

（一）大众传播媒体的特点

信息传播权威性高、信息传播数量大、速度快、信息传播成本低、范围广、信息传递方式是单向的。

（二）大众传播媒体的类型及其特点

大众传播媒体分为印刷品媒体、视听媒体和静态物像媒体三大类型，并各有自己的特点。

1. 印刷品媒体

依靠文字、图像组成的农业推广印刷品媒体包括报纸、书刊、板报和活页资料等。

2. 视听媒体

农业推广活动中的声像传播是指利用声、光、电等设备，如广播、电视、录像、电影、幻灯等，宣传农业科技信息。这种宣传手段，比单纯的语言、文字、图像（图画、照片）有着明显的优越性。视听媒体以声像与农民沟通。

3. 静态物像传播媒体

以简要明确的主题展现在人们能见到的场所，从而影响推广对象的方式。如广告、标语、科技展览陈列等。静态物像媒体以静态物像与农民沟通。

（三）大众传播法的应用

大众传播法适用于以下几种情况。

（1）介绍农业科技新观点、新成果，提高广大农民群众的兴趣和认识。

（2）及时发布天气预报、病虫害预测预报等，并提出相应的具体措施。

（3）介绍某人成功的经验，以便他人学习。

（4）针对多数农民共同关心的问题提供咨询。

（5）扩大推广活动的影响。

（6）传播具有普遍指导意义的技术信息和具有重大效益的信息。

（7）强调或重申重要的信息和建议，以便加强记忆。

二、集体指导法

集体指导法又称团体指导或小组指导法，即在同一类型地区、生产和经营方式相同的条件下，采取小组会议、示范、培训、参观考察等方法，集中地对农民进行指导和传递信息的方法。采用此方法，一次可向多人进行传播，达到多、快、广的目的，是一种介于大众传播和个别指导之间的比较理想的推广方法。

（一）集体指导法的特点

指导范围较大，推广效率高、双向交流信息，信息反馈及时、利于开展讨论，达到一致意见、注重整体效应，个人难以满足。

（二）集体指导法的原则

重引导，坚持自愿参加、重实际，照顾农民特点、重质量，注重指导效果。

（三）运用集体指导法的要求

1. 对推广对象的要求

集体指导法是推广员与农民、农民与农民之间面对面交流的集体活动，所以选择参加集体指导的对象必须是对同一类问题感兴趣的人。

2. 对时间的要求

选择每个成员都能参加的时间。

3. 对方法的要求

集体指导法的方法较多，如小组会议、示范、讲座、现场会、参观考察等。

4. 对方式的要求

参与式讨论是集体指导推广方法的最大特点。因此必须引导农民提高参与意识，只有当每位成员充分参与到该组织中来，并敢于发表自己的见解，才能使这一形式更活泼，更具有吸引力，从而收到理想的效果。

5. 对规模的要求

小组活动的规模不能太大，一般最适宜的小组规模为 20 ~ 40 人。规模庞大容易出现松散，讨论问题时也不易获得一致的意见，规模小有利于成员之间的密切接触，有更多的参与机会和更多的条件来增强友谊与互相帮助。

三、个别指导法

个别指导法是推广人员和农民单独接触，研究讨论共同关心或感兴趣的问题，是向个别农民直接提供信息和建议的推广方法。农民因受教育程度、年龄层次、经济和环境条件的不同，对创新的接受反应也各异。个别指导宜采取循循善诱，有利于农民智力开发及行为的改变。

（一）个别指导法的特点

1. 针对性强

农民的情况千差万别，各不相同，个别指导法有利于推广人员根据不同的要求，采取不同的方式、方法，做到有的放矢，适应其个别要求，使个别问题得到解决。

2. 解决问题的直接性

推广人员与个别农民或家庭直接接触，通过平等地展开讨论，充分地交流看法，坦诚地提出解决问题的方法和措施，使问题及时得到解决。

3. 沟通的双向性

推广人员与农民沟通是直接的和双向的。一方面有利于推广人员直接得到反馈信息，了解真实情况，掌握第一手材料；另一方面能促使农民主动地接触推广人员，愿意接受推广人员的建议，容易使两者建立起相互信任的感情。

4. 信息发送的有限性

个别指导法的效果是个别而又分散的，单位时间内信息发送量有限，服务范围窄，占有人力、物力多，费用高，不能迅速在广大农民中传播。

（二）运用个别指导法的要求

（1）良好的交通和通讯条件，这是个别指导法顺利进行的前提和保证。

（2）足够数量和高质量的推广人员。

（3）尽量创造信息指导与物化服务相结合的条件，实现“既开方、又卖药”，方便群众，有针对性地解决生产技术问题。

（三）个别指导法的应用

个别指导法有农户访问、办公室咨询、信函咨询、电话咨询、田间插旗法、电脑服务等形式。

四、农业推广方法的综合运用与方法选择

（一）农业推广方法的综合运用

在农业推广中，针对不同地区、不同农户及生产的不同阶段，选用几种不同的推广方法进行合理配合，综合运用，对于获得农业推广的最佳效果，有着十分重要的意义。

1. 综合运用时应考虑的因素

（1）推广的具体内容。如果是学习某种技能，最好是示范并结合面对面的传授；如果是传授新技术，最好是大众传播或集体指导结合直观性教学。

（2）推广人员的数量和质量。如果推广人员的数量较多，质量较高，就可以多采取面对面的指导，并配合其他方法；如果推广人员较少、素质较差，应多采用速度快、效果好的形象化推广方法，辅之以集体指导等其他方法。

（3）推广对象的文化素质和对新技术的接受能力。如印发技术资料，对具有一定文化程度的农民效果较好，而对文盲半文盲则不会产生好的效果。

（4）其他因素。比如要考虑推广经费的多少和活动时间长短等因素，来选择适宜的推广方法。

2. 农业推广方法综合运用的特点

（1）适应性广。根据各种不同的情况将多种推广方法综合运用，其适应性会大大增强，收到的推广效果要比只用一种（类）推广方法好。

（2）“互补效应”明显。各种推广方法都有各自的优缺点，使用范围也不尽

相同，若综合运用几种推广方法，可取长补短，相得益彰。例如，大众传播法，虽有信息量大、传播范围广、成本低等优点，但不足是单向沟通，没有更多的信息反馈，因此，只在农民接受新事物的认识阶段和感兴趣阶段起作用，且文字传播媒体不适用于文化层次较低的农民。如果大众传播配合以成果示范和面对面指导，就会弥补其不足，发挥更好的作用。

（3）提高推广效益。由于采用综合的农业推广方法，适应性广，并有明显的互补效应，就可以加快不同类型地区、不同文化层次、不同心理特征的农民学习、接受和应用新技术、新知识的速度，迅速提高技术普及率，提高农民的素质，进而增产增收，改善生活，社会效益和经济效益都有明显的提高。

3. 农业推广方法综合运用效果

在实际推广实践中，每种方法单独使用的很少，常把几种方法配合使用。实践证明，示范、培训、视听相结合的推广方法明显好于任何单一方法的效果，它们把视觉和听觉结合起来，增加了印象，加深记忆。根据科学家验证，人们通过听觉获得的知识能够记忆15%，通过视觉获得的知识，一般能够记忆25%，而通过听觉和视觉相结合获得的知识可记忆75%。因此，示范—培训—视听配套的方法，最深受农民欢迎。

（二）农业推广方法的选择

1. 不同推广方法的效果

不同的推广方法对农民接受和采用新技术的效果是不同的，也就是说推广效率是不同的（表3－1）。

由于我国农民科技文化素质不高，农民对看得见、摸得着的技术信息比较感兴趣，通过听、看才能做得到，因此示范参观是我国目前农业推广最有效的方法之一，其推广效率高达24.4%。通过技术培训使农民理解技术要点，并用于生产实践中，其推广效率为20.7%，仅次于示范参观。印刷品宣传推广，即通过通俗易懂的文字、图表作载体传播知识信息，使农民一看就懂，照做就行，可以收到立竿见影的效果，其推广效率为14.7%。巡回指导、咨询服务是推广人员与农民面对面地直接交流信息的方法，既能及时解答农民的问题，又能及时得到反馈信息，但由于走家串户巡回指导耗时多，指导范围小，因此，对大多数农民而言，作用相对有限。声像宣传本来是现代先进的传播手段，具有直观性强、速度快、接受面大等特点，但因目前推广机构和农民条件有限，应用率尚不高。物资刺激方法是一种被动的手段，目前科技投入少，只能在必要时节制使用，所以通过这个途径获得信息的比例很低。

表 3-1　不同推广方法效率比较　　单位:%

推广方法	示范参观	技术培训	印刷品宣传	咨询服务	科普宣传	巡回指导	物资刺激	声像传播
推广效率	24.4	20.7	14.7	11.0	10.9	11.5	3.5	3.3

2. 推广方法的选择

（1）不同类型技术。不同类型技术的推广效果与推广方法有关（表 3-2）。采用示范参观、咨询服务的方法推广物化型技术的效果比推广知识型技术的效果好；而知识型技术采用技术培训、印刷品宣传、科普宣传、巡回指导等方法的推广效果又比物化型技术较好。因此，推广人员应根据推广技术的类型来选择适宜的推广方法，才能收到良好的推广效果。

表 3-2　不同类型技术的方法的效率　　单位:%

技术类型	示范参观	技术培训	印刷品宣传	咨询服务	科普宣传	巡回指导	物资刺激	声像传播
知识型技术	22.7	17.7	15.0	11.0	13.0	11.6	4.2	3.4
物化型技术	31.8	16.9	13.8	13.4	11.5	8.2	1.4	2.6

（2）不同类型地区。

①经济发达地区（我国东部地区）：这类地区经济条件、自然条件均较好，生产水平较高，农民接受新技术较快，农业生产有一定的增产潜力。这类地区以推广新技术、新产品、新方法为主，主要采用印发技术资料、成果示范、方法示范、举办培训班、经验交流会等形式，辅之以个别指导的综合推广方法，向农民进行技术传授。

②经济发展区（我国中部地区）：这类地区农民基础较好，农民素质较高，生产水平也比较高，增产潜力较大。应在提高常规技术普及率的基础上，引进新技术、新方法。推广方法以成果示范、方法示范、集体指导的方式为主，结合运用报刊、资料、广播、电视等大众传播媒体，加速技术的传播。

③经济开发区（我国西部地区）：这类地区农业生产条件较差，技术落后，农业生产增产潜力很大，这类地区应以推广和普及常规技术为主，改变农民的传统行为，适当引进一些新技术。在农业推广过程中，主要运用大众传播的方法，

搞好成果示范、方法示范，多进行双向沟通，加强个别指导，组织农民参观，举办培训班等，以拓宽农民视野，改变农民观念。

(3) 不同推广对象。

①科技示范户、专业户：科技示范户、专业户文化层次较高，是接受新技术的“先驱者”，人数较少，对这类农民应重视个别指导，举办培训班、座谈会、参观学习，结合印发技术资料，帮助他们把技术学精，使他们带动和影响周围农民。

②具有一定技术和文化水平的农民：这类农民以中青年占多数，许多属于进步农民。在农业推广中，应以培训班、经验交流会、成果示范、印发资料、声像宣传、参观学习等方法结合运用，使他们能够尽快掌握新技术。

③技术文化素质较低的农民：这类多以中年以上农民为主，他们在长期的生产实践中形成了一套自己的观念，对外界新事物、新观念难以接受。因此在技术推广中，应多用直观性强的方法，如声像宣传、成果示范、方法示范、现场参观等，使他们尽快了解新信息技术，增强其使用技术的欲望。

总之，要根据农村的实际情况，灵活选用各种推广方法，加速新技术的推广应用，提高农民的科技文化知识，改变行为，使农村物质文明和精神文明都得到提高。

第二部分

技　术　篇

第四章　有机农业技术

第一节　有机农业的理论基础

一、有机农业的起源

有机农业起源于20世纪20年代的德国和瑞士。20世纪40—50年代是发达国家石油农业高速发展的年代，由此带来的环境污染和对人体健康的影响也日趋严重。因此就有一部分先驱者开始了有机农业的实践。1932年，艾尔伯特·霍华德爵士提出了有机农耕（Organic Farming）的概念，世界上最早的有机农场是由美国的罗代尔（Rodale）先生于20世纪40年代建立的“罗代尔农场”。

有机农业的概念于20世纪20年代，最早由德国和瑞士提出。实践了50年之后于1972年10月5日，在法国成立国际有机农业运动联盟（IFOAM），它的成立是有机农业运动发展的里程碑。80多年来，随着一些国际有机标准和国家有机标准的制定，一些发达国家政府开始注重有机农业。

二、有机农业的概念

有机农业生产系统是基于土壤、植物、动物、人类、生态系统和环境之间的动态相互作用的原则，主要依靠当地可利用的资源，提高自然中的生物循环。国内外有机农业的实践表明，有机农业耕作系统比其他农业系统更具竞争力。有机生产体系在使不利影响达到最小的同时，可以向社会提供优质健康的农产品。世界上不同的国家，根据本国的国情和有机农业的侧重点不同，对有机农业的理解也不尽相同。

1. 我国有机农业定义

遵照一定的有机农业生产标准，在生产中不采用基因工程获得的生物及其产物，不使用化学合成的农药、化肥、生长调节剂、饲料添加剂等物质，遵循自然规律和生态学原理，协调种植业和养殖业的平衡，采用一系列可持续发展的农业技术以维持持续稳定的农业生产体系的一种农业生产方式。

2. 欧盟有机农业定义

一种通过使用有机肥料和适当的耕作和养殖措施，以达到提高土壤长效肥力的系统。有机农业生产中仍然可以使用有限的矿物物质，但不允许使用化学肥料。通过自然的方法而不是通过化学物质控制杂草和病虫害。

3. 美国有机农业定义

一种完全不用或基本不用人工合成的肥料、农药、生长调节剂和畜禽饲料添加剂的生产体系。在这一体系中，在最大的可行范围内尽可能地采用作物轮作、作物秸秆、畜禽粪肥、豆科作物、绿肥、农场以外的有机废弃物和生物防治病虫害的方法来保持土壤生产力和可耕性，供给作物营养并防治病虫害和杂草的一种农业。

4. 世界粮农组织有机农业定义

有机农业是一个整体生产管理系统，促进和加强农业生态系统健康，包括生物多样性，生物循环和土壤生物活性。它强调优先使用管理办法的非农投入使用，在可能情况下，通过使用农艺，生物和机械方法，而不是使用合成材料，以满足在任何特定系统内运作。

5. IFOAM 国际有机农业运动联盟有机农业定义

有机农业是指所有能促进环境、社会和经济良性发展的农业生产系统（体制或模式）。有机农业的基本原则是：生态学（Ecology）原则、健康（Health）原则、和谐（Fairness）原则和人文关怀（Care）原则。

达到保护生态环境、维持生态平衡、向社会提供安全、健康、环保、优质的产品，促进生产力和经济效益的提高与经济的良性循环和持续发展。

三、有机农业的内涵

尽管有机农业有众多定义，但其内涵是统一的。有机农业是一种完全不用人工合成的肥料、农药、生长调节剂和家畜饲料添加剂的农业生产体系。按照有机农业的定义，有机农业具有可持续发展的基本内涵，是可持续发展的重要组成部分。

有机农业是可持续发展的最高形式。

有机农业是以生态学及其相关学科为主导的现代农业。

有机农业的特征是使用非转基因品种，不施任何化肥、化学合成农药和各种添加剂，坚持以人的健康为本。

有机农业的经济形态是循环经济，它是建立在生物学循环基础之上的，农牧循环是有机农业的基础。

有机农业的市场定位是创汇农业，目标是高端市场。有机农业的本质是优质安全型农业。

四、有机农业的主要特征

标准化：有机农业的生产是按照一个生产规范来进行，要有权威机构的认可和认证。

法制化：有机农业在生产过程中要受到国家相关法律部门的监督和管理。

产业化：有机农业生产要依靠规模经济实现价值。

国际化：有机农业生产符合国际标准，实行全程控制，只有走有机农业的道路，中国农业才能走出国门，成为国际市场的一部分。

五、什么是有机食品

产地符合有机产品生产基本条件，建立了完善的质量管理体系，按照有机食品标准生产、加工，并经合法的认证机构认证获得有机证书的安全、健康、环保、和谐、漂亮的食品。

六、有机产品有哪些种类

有机食品：包括初级产品如有机蔬菜、有机大米等、加工产品如有机液态奶、有机肉制品等。

有机产品：包括有机纺织品、有机护肤品、有机生产资料等。

其他有机日用品：包括有机洗衣剂、有机丝瓜络、有机茶籽粉、有机清洁剂等。

七、有机产品应具备的五个条件

第一，原料必需来自已经建立或正在建立的有机农业生产体系，或采用有机方式采集的野生天然产品。

第二，产品在整个生产过程中必须严格遵循有机产品的加工、包装、贮藏、运输等要求。

第三，必须有完善的全过程质量控制和跟踪审核体系，并有完整的记录档案。

第四，其生产过程不应污染环境和破坏生态，而应有利于其持续发展。

第五，必须通过合法的、独立的有机产品认证机构的认证。

八、有机产品的核心价值

质量：内在质量重于外观质量，安全指标和营养指标，更佳的风味和品质。

营养：植物类产品：水分含量低，并维持较高的营养浓度，含有丰富的铁、镁、维生素 C 和抗氧化物质，含有比较均衡的人体必需的氨基酸；动物类产品：更好的整体健康状况，降低感染或携带疾病的风险，更低的饱和脂肪、不饱和脂肪比。

健康：健康的直接风险低；健康的持续功能强，人体机能水平的改善和提高。

九、为什么要发展有机食品

提供健康安全优质的食品。

保护生态环境，促进可持续发展。

倡导低碳生活，人与自然和谐相处。

十、有机农业的原理

1. 农业生态系统健康理论

强调在相对封闭的系统内循环使用养分来培育土壤肥力和生命力，减少病害的发生，促使作物健康生长，从而生产健康的产品。Balfour 发表了对健康的著名的论述，即土壤、植物、动物和人类的健康是息息相关不可分割的整体，认为只有土壤健康才能获得人类的健康，即“健康的土壤→健康的作物→健康的动物→人类的健康”。因此，生态系统健康是农产品安全生产的前提和保障，只有在健康的农田生态系统条件下才有可能生产出安全的农产品。

2. 生态防治理论

生态防治理论是有机生产病虫草害防治的基础，要充分采取农艺措施（耕作、抗性品种、轮作、间作套种、地面覆盖、肥水管理、清洁田园等），辅之于适当的生物防治（保护利用自然天敌、释放天敌益虫、微生物农药（B. t）、植物性农药（苦参碱）、物理防治（灯光诱杀、防虫网、调节温湿度等）措施，控制病虫害的大量发生。

3. 生态道德理论

生态道德的理论体系是用生态学原理来阐释人与自然的关系，来探究生态危机发生的原因和机制，进而，在科学事实的基础上，提出并论证人对于自然的行为准则和规范。生态道德倡导一种热爱自然，尊重自然，保护自然，通过积极主动的生态建设来修复已遭破坏的地球环境的道德态度，并提出诸如节约资源、清洁生产、减少污染、适度发展、合理消费、保护物种等具体的行为规范。

十一、有机农业运动的组织结构

1. 国际（表4－1）

IFOAM（International Federation of Organic Agriculture Movements，国际有机农业运动联盟）。IFOAM的领导机构成立于1972年，是一个独立的、非盈利性的国际有机农业的权威性机构，总部设在德国波恩，在115个国家拥有会员组织750多个。IFOAM的职能是引导、联合和帮助全世界范围内开展有机农业运动，提供学术交流与合作的平台，制定包括有机植物和有机动物生产及加工各个环节的标准。开展对各个国家、地区的有机生产、管理机构的审查、认证与接纳为会员单位的工作，旨在建立和发展世界范围内有机农业运动协作网。

表4－1　国际主要的有机认证机构与执行的标准

认证机构名称	执行的法规	适用国家
瑞士“生态市场研究所”（Institute For Marketecology，IMO）（“南京英木认证有限公司”IMO-CHINA代理）	EU Regulation 2092/91（欧盟《关于农产品的有机生产和相关农产品及食品的有关规定》）、NOP、JAS	EU标准适用欧盟等国家和地区
德国“生物控制系统有机保证有限公司”（Biological Control System，BCS）（“湖南欧格有机认证有限公司”代理，BCS-CHINA）	EU2092/91、NOP、JAS	EU标准适用欧盟等国家和地区
比利时ECOCERT 北京“绿源天地生态环境科技中心”代理（ECOCERT-China）	EU2092/91、NOP、	EU标准适用欧盟等国家和地区
“日本有机与自然食品协会”（Japan Organic & Natural Food Association，JONA）	《Japanese Agricultural Standard Of Organic Agricultural Products》（JAS）	JAS标准适用于日本

（续表）

认证机构名称	执行的法规	适用国家
韩国亲环境农产品认证中心（Organic Certificate of Korea，OCK）	韩国有机标准	韩国
美国“有机作物改良协会”（Organic Crop Improvement Association，OCIA）（OFDC－CHINA 代理）	OCIA 标准、NOP 标准（美国有机标准《国家有机食品计划》《National Organic Program》）、EU2092/91、JAS 等	OCIA 标准、NOP 标准适用美国等国家、地区

2. 国内（表4－2）

国家认证认可监督管理委员会（简称国家认监委）于2001年8月29日成立，负责对有机产品的认证、活动进行统一管理、综合协调和监督工作。

中国国家认证认可监督管理委员会是一个国家级部门，受国家质量监督检验检疫总局的管理。

主管机构之间的关系：国家质量监督检验检疫总局、中国国家认证认可监督管理委员会。

表4－2　国内主要的有机认证机构

认证机构名称	网站	适用国家
中国质量认证中心 China Quality Certification Centre（CQC）	http：//www.cqc.com.cn	中　国
中绿华夏有机食品认证中心（China Organic Food Certification Center，COFCC）	http：//www.ofcc.org.cn	中　国
国环有机产品认证中心（Organic Food Development Center Of State Environmental Protection Adminstion of China，OFDC－CHINA）	http：//www.ofdc.org.cn	中国、韩国等国家
北京五洲恒通认证有限公司（CHTC）	http：//www.bjchtc.com	中　国
北京陆桥质检认证中心有限公司（BQC）	http：//www.bqc.com.cn	中　国
方圆标志认证集团有限公司 China Quality Mark Certification Group（CQM）	http：//www.cqm.com.cn	中　国

3. 有机标识（图4－1）

中国有机标识

中国有机转换期标识

OFDC标识

中绿华夏标识

OCIA标识（OCIA-IFOAM许可）

OCIA标识（OCIA许可）

IMO 标识

NOP 标识

有机标识（3）
BCS标识

ECOCERT标识

JAS标识

标识OCK

图4－1　有机标识

4. 有机农业与绿色农业、无公害农业主要区别点（表4－3）

表4－3

项目＼类型	有机农业	绿色农业	无公害农业
适用范围	国际	中国	中国
起始年代	1945 年，美国 Rodale 创办了第一个有机农场。1972 年，国际有机农业运动联盟（IFOAM）成立	1990 年由农业部农垦环境监测中心率先推出，并在全国各地广泛开展了绿色食品工程活动	2001 年由农业部启动，创建了 100 个基地示范县，在京津沪、深圳实行农产品市场准入制度
执行标准	“国际有机农业运动联合会”的有机农业基本标准	执行中国农业部推荐性行业标准。其标准分为 A 级和 AA 级	执行中国国家质检总局发布的强制性标准及农业部发布的行业标准
认证重点	不但检测产品结果，而且对生产方法、生产全过程认证	特别注重生产环境和产品的检测结果	
使用物质	有机食品全部生产过程中严禁使用人工合成的任何化学农药、化学肥料、化学除草剂、化学生长激素等化学合成的物，并且强调：不允许使用转基因工程技术及其产物	（A 级）允许使用一定数量的高效、低毒、低残留的化学农药，也允许使用一定量的化学肥料 未标明不允许使用转基因工程技术及其产物	允许使用一定数量的高效、低毒、低残留的化学农药，也允许使用一定量的化学肥料 未标明不允许使用转基因工程技术及其产物
转换期	需要 1～3 年的转换期	无转换期	无转换期
有效期	认证生效后 1 年 每年都需检查认证	A 级认证生效后 3 年；AA 级认证生效后 1 年	认证生效后 3 年
认证机构	各国有专门认证机构	中国绿色食品发展中心认证	中国农业部农产品质量安全中心进行检查认证
标识	有机农产品在全球范围内无统一标志，各国（认证机构）有各自的标识	绿色食品的标识在中国是统一的，也是唯一的，它是由中国绿色食品发展中心在国家工商局注册的质量认证商标	无公害食品标识因认证机构不同而不同，山东、湖南、黑龙江、天津、广东、江苏、湖北等省先后制定了各自己的无公害农产品标识

第二节　世界及我国有机农业发展概况

一、全球有机农业的发展概况

2001 年全球有机农业面积大约为 1 581 万公顷，约占全部耕地面积的

1.09%，2002 年达到 1 716公顷，占 1.18%，2003 年继续扩大到 2 281万公顷和 1.57%，2004 年和 2005 年世界有机农业的种植面积进一步扩大达到 2 407 和 2 646万公顷，占世界总耕地面积的 1.66% 和 1.83%。2004 年全球有有机产品生产的农场 558 449个，其中墨西哥等十五国的有机种植农户达到 437 976，占全部农户的 78%，我国只有 1 050个，占全部农户数量的 0.188%。从有机农业在各国占的比例分析，列支敦士登占的比例最高，达到 26.4%，其他依次为：奥地利、瑞士、法国、意大利、瑞典、希腊等国，中国有机农业的面积占全耕地面积的 0.06%。根据 IFOAM 的统计，有机食品市场近年来一直保持在年 20% ~30% 的增速。2007 年，全球的有机食品的市场规模为 460 亿美元。2007 年有机食品和有机饮料的销售收入约为 200 亿美元。有机食品的主要消费市场是美国和欧洲，美国是全球最大的有机食品消费市场。

二、中国有机农业发展的概况

中国有机农业起步晚，1989 年开始引进我国，逐步启动有机农业认证。1989 年，国家环境保护局南京环境科学研究所农村生态研究室加入了国际有机农业运动联合会（IFOAM），成为中国第一个 IFOAM 成员。1992 年，中国农业部批准组建了“中国绿色食品发展中心（CGFDC）”。1994 年，成立了“国家环境保护总局有机食品发展中心”（Organic Food Development Center of SEPA，简称 OFDC），2003 年改称为“南京国环有机产品认证中心”，2002 年 10 月组建成立了“中绿华夏有机食品认证中心（COFCC）”。2001 年 6 月 19 日，国家环保总局正式发布“有机食品认证管理办法”，2001 年底颁布“有机食品生产和加工技术规范”。2003 年 8 月由中国认证机构国家认可委员会发布了以 OFDC 有机产品认证标准为基础上制定的“有机产品生产和加工认证规范”。

从市场发展看，1995 年有机食品出口贸易额 30 万美元，1999 年达到 1 500 万美元，2002 年达 5 000万美元。2003 年，经过认证的有机农业生产面积超过 400 万亩，出口贸易额 6 500万美元。经国家环境保护总局有机食品发展中心认证有机食品部门认证的有机/有机转换产品品种已达 180 多种，包括经济作物、茶叶、蔬菜、水果、畜禽产品、水产品、蜂产品、野生中草药和农用生产资料等。数量和面积以东北三省最大；上海、浙江、山东、江苏等东部省份在市场开发、质量控制方面较占优势。

截至 2009 年底，全国约有 3 812家有机生产企业；有机面积 326.8 万公顷；转换面积35.28万公顷；合计约362.08万公顷；国内销售100.6亿元，出口4.64亿美元。

第三节　有机种植业生产基地技术要求

一、有机生产基地对自然环境（水、土、气）的要求

有机生产需要在适宜的环境条件下进行。有机生产基地应远离城区、工矿区、交通主干线、工业污染源、生活垃圾场等。

基地的环境质量应符合以下要求。

土壤环境质量符合国标GB 15618—1995中的二级标准。

农田灌溉用水水质符合国标GB 5084—2005的规定。

环境空气质量符合国标GB 3095—1996中二级标准和GB 9137的规定。

二、有机生产基地对生产技术的要求

1. 必须有转换期　conversion

从按照标准开始管理至生产单元和产品获得有机认证之间的时段。

转换期的开始时间从提交认证申请之日算起。一年生作物的转换期一般不少于24个月转换期，多年生作物的转换期一般不少于36个月。

新开荒的、长期撂荒的、长期按传统农业方式耕种的或有充分证据证明多年未使用禁用物质的农田，也应经过至少12个月的转换期。

转换期内必须完全按照有机农业的要求进行管理。

2. 建立缓冲带和栖息地　buffer zone

缓冲带是有机农业中特有的概念，是指在有机和常规地块之间有目的设置的、可明确界定的过渡区域，其作用主要是为了防止有机农业地块受到周围常规地块或其他活动中的禁用物质的漂移污染。

在种植基地周边还应设置天敌栖息地，提供天敌活动、产卵和寄居的场所。

GB/T 19630.1—2005《有机产品》标准中，没有具体规定缓冲带的宽度和类型，它可以是一片耕地、一条沟、一条路、一片丛林或树林、也可是以是一个建筑物等，关键是必须保证其有效的缓冲作用。不同认证机构对隔离带长度的要求不同，如我国OFDC认证机构要求8米，德国BCS认证机构要求10米。

缓冲带内允许种植作物，但种植的作物必须按照有机生产方式进行管理，且

缓冲带上收获的作物只能作为常规产品销售，并需要有可供跟踪的完整记录，以确保能与在有机地块里收获的作物明显区分。

3. 平行生产的要求　parallel production

在同一农场中，同时生产相同或难以区分的有机、有机转换或常规产品的情况，称之为平行生产。

平行生产中的常规产品也必须为非转基因品种。农场可以在整个农场范围内逐步推行有机生产管理，或先对一部分农场实施有机生产标准，制订有机生产计划，最终实现全农场的有机生产。

对于存在平行生产的农场，应制定并实施平行生产控制规程（包括生产、收获、贮藏、运输、销售环节），防止有机产品、有机转换产品、常规产品发生混淆，避免有机产品受到禁用物质的污染。

4. 种子和种苗的选择

应选择有机种子或种苗。当从市场上无法获得有机种子或种苗时，可以选用未经禁用物质处理过的常规种子或种苗，但应制订获得有机种子和种苗的计划。

应选择适应当地的土壤和气候特点、对病虫害具有抗性的作物种类及品种。在品种的选择中应充分考虑保护作物的遗传多样性。

禁止使用经禁用物质和方法处理的种子和种苗。

5. 耕作轮作体系建设

作物轮作是指两种或两种以上生长季节不同的作物在同一地块里轮换种植。

国标 GB/T 19630—2005《有机产品》规定，在一年只能生长一茬作物的地区，允许采用两种作物的轮作；禁止连续多年在同一地块种植同一作物，但牧草、水稻及多年生作物除外。应利用豆科作物、免耕或土地休闲进行土壤肥力的恢复。

河北坝上地区轮作体系

莜麦	胡麻	玉米		（3 年轮作）
莜麦	胡麻	小麦		（3 年轮作）
莜麦	小麦	土豆		（3 年轮作）
莜麦	胡麻	土豆		（3 年轮作）
莜麦	小麦	豆类		（3 年轮作）
莜麦	胡麻	玉米	小麦	（4 年轮作）
莜麦	胡麻	小麦	豆类	（4 年轮作）

6. 土壤培肥地力方案

严格禁止使用化学合成的肥料（如尿素、二胺、过磷酸钙、磷酸二氢钾等）和城市污水污泥。

有机农业土壤培肥过程中使用的投入物质应满足国家有机产品标准第一部分 GB/T 19630.1—2005 附录 A 中的要求。

有机农业土壤培肥物质的来源主要有：①农场自制并充分腐熟的堆肥或沤肥；②经认证机构许可后从农场外购买的农家肥；③通过有机认证或经认证机构许可的有机商品肥。但有机农业倡导尽量开发和使用第一种肥源。如果农场计划使用的投入物质未列入有机生产标准附录 A 中，那么申请认证的单位必须向认证机构申报，在认证机构参照标准附录 D 的要求对该物质进行评估并同意使用后，农场方可使用该物质。

在土壤培肥中还应注意人粪尿的使用范围。必须使用时，应当按照相关要求进行充分腐熟和无害化处理，并不得与作物食用部分接触。禁止在叶菜类、块茎类和块根类作物上施用。

7. 病虫草害防治

有机农业在生产过程中禁止使用化学合成的农药，要求在种植过程中尽可能依靠综合应用各种农艺的、生物的、物理的措施来防治病虫草害。

（1）病虫害防治方案。

生物措施：释放寄生蜂、使用性诱剂、Bt 等微生物农药、植物性农药等。

物理措施：悬挂杀虫灯、设置防虫网、放置黄粘板等。

农艺措施：选用抗病种子、用非化学方法处理种子、培育壮苗、加强栽培管理、中耕除草、秸秆覆盖除草、深翻、覆地膜、晒田、轮作、间作、套作、合理施肥、调整播种期、合理调节水分等。

（2）除草方案。

使用机械方法（耕翻、中耕、耘地、耙地等）进行除草；人工铲地除草；轮作中断寄主除草；严禁使用化学除草剂除草。

8. 有机生产基地对人力资源的要求

根据国标 GB/T 19630—2005 中第四部分“管理体系”4.3 条款的规定：有机产品生产、加工者不仅应具备与有机生产、加工规模和技术相适应的资源，而且应具备符合运作要求的人力资源并进行培训和保持相关的记录。

（1）配备的有机产品生产、加工管理者应具备以下条件。是本单位的主要负责人之一；了解国家相关的法律、法规及相关要求；了解 GB/T 19630. 1—GB/T 19630. 4 的要求；具备 5 年以上农业生产和（或）加工的技术知识或经验；熟悉本单位的有机生产和（或）加工管理体系及生产和（或）加工过程。

（2）配备的内部检查员应具备以下条件。了解国家相关的法律、法规及相关要求；相对独立于被检查对象；熟悉并掌握 GB/T 19630. 1—GB/T 19630. 4 的要求；具备 3 年以上农业生产和（或）加工的技术知识或经验；熟悉本单位的有机生产和（或）加工和经营管理体系及生产和（或）加工过程。

第四节　有机食品认证的基本要求

一、中国有机产品认证法规标准及管理体系

国务院：《中华人民共和国认证认可条例》

质检总局：《有机产品认证管理办法》

认监委：认证实施规则、证书格式、国家标志印制和发放、认证机构标志备案。

国家有机标准 GB/T 19630. 1—2011：生产、加工、标识与销售、质量管理体系。

二、有机食品认证的基本要求

建立完善的质量管理体系；生产过程控制体系的建立；追踪体系的建立。

三、建立完善的质量管理体系

1. 质量管理手册

（1）企业概况。

（2）开始有机食品生产的原因、生产管理措施。

（3）企业的质量方针。

（4）企业的目标质量计划。

（5）为了有机农业的可持续发展，促进土地管理的措施。

（6）生产过程管理人员、内部检查员以及其它相关人员的责任和权限。

（7）组织机构图、企业章程等。

2. 操作规程

（1）作物栽培部分操作规程。

（2）原料收获的管理规程。

（3）收获后的各道工序的规程。

（4）出货规程。

（5）机械、设备的维修、清扫规程。

（6）客户投诉的处理。

（7）给认证机构的报告及接受检查规程。

（8）记录管理规程。

（9）内部检查规程。

（10）教育、培训规程。

3. 记录的完成和保存

有机产品生产、加工、经营者应建立并保护记录。记录应清晰准确，并为有机生产、加工活动提供有效证据。记录至少保存5年。

4. 内部检查

（1）内部检查监督方法规程。

（2）对操作规程进行定期重新审阅、修订的规程。

（3）对生产过程进行检查和确认并提出改进意见的规程。

（4）对各类记录进行确认、签字认可规程。

5. 合同内容的确认

（1）合同及定货要求事项的确认方法。

（2）要求事项的传达及通知事项。

（3）合同内容及定货要求发生变化时的措施。

（4）记录的名称。

6. 教育、培训

（1）必要的教育、培训内容和目的。

（2）认证机构举办的培训班的参加情况。

四、生产过程控制体系的建立

1. 产品必须来自已建立的或正在建立的有机农业生产体系，或采用有机方式采集的野生天然产品

2. 加工产品所用原料必须来自已建立的或正在建立的有机农业生产体系，或采用有机方式采集的野生天然产品

3. 在整个生产过程中必须严格遵循有机食品生产、采集、加工、包装、贮藏、运输标准

（1）有机食品在其生产和加工过程中绝对禁止使用化学合成的农药、化肥、激素、抗生素、食品添加剂等，而普通食品则允许有限制地使用这些物质。

（2）有机食品的生产和加工过程中禁止使用基因工程技术及该技术的产物及其衍生物。

（3）有机食品的生产和加工必须建立严格的质量跟踪管理体系，因此一般需要有一个转换期。

（4）有机食品在整个生产、加工和消费过程中更强调环境的安全性，突出人类、自然和社会的协调和可持续发展，在整个生产过程采用积极、有效的生产措施和手段，使生产活动对环境造成的污染和破坏减少到最低限度。

五、追踪体系的建立

1. 追踪体系的概念

该系统就是利用现代化信息管理技术给每件商品标上号码、保有相关的管理记录，从而可以进行追踪的系统。

（1）追踪体系是一个保存系统，可以跟踪生产、加工、运输、贮藏、销售全过程。

（2）是有机生产的证据。

（3）是检查员检查评估是否符合有机的重要依据。

（4）是生产者提高管理水平的重要依据。

（5）对于同时进行常规生产和有机生产的生产者，追踪体系尤其重要。

（6）参考有机认证中心建议生产基地农事活动记录表建立跟踪审查系统。

2. 追踪体系的要素（种植业部分）

（1）地块分布图、地块图。

（2）产地历史记录。

（3）农事活动记录。

（4）投入物记录。

（5）收获记录。

(6) 贮藏记录。

(7) 销售记录。

(8) 批次号。

(9) 经认证的投入物。

六、有机产品认证的主要流程

申请有机认证的单位选择一家有资格的有机产品认证机构，索取申请资料(包括申请表、调查表、必须材料清单等)，填写并递交申请资料，签署检查认证协议，交纳申请和检查费用。认证机构检查员实地检查。提交报告。

认证机构审核报告与材料。

企业交纳颁证费用（未获颁证的不必交纳）。

认证机构颁发证书，同时领取有机认证或有机转换认证标志，办理销售证书。

七、有机食品认证流程图

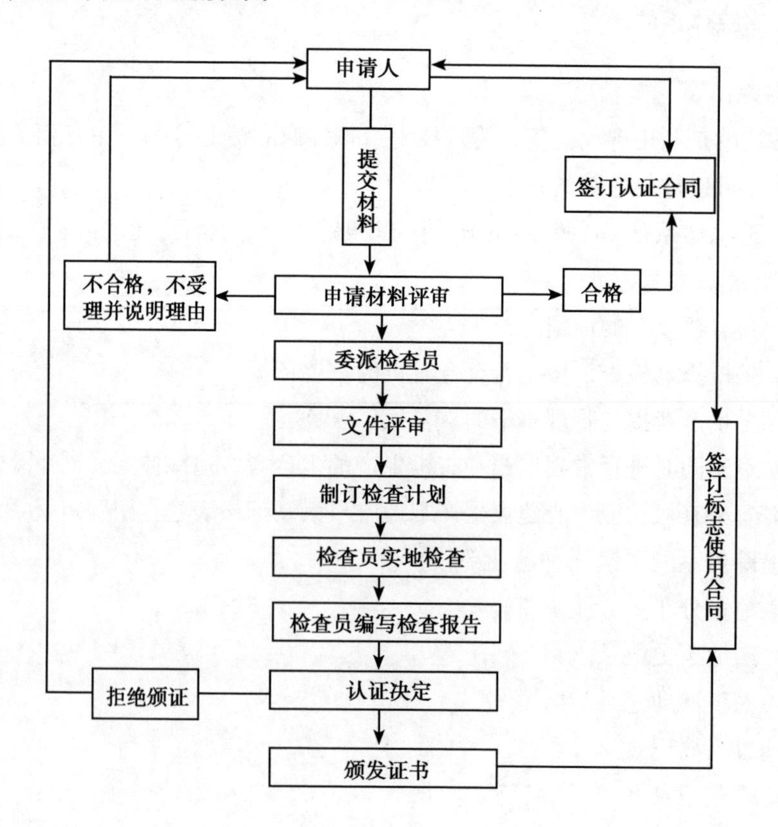

八、COFCC（中绿华夏有机食品认证中心）有机食品认证文件资料清单（种植业）

（一）项目基本情况资料

营业执照副本复印件

土地使用合法证明（土地承租合同书、有机种植合同书等）

公司＋农户或公司＋基地＋农户组织模式的还需提供农户清单、基地与农户管理制度

新开垦的土地必须出具县级以上政府部门的开发批复

基地5千米范围内的行政图（市、县或乡的行政图，标明基地的位置）

地块分布图（多地块、分布分散情况下，提供包含全部地块分布情况的地图）

地块图（必须标明每个地块的形状、面积、种植作物名称、边界及与周边常规地块的隔离情况，基地内主要标示物以及水源的位置）

近三年内土壤、灌溉水及大气的监测报告

证书上如体现商标，需提供商标注册证

通过其他认证机构认证的项目，提供相关证书复印件或证明文件。

（二）质量管理体系文件

1. 质量管理手册

有机产品生产、加工、经营者的简介

有机产品生产、加工、经营者的经营方针和目标

管理组织机构图及其相关人员的责任和权限

有机生产、加工、经营实施计划

有机产品生产内部检查制度

跟踪审查制度（质量追踪体系的建立、实施）

记录管理制度

客户申、投诉的处理

2. 内部规程

（1）作物栽培规程。

①土地的备耕规程。

②种子和种苗的选定、处理方法以及播种育苗的规程。

③获得有机种子和种苗的计划。

④土壤肥力的保持与管理措施。

⑤常发病、虫、草害的名称与防治措施。

⑥灌溉水的来源及灌溉管理。

⑦作物的轮作计划和间、套作计划。

⑧收获、运输及临时保管规程。

（2）初加工和储藏规程。

①从基地到加工厂的运送方式。

②加工厂的接货检查方法和检查标准。

③不合格原料的处理方法和合格原料的保管方法。

④初加工各工序的操作方法。

⑤批次号的编制方法以及管理规程。

⑥产品包装和保管方法。

⑦出库程序规程。

（3）机械设备维修、清洗方法及卫生管理规程。

（4）教育、培训规程。

（5）客户申投诉的处理规程。

（6）员工福利与劳动保护规程。

（7）平行生产管理规程（存在平行生产的企业须提交）。

①防止有机产品生产、运输、初加工和储藏过程中受到常规产品污染的措施。

②有机生产体系和常规生产体系文件、记录的管理。

（三）记录文件和其他相关资料

（1）有机产品生产管理者以及内部检查员的资质证明材料。

（2）所购买种子或种苗的证明文件（购买单据、非转基因证明、常规种子或种苗未经禁用物质处理的证明等）。

（3）自制肥料或生物农药时，提供原料的来源、比例、名称、自制方法和使用记录。

（4）外购肥料、生物农药等生产资料的证明文件（购买单据、产品说明书）。

（5）农事活动记录（土地耕作、播种、施肥、病虫草害防治、灌溉、重大事件、收获)。

(6) 原料的运输及储存记录 (原料运输、不合格原料处理、原料入库等)。

(7) 产品生产配方以及加工工艺流程图。

(8) 初加工过程中各加工工序记录 (工序名称、时间、原料名称、批次号、加工数量、加工损耗、出成率、成品数量)。

(9) 产品出入库记录。

(10) 检测机构 (计量认证、实验室认可，农业部认可或认监委认可) 出具的当年度的产品检测报告。

(11) 销售记录 (时间、产品名称、批次号、数量、购买单位) 及销售发票。

(12) 机械设备清扫、清洗记录 (时间、设备名称、清扫清洗方法、药剂名称、用量)。

(13) 防虫防鼠记录 (时间、防鼠防虫场所、所用药剂或工具名称、用量)。

(14) 内部监督检查报告 (见 COFCC 内部监督检查报告)。

(15) 内部培训记录 (时间、培训内容、参与人员、授课人员)。

(16) 客户投诉处理记录 (时间、投诉方、投诉内容、解决措施)。

(17) 可以介绍和说明基地与加工厂情况的相关照片。

(18) 申报材料的电子版 (光盘或电子邮件 cofcc@126. com)。

九、2012 年新有机产品认证实施规则的新规定

2012 年 2 月 15 日，国家认证认可监督管理委员会发布新版《有机产品认证实施规则》(以下简称《规则》)，要求自 2012 年 3 月 1 日起，认证机构对新申请有机产品认证企业及已获认证企业的认证活动均需依据新版认证实施规则执行。新版《规则》包括十个部分及 5 个附件。

(一) 新版《有机产品认证实施规则》主要新规定

1.《规则》规定十类情况将不予批准认证

《规则》规定，认证委托人的生产加工活动存在以下情况之一，不予批准认证。

(1) 提供虚假信息，不诚信的。

(2) 未建立管理体系或建立的管理体系未有效实施的。

(3) 生产加工过程使用了禁用物质或者受到禁用物质污染的。

（4）产品检测发现存在禁用物质的。

（5）申请认证的产品质量不符合国家相关法规和（或）标准强制要求的。

（6）存在认证现场检查场所外进行再次加工、分装、分割情况的。

（7）一年内出现重大产品质量安全问题或因产品质量安全问题被撤销有机产品认证证书的。

（8）未在规定的期限完成不符合项纠正或者（和）纠正措施，或者提交的纠正或者（和）纠正措施未满足认证要求的。

（9）经监（检）测产地环境受到污染的。

（10）其他不符合本规则和（或）有机标准要求，且无法纠正的。

2.《规则》规定十二类情况将撤销认证证书

《规则》规定，有下列情况之一的，认证机构应当撤销认证证书，并对外公布：

（1）获证产品质量不符合国家相关法规、标准强制要求或者被检出禁用物质的。

（2）生产、加工过程中使用了有机产品国家标准禁用物质或者受到禁用物质污染的。

（3）虚报、瞒报获证所需信息的。

（4）超范围使用认证标志的。

（5）产地（基地）环境质量不符合认证要求的。

（6）认证证书暂停期间，认证委托人未采取有效纠正或者（和）纠正措施的。

（7）获证产品在认证证书标明的生产、加工场所外进行了再次加工、分装、分割的。

（8）对相关方重大投诉未能采取有效处理措施的。

（9）获证组织因违反国家农产品、食品安全管理相关法律法规，受到相关行政处罚的。

（10）获证组织不接受认证监管部门、认证机构对其实施监督的。

（11）认证监管部门责令撤销认证证书的。

（12）其他需要撤销认证证书的。

认证证书被注销或撤销后，不能以任何理由予以恢复。

3.《规则》规定有机产品将有唯一编号

《规则》规定，获证产品或者产品的最小销售包装上应当加施中国有机产品认证标志及其唯一编号（编号前应注明“有机码”以便识别）。为保证国家有机产品认证标志的基本防伪与追溯，防止假冒认证标志和获证产品的发生，各认证机构在向获证组织发放认证标志或允许获证组织在产品标签上印制认证标志时，应当赋予每枚认证标志一个唯一的编码，其编码由认证机构代码、认证标志发放年份代码和认证标志发放随机码组成。

《规则》还规定，认证机构应制定销售证申请和办理程序，要求获证组织在销售认证产品前向认证机构申请销售证。

4.《规则》）制定了新的《有机产品认证目录》（以下简称《目录》）

收入到《目录》的包括了小麦、玉米、水稻、蔬菜、牛奶、肉类等 37 大类 127 种产品（读者在互联网上输入《有机产品认证目录》即可找到完整版）。值得一提的是，以前曾取得有机认证的水、蜂蜜、化妆品、枸杞等产品目前暂时没被收进《目录》。如果在市场上买到 2012 年 3 月 1 日以后生产的标识“有机产品”字样的上述产品，那肯定是假货。

（二）按新版《有机产品认证实施规则》如何识别有机产品

随着人们对健康的日益重视，有机产品慢慢地走进普通老百姓的“菜篮子”，但有机产品的价格比普通产品高很多，少数不法之徒因利不惜铤而走险，假冒的有机产品可能会出现在市场上。下面几招可让普通老百姓正确识别有机产品。

1. 看在有机产品的销售专区或陈列专柜，是否摆放有机产品认证证书复印件

内容包括证书编号，认证委托人（证书持有人）名称、地址，基地（加工厂）名称、地址，产品名称、规模、产量，证书有效期，认证机构名称、标识等。有机产品认证证书有效期为一年。

2. 看产品或者产品的最小销售包装上，是否加施中国有机产品认证标志或中国有机转换产品认证标志及其唯一编号、认证机构名称或其标识

其中中国有机产品认证标志由两个同心圆、图案以及中英文文字组成。内圆表示太阳，其中的既像青菜又像绵羊头的图案泛指自然界的动植物；外圆表示地球。整个图案采用绿色，象征着有机产品是真正无污染、符合健康要求的产品以及有机农业给人类带来了优美、清洁的生态环境。按照要求，所有有机产品生产

企业自2012年3月1日起，必须加施这些标志。

有机产品有了“身份证”。2012年3月，国家认监委修改了2005年版的《有机产品认证实施规则》，建立了有机产品追溯体系，要求2012年7月1日之后出厂销售的有机产品要统一加施国家有机产品认证标识（含有机转换产品认证标识）、唯一编号（有机码）和认证机构名称（标识）。此有机码为暗码，由17位数字组成，刮开防伪标签上的银色涂层后即可看见，这也相当于该产品的“电子身份证”。一旦消费者在食用的时候发现问题，即可通过追溯系统追根溯源。产品买回家之后，消费者还可通过“中国食品农产品认证信息系统”查询到有机产品认证标志所对应获证产品的基本信息。

3. 看商家有没有“有机产品销售证”

“有机产品销售证”应该悬挂于店铺的显眼位置，内容包括认证证书号、认证类别、获证组织名称、产品名称、购买单位、数量、产品批号等内容。

（三）发现假冒产品如何投诉

消费者如果发现了假冒有机产品，有多种方法可以投诉和举报。一是向认证机构进行投诉；二是拨打12365向所在地质量监督部门投诉举报；三是可以向国家认监委进行投诉举报，国家认监委投诉受理电话为010－82262671。

此外，《规则》突出了“严”字，它对有机产品的生产、认证要求都更加严格。比如，过去有机产品一次性检测即可“保持认证”，而现在需要一年一认证，而一个项目的认证费用最少要2.2万元，此外还有环境监测和产品检测费用。这些费用肯定会转到消费者身上。

第五节　绿色食品

一、中国绿色食品发展概况

绿色食品产生于20世纪90年代初期，是我国的一项开创性事业，经过近20年的发展，取得了显著成效。形成了与发达国家相等位的标准体系；具有特色的全程标准化质量控制体系；并不断完善组织管理体系。绿色食品作为安全优质精品品牌，推行标准化生产，倡导健康消费，品牌形象深得社会各界的推崇，美誉度不断增强。目前具备了一定的发展基础和总量规模，而且已成为促进农产品质量安全工作的重要手段，为保护我国农业生态环境，推进农业标准化生产，增强农业竞争力、增加农民收入、扩大农产品出口发挥了积极的作用，是对新阶段农业结构战略性调整的重要贡献，也是新时期农产品质量安全工作取得的重大成果。

（一）全国绿色食品认证情况

到2009年，全国有效使用绿色食品标志的企业达到6 003家，比2008年增长2.3%，产品达到15 707个，比2008年减少1.7%。

绿色食品年销售额达到3 162亿元，比2008年增长21.8%，出口额达到21.6亿美元，占全国农产品出口总额的5.6%。

绿色食品种植业面积达到1.9亿亩，约占全国主要农作物种植面积的8%。

通过绿色食品认证的国家级和省级农业产业化龙头企业分别达到263家、1 090家，分别占30%和20%。

绿色食品产品质量年度抽检合格率达到98.8%，比2008年提高0.4个百分点。

实现了质量速度效益均衡发展；经济效益、社会效益和生态效益同步发展。

（二）河北省绿色食品认证情况

有184家企业513个产品通过认证。产品有涿州贡米、怡达山楂、赵县雪梨、京东板栗、沧州小枣、黑马面粉、华牧鸡蛋、富岗苹果等。蔬菜产品有90家企业（合作社）311个产品通过认证。

（三）绿色食品发展呈现四个特点

一是实物总量迅速扩大。

2003—2009年，绿色食品企业和产品年均增长速度分别达到26.7%和47.3%，实物总量扩大了1.2倍，占全国食用农产品及加工产品商品总量的比重有了大幅度的提高。

二是产品质量稳定可靠。

通过落实标准化生产，加强过程控制，规范认证认定行为，强化监督管理，有效保证了绿色食品产品质量，维护了品牌的公信力。

在每年的产品质量例行监督抽检中，绿色食品质量抽检合格率稳定保持在98%以上。在农业部组织的农产品质量安全例行监测及国家有关部门实施的食品质量抽查中，绿色食品抽检全部都保持合格（绿标准）。

三是产业水平不断提升。

继续稳步推进标准化基地建设。截止到2009年底，全国共有25个省、市、自治区的307个单位（1个地市州、262个县、44个农场）建成绿色食品大型原料标准化生产基地432个，面积达到1.03亿亩，产量5 717.6万吨，涵盖69种优势农产品和地方特色产品。

基地对接龙头企业1 138家，带动1 296.5万个农户，直接增加农民收入6.5亿元以上。经过几年的努力，绿色食品基地建设已走出了一条以品牌化带动农业标准化和产业化的新路子，成为绿色食品事业发展的新“亮点”。

黑龙江省绿色食品原料标准化生产基地面积已达4 600多万亩，占全国总面积的45%。江西省创建的800多万亩绿色食品原料标准化生产基地，促进基地农户户均增收500元以上。山东、安徽、湖北、四川、宁夏、青海、新疆等省区在农业主管部门的支持下，不断加大投入力度，基地建设也取得了明显成效。

认证企业实力不断增强。通过绿色食品认证的国家级和省级农业产业化龙头企业分别达到263家、1 090家，分别占30%和20%。

产品结构不断优化。地方名特优产品日益增多，园艺、畜牧、水产等具有出口竞争优势的产品比重有了较大幅度的提高。

四是综合效益明显增强。

消费者对绿色食品品牌的认知度已接近60%，超过50%的消费者愿意绿色食品。据对全国28个省份154家大型超市的市场调查，绿色食品销售价格比普通产品平均高10%～30%，部分产品高出1倍以上。

绿色食品产品日益受到国内大型主流商业连锁经营企业的青睐，并成为市场准入的重要条件。在优质优价市场机制作用下，80%以上的绿色食品企业实现了增效，并带动农民实现了增收。随着绿色食品品牌国际知名度的提高，绿色食品出口增长速度保持在20%以上，出口额约占全国农产品出口总额的7%。随着绿色食品品牌影响力的不断扩大和市场份额的增加，绿色食品发展不但保障了城乡居民的农产品消费安全，同时还增强了公众的健康和环保意识。

二、绿色食品的概念和标志

1. 概念

绿色食品是指遵循可持续发展原则，按照特定生产方式生产，经专门机构认定，许可使用绿色食品标志商标的无污染的安全、优质、营养类食品。

2. 标志

绿色食品标志是由绿色食品发展中心在国家工商行政管理总局商标局正式注

册的质量证明标志。它由 3 部分构成，即上方的太阳、下方的叶片和中心的蓓蕾，象征自然生态；颜色为绿色，象征着生命，农业、环保；图形为正圆形，意为保护。AA 级绿色食品标志与字体为绿色，底色为白色，A 级绿色食品标志与字体为白色，底色为绿色。整个图形描绘了一幅明媚阳光照耀下的和谐生机，告诉人们绿色食品是出自纯净、良好生态环境的安全、无污染食品，能给人们带来蓬勃的生命力。

商标注册证号：第 892107 至 892139 号，共 33 件。

3. 证明商标

是指对某种商品或者服务具有检测和监督能力的组织所控制，而由其以外的人使用在商品和服务上，用以证明该商品或服务的原产地、原料、制造方法、质量、精确度或其他特定品质的商品商标或服务商标。

4. 绿色食品标志商标

注册形式：

注册类别：

国际商标类别分类第 1、2、3、5、29、30、31、32、33 类共九大类产品上进行了注册。

注册国家和地区：

中国、日本、美国、俄罗斯、英国、法国、葡萄牙、芬兰、澳大利亚、中国香港 10 个国家和地区完成注册。

5. 绿色食品标志商标的许可使用

绿色食品证书、编号

绿色食品产品编号

绿色食品

Green Food

证 书

经中国绿色食品发展中心审核，该产品符合绿色食品A级标准，被认定为绿色食品A级产品，许可使用绿色食品标志，特颁此证。

产品名称：旬宝+图形+XUNBAO牌 红富士苹果

产品编号：LB-18-1004260905A

企业信息码：GF610429100399

生产商：陕西省旬邑县对外贸易公司

批准产量：125000 吨

许可期限：2010年04月至2013年04月

颁证机构：

代表签字：王运浩

颁证日期：2010年04月07日

中国绿色食品发展中心

2011年04月至2012年04月（年检盖章有效）

2012年04月至2013年04月（年检盖章有效）

LB — XX — XX XX XX XXXX

产品类别 年份 月份 省份 当年序号 分级

企业信息

GF　　××××××　　××　　××××

绿色食品英文“GREENFOOD”缩写　　地区代码　　获证年份　　企业序号

三、绿色食品基本监管制度

基本要求：环境有监测、操作有规程、生产有记录、产品有检测、包装有标识，质量有保证。

（一）绿色食品的基本制度

经过20多年的不断探索，绿色食品借鉴国际经验并结合我国国情，创建了“以技术标准为基础、质量认证为形式、商标管理为手段”的管理模式和质量认证与商标管理相结合的基本制度。重点强化4个方面。

（1）两端监测（环境、产品）。依据标准对产地环境和最终产品进行检测。

（2）过程控制“土地到餐桌”。生产过程实行严格的技术操作规程。

（3）质量认证。依据国家《认证认可监督管理条例》和技术标准对企业的产地环境、原料基地、加工工艺、产品质量以及产品包装等各个环节实施严格的认证审核。

(4) 商标管理。绿色食品标志是在国家商标局注册的证明商标，依据《商标法》实施商标使用许可制度。现已在日本、香港注册，并向欧盟、美国、俄罗斯、澳大利亚、新加坡等8个国家提出了证明商标注册申请。

(二) 绿色食品制度体系有五个特点

(1) 实行产品质量认证和生产体系认证相结合，“从土地到餐桌”全程质量控制，具有较强的可追溯性。

(2) 在认证审核的基础上，强化年度检查、产品抽检、市场监管、社会公告等管理措施，保证质量信誉度和品牌的公信力。

(3) 推行“以标志商标为纽带、龙头企业为主体、原料基地为依托、农户参与为基础”的产业组织体系，实现农业标准化生产和产业化经营。

(4) 生态环境的利用与保护相结合，既要求产品出自良好的生态环境，不受环境污染，也要求实行清洁生产、健康养殖，不对环境造成污染，建立了产业发展与环境保护相互依存、相互促进的良性互动机制，促进农业的可持续发展。

(5) 根据公益性的特点，实行以市场导向为基础、政府推动的发展机制，政府创造法律、政策、技术、市场等环境和条件，生产者自愿认证，消费者自主选择。

四、绿色食品的认证

(一) 条件

(1) 申请人资质。必须是本地注册的企业法人、农民专业合作社法人、个人独资企业、合伙企业和个体工商户。

营业执照上的经营范围要涵盖申报产品的生产、销售。

加工产品的申请人须生产经营一年以上合作社申报种植业产品运行一个生产周期以上。

(2) 生产条件。具备绿色食品生产的环境条件和技术条件。

(3) 规模要求。具备完善的质量管理体系和较强的抗风险能力；具有依法承担产品质量安全责任的能力。

具备绿色食品蔬菜认证的基本条件如下。

硬件：一处房子

一块牌子

一个基地

一名技术员

一套检测设备

软件：一个承诺

一套档案

一套规章制度

一套操作规程

一套生产记录

（二）绿色食品认证的标准体系

绿色食品标准体系包括环境标准、生产过程标准（或投入品标准）、产品标准、包装和贮运标准。

1. 通则类标准 15 项

产地环境质量、生产过程、包装贮运等方面的标准。

2. 绿色食品产品标准 102 项

产品质量的标准可参照的国家、行业标准 18 项，如饮用天然矿泉水 GB 8537—2008。

（三）绿色食品认证程序

认证申请、受理及文审（省绿办 5 日）、现场检查和产品抽样（检查员 3 日）、环境监测（监测单位 40 日）、产品检测（检测单位 20 日）、认证审核（中心 20 日）、认证评审（中心每月一次）和颁证（中心 5 日）8 个步骤。

证书有效期 3 年，到期提前续展。

各级绿色食品管理部门：

1. 农业部绿色食品管理办公室

中国绿色食品发展中心（北京市海淀区学院南路 59 号）

认证审核处：010－62191407，传真 010－62113258

标志管理处：010－62191419，传真 010－62133552

2. 河北省绿色食品办公室

（石家庄市裕华东路 88 号河北省农业厅）

认证开发科：0311－86210303（传真）、86217083

综合管理科：0311－86215593

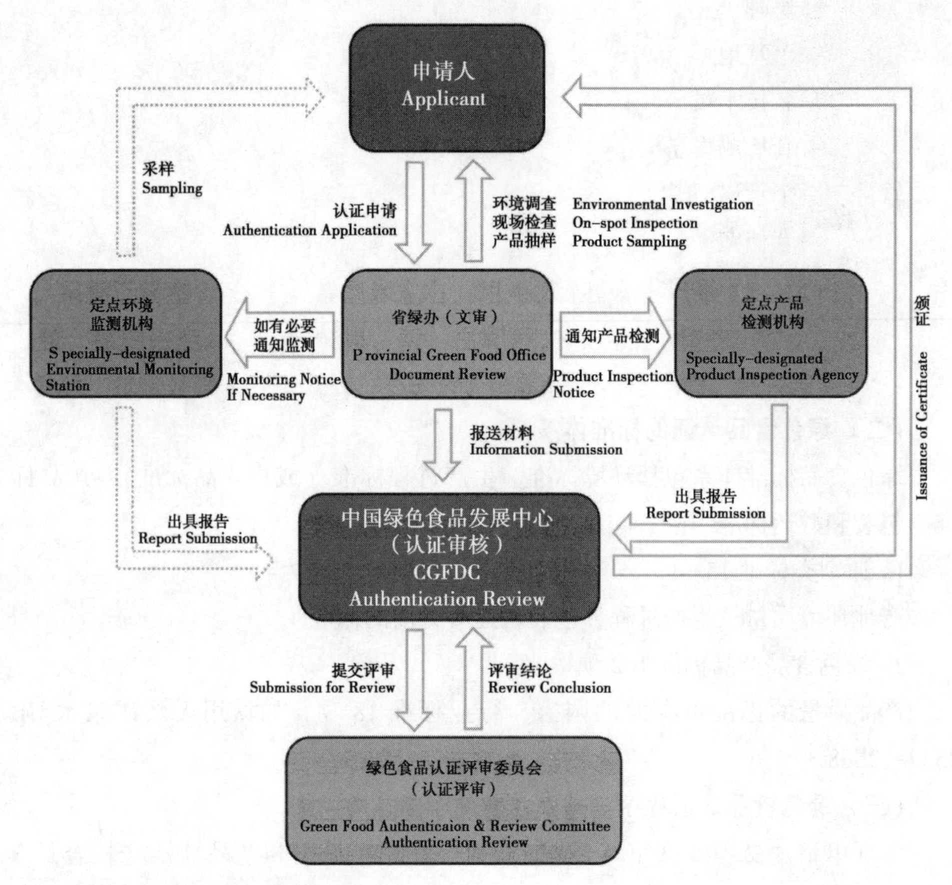

市绿色食品办公室

各市农业（牧）局主管科（站）

3. 中国绿色食品网 www. greenfood. org. cn

4. 河北绿色食品网 www. greenfood. he. cn

第五章　农业生物转基因技术

第一节　引言

、发展生物转基因技术的必要性

1. 转基因技术引领现代农业科学技术的发展

转基因食品是建立在人类对遗传物质本质的深刻认识和现代生物技术高度综合的基础上，对物种进行定向遗传改良的高科技产品，它标志着人类驾驭自然能力的飞跃。经过遗传修饰的转基因生物，往往具有更优良的经济性状，更加符合人类的需要。以基因工程为主导的生物技术对全球面临的许多重大问题，如粮食不足、能源危机、环境污染及疾病治疗等可望提供切实有效的解决办法，因此也可能会决定一个国家的经济命运。

2. 生物转基因技术优势明显

近20多年来，转基因食品的研发取得了举世瞩目的成就，转基因植物已有百余种，而且正在日新月异地改变着世界农业的现状；各种转基因动物相继研制成功，多种基因工程药物及疫苗已投入临床应用，分子农业通过生产抗体、药物、疫苗及环境净化已成为现代农业发展的重要方向。转基因食品在解决食品短缺、保障食物安全、促进人类健康、保护生态环境等方面无疑将产生越来越大的影响。

1996至2007年，全球转基因作物的累计收益高达440亿美元，累计减少杀虫剂使用35.9万吨。2008年，全球转基因产品市场价值达到75亿美元。

3. 生物转基因技术是农业可持续发展的重要措施

经过多年的发展，转基因作物育种取得了巨大的经济社会效益和显著的生态效益，其推广应用速度之快更创造了近代农业科技发展的奇迹，虽然转基因安全性问题一直存在争议，但转基因技术发展已是大势所趋，成为农业科学技术发展的必然，随着科学实践的不断积累，社会对转基因技术的认识也会逐步走向科学和理性，转基因产品不仅为广大农民所欢迎，也将为更多的消费者所接受，转基因育种未来发展前景将更加广阔。

4. 全球转基因作物发展势头强劲

1983年首例转基因烟草问世，1994年转基因番茄Flavr Savr上市，由此揭开了转基因食品进入人类食物链的序幕。截至2009年年底，全球已有25个国家批准了24种转基因作物的商业化应用。以转基因大豆、棉花、玉米、油菜为代表的转基因作物种植面积，由1996年的2 550万亩发展到2009年的20亿亩，14年间增长了79倍。

美国是最大的种植国，2009年种植面积9.6亿亩；其次是巴西，3.21亿亩；阿根廷，3.195亿亩；印度，1.26亿亩；加拿大，1.23亿亩；中国，5 550万亩；巴拉圭，3 300万亩；南非，3 150万亩。

自20世纪80年代以来，我国转基因技术取得了显著进展。1997年我国商业化种植转基因棉花，截至2010年共培育转基因抗虫棉品种200多个，全年种植面积达到330万公顷（占棉花种植面积的75%），累计效益超过380亿元，从根本上解决了困扰我国棉花生产中的棉铃虫为害问题。

二、转基因食品的应用管理

1. 转基因技术自诞生以来，争论就从未间断过

美国在激烈争论中逐渐形成了基本共识，抓住技术发展机遇，抢占产业发展先机，迅速成为转基因产业的全球霸主。欧盟对转基因的态度曾一度比较消极，但近年来趋向积极，一方面加紧研究，另一方面放宽转基因食品进口，2010年还批准了转基因马铃薯商业化种植。在激烈争论中，世界转基因研究应用一直保持快速发展态势。

2. Bt蛋白的安全性

抗虫转基因水稻中的Bt蛋白质是一种高度专一的杀虫蛋白，只能与鳞翅目害虫肠道上皮细胞的特异性受体结合，引起害虫肠麻痹，造成害虫死亡，而人类肠细胞没有该蛋白的结合位点，因此不会对人体造成伤害。

Bt蛋白的来源生物苏云金芽孢杆菌已有100多年，作为杀菌剂使用也有70多年，大规模种植和应用转Bt基因玉米、棉花等作物已超过15年，至今没有苏云金芽孢杆菌及蛋白引起过敏反应的报告。

3. 转基因生物安全有保障

全球转基因作物规模化应用已十多年了，种植面积、作物种类、加工食物种

类和食用人群逐年扩大，但由于实施了规范管理和科学评价，全世界每年上亿公顷土地种植转基因作物，每年数亿人群食用转基因食品，迄今尚未发现确有科学实证的转基因食用和环境安全问题。

4. 经批准的转基因生物是安全的

农业转基因作物总体上是安全的，它的风险是可以预防和控制的。对于经过科学评估、依法审批证明是安全的转基因作物应当积极地推进应用，让它促进农业生产发展，为人类造福。

当然，对转基因技术也要继续深入研究，不断提高安全管理水平，以便及时预测、防范和控制潜在风险，使这一技术不断发展完善。

5. 科学家的试验表明转基因食品是安全的

任何一种转基因食品在上市之前都进行了大量的科学试验，国家和政府有相关的法律法规进行约束，而科学家们也都抱有很严谨的治学态度。

传统的作物在种植的时候农民会使用农药来保证质量，而有些抗病虫的转基因食品无需喷洒农药。一种食品会不会造成中毒主要是看它在人体内有没有受体和能不能被代谢掉，转化的基因是经过筛选的、作用明确的，所以转基因成分不会在人体内积累，也就不会有害。

第二节　转基因基础知识与原理

一、什么是基因、什么是转基因

基因是遗传的物质基础，是 DNA（脱氧核糖核酸）分子上具有遗传信息的特定核苷酸序列的总称，是具有遗传效应的 DNA 分子片段。基因通过复制把遗传信息传递给下一代，使后代出现与亲代相似的性状。

转基因就是一种生物体内的基因转移到另一种生物或同种生物的不同品种中的过程。一般来说转基因是通过有性生殖过程来实现的。因此，转基因是大自然中每天都在发生的事情，只不过在自然界中，基因转移没有目标性，好的和坏的基因都可以一块转移到不同的生物个体。同时，通过自然杂交进行的转基因是严格控制在同一物种内（特别是在动物中），或是亲缘关系很近的植物种类之间。人类为了要提高农作物的产量，改善农作物的品质和增强农作物的抗病虫、抗逆的能力，常常采用人工杂交、远缘杂交等方法来育种，希望将不同品种，甚至是野生近缘种中间的有益基因，转移到推广品种中间去。这种以人工杂交的方式进行转基因，增大了目的性，也培育出了成千上万的优良品种供人类食用。但是人工杂交的方法——转基因仍有许多局限，不能在亲缘关系较远的物种之间转移基因，已转移的基因中仍有大量不需要的基因甚至是有害的基因，转基因的效率较慢等。

二、生物转基因技术

生物转基因技术是将高产、抗逆、抗病虫、提高营养品质等已知功能性状的基因，通过现代科技手段转入到目标生物体中，使受体生物在原有遗传特性基础上增加新的功能特性，获得新的品种，生产新的产品，这种以生物技术的手段来转移基因的过程就是我们现在常常提到的转基因。它与自然的和传统通过人工杂交转移的基因没有本质上的区别，只是这种用生物技术来进行转基因有很强的目的性——只转移需要的基因，而将不需要和有害的基因统统拒之门外，这就大大地提高了转基因的效率和加快了品种改良的进程。同时，现代的转墓因技术还可以从亲缘关系较远的生物中的基因，甚至是人工合成的基因转移到我们需要的品种中，扩大了可利用的种质资源。

三、转基因食品

就是利用转基因生物技术将分离克隆的单个或一组基因转移到某一种生物，这样的生物就是转基因生物，由这些转基因生物生产加工成的食品就称为转基因食品。例如抗虫害、抗病毒、抗杂草的转基因玉米、黄豆、油菜、土豆、西葫芦等都是转基因食品。

四、转基因食品安全性问题

赞同的人：认为该项技术及其产品能大大提高人们的生活水平。

怀疑的人：则认为它走得“太快”了，在现实生活中可能会产生副作用。

目前对转基因植物的安全性评价主要集中在两个方面，一个是环境安全性，另一个是食品安全性。因为转基因技术和转基因产品目前还处在研究发展和完善的阶段，也可能存在着某些对人体和环境不利的因素。但有一点必须明确，凡是通过国家法律认可的转基因产品，都是经过国家级的食品安全检验，对于人体的健康在一般情况下应该是安全的。其实，据有关资料的报道，我国每年从美国进口的1 500万吨大豆中有60%以上的都是转基因大豆。所以，我们也许已经食用了转基因大豆制品。到目前为止无论是在美国还是在中国，还没有见到一例因使用这些大豆及其产品而导致健康受损的情况报道。

五、基因转入生物体的方法

自然界中基因的转移是发生在相同物种或亲缘关系较近的物种之间的，转基因可以把一个物种的基因转移到另一个物种中去。首先，将我们认为有价值的基因通过克隆技术得到，然后通过植物转基因转化的方法（农杆菌介导转化法、基因枪法、电击法、花粉管通道法等）转入想改变的生物体的染色体上，通过筛选考察、安全性测定决定是否具有商品性。

（一）转基因技术路线

目的基因分离→植物表达载体的构建↘遗传转化→转化组织→组织脱分化→
受体材料的准备↗

转化植株筛选→炼苗

（二）植物遗传转化方法（表5－1）

1. 间接转化法——农杆菌介导转化法

以根瘤农杆菌转化双子叶植物叶片为例。

（1）将表面消毒的叶片切成小块。

（2）小块在过夜培养并稀释到一定浓度的根癌农杆菌液中浸泡几分钟，以便让根癌农杆菌感染叶片切块的伤口。

（3）从菌液中捞出小块，培养基中培养2天。

（4）在含头孢霉素选择培养基中筛选转化细胞。继续培养，转化的细胞分化出芽。

（5）将芽转入含有抗生素的生根培养基上，诱导生根。

（6）将完整的转基因植株移栽到土壤中。

2. 直接转化法

（1）基因枪转化法。由美国Cornell（康奈尔）大学的Sanfor（1987）提出，它的主要原理是将包含目的基因的载体包被在微小的金属微粒（钨粒或金粒）表面，通过高压驱动力加速微粒穿透植物细胞壁，导入受体组织细胞内，然后通过组织培养再生出完整的植株，微粒上的外源DNA进入细胞后，整合到染色体上并得到表达，从而实现基因的转化。

利用基因枪的装置，将钨粉或金粉与DNA吸附制成“子弹”通过高压放电将“子弹”加速到482m/s，在这种速度下，金属粒子能穿透植物细胞壁，击发一次可将成千上万个带有外源DNA的金属粒子同时射入完整的细胞或器官。

优点：单子叶和双子叶都可使用。

缺点：成本高，操作麻烦，通常只应用于单子叶。

(2) 电击法。电击法的主要原理是将原生质体在溶液中与DNA混合，然后利用高压电脉冲作用，使原生质体膜的某些部位被击穿而产生可回复的小孔，外源DNA可通过小孔进入原生质体内，而且不影响经电击处理的原生质体再生植物的能力。转化效率较低，且仅限于能由原生质体再生出植株的植物。

(3) 花粉管通道法。花粉管通道法是利用开花植物授粉后形成的花粉管通道，直接将外源目的基因导入尚不具备正常细胞壁的卵、合子或早期胚胎细胞，实现目的基因转化。

(4) PEG介导基因转化法。PEG介导基因转化的主要原理是聚乙二醇(PEG)、多聚-L-鸟核苷酸（pLO)、磷酸钙及高pH值条件下诱导原生质体摄取外源DNA分子。

PEG是细胞融合剂，可通过引起细胞膜表面电荷的紊乱，干扰细胞间的识别，从而有利于细胞间融合和外源DNA分子进入原生质体。碳酸钙可与DNA结合形成DNA-碳酸钙复合物而被原生质体摄入。

表5-1　几种植物转基因方法比较

转基因方法	转化的优点	转化的缺点
DNA间接转化法 农杆菌介导基因转移	受体种类，可以在原生质体、蛋细胞和细胞团、组织器官或整株等多级水平上进行，方法成熟可靠，简便易行，周期短，转化率高	转化双子叶植物为主。大多数单子叶植物和裸子植物对农杆菌的侵入不敏感，限制了该法在禾谷类作物中的应用 转化体常出现“嵌合”现象，需在严格条件下加以选择以淘汰未转化细胞
DNA直接转化法 (1) 基因枪转化法 (2) 电击法 (3) PEG介导基因转化法 (4) 花粉管通道法	无宿主限制，适用于各种单、双子叶植物，操作简单	转化效率低，需要专门设备（电击仪、显微操作仪或基因枪），多数需要原生质体与愈伤组织，周期太长（电击法）

(三) 常用的动物转基因技术

(1) 核显微注射法。

(2) 精子介导的基因转移。

(3) 核移植转基因法。

（4）体细胞核移植法。

第三节　农业转基因技术的应用

一、转基因食品的发展史

转基因食品的发展历史实际上就是基因工程、转基因技术等生物技术的发展史。

1997 年我国批准转 Bt 基因抗虫棉商品化应用。

1996 年澳大利亚批准转 Bt 基因抗虫棉商品化应用。

1995 年我国成功构建双价抗虫基因（Bt + CpTI）、美国批准转 Bt 基因抗虫棉商品化应用。

1993 年第一种转基因食品——转基因晚熟番茄投放美国市场。

1992 年我国成功研制具有自主知识产权的单价 Bt 基因、澳大利亚引进孟山都公司的 Bt 基因并转入到自己的主栽品种中。

1988 年美国孟山都（Monsanto）公司获得转 Bt 棉花、成功转化大豆 1987 年成功转化棉花和油菜、发明基因枪。

1986 年成功转化马铃薯。

1985 年创立农杆菌介导的“叶盘法”转基因系统，大大简化了以往利用原生质体为受体的转基因技术体系。

1983 年世界上第一例转基因植物——一种含有抗生素药类抗体的烟草诞生。

1981 年美国 Schnepfh 等首次从苏云金芽孢杆菌中分离克隆了 Bt 基因，发现表达后的晶体蛋白对烟草夜蛾幼虫具有很高的毒杀作用，进而证明了晶体蛋白才是 Bt 中真正的杀虫成分。

二、转基因技术的应用

（一）转基因技术应用于农业生产上，使作物（动物）育种从杂交育种走向基因育种

1. 植物抗性育种

抗性育种包括抗病、抗除草剂、抗虫和抗逆性作物的培育

例如，我国种植的转基因抗虫棉——抗棉铃虫。

2. 植物品质改善

例如，萝卜素和番茄红素的番茄——防癌。

3. 转基因动物

（二）动物改良

使肉质改善、饲料增效、个体增大、体重增加、奶量提高、脂肪减少、增强动物抗病力等。

（三）转基因技术在医学上的应用

1. 利用转基因植物生产疫苗

2. 利用转基因动植物生产其他生物药

3. 基因治疗

（四）植物转基因应用

植物转基因是基因组中含有外源基因的植物。它可通过原生质体融合、细胞重组、遗传物质转移、染色体工程技术获得，有可能改变植物的某些遗传特性，培育高产、优质、抗病毒、抗虫、抗寒、抗旱、抗涝、抗盐碱、抗除草剂等的作物新品种。

而且可用转基因植物或离体培养的细胞，来生产外源基因的表达产物，如人的生长素、胰岛素、干扰素、白介素2、表皮生长因子、乙型肝炎疫苗等基因已在转基因植物中得到表达。

1. 转基因作物的种类及种植面积

目前，全球已拥有120多种转基因植物，其中转基因大豆、棉花、玉米、油菜、番茄等50余种转基因作物已开始商品化生产。

在所有转基因作物中，转基因的大豆、玉米、棉花和油菜的种植面积占99%以上。全球种的转基因大豆占全球大豆总种植面积的77%，棉花49%、玉米26%、油菜21%。种植转基因作物所带来的总价值超过600亿美元。

2. 转基因作物的分布

2010年，转基因作物种植覆盖29个国家，种植面积1.48亿公顷，累计面积超过10亿公顷。

2010年，种植面积超过100万公顷的国家有10个，中国、美国、巴西、阿根廷、印度、加拿大、巴拉圭、巴基斯坦、南非和乌拉圭。

3. 中国的转基因作物

中国政府十分重视生物技术的研究，中国正在研发的转基因作物和林木有

47种，涉及的基因种类超过100种。特别是在转基因抗虫棉、转基因水稻等领域的研究成果已居世界前列，2002年，我国转基因作物种植面积突破210万公顷。

从1997年至2003年，农业部已批准水稻、玉米、棉花、大豆、油菜、马铃薯、杨树等10种转基因植物进入田间释放，并批准转基因棉花、番茄、甜椒、矮牵牛花等6个转基因品种进行商业化种植。但转基因食品所占的比例很少。

4. 我国目前有多少转基因食品

已经超过2 000万吨。

目前，我国极少生产粮食、油料作物等转基因食品，只有一些转基因抗虫棉，但并不进入人的食物链。我国的转基因食品基本上都是进口的。

排在前三位的是：大豆、玉米、油菜。我国年进口大豆1 500万吨，与国内自产的非转基因大豆数量相当。目前我国进口大豆主要用做加工原料，生产豆油、豆腐、豆奶等制品。

5. 主要转基因作物

（1）转基因棉花。是指将人工分离和修饰过的基因导入到棉花基因组中，引起棉花性状的可遗传性改变的棉花品种。1988年，美国获得转苏云金芽孢杆菌（Bt杀虫基因）的转化棉株。1995年，美国环保局批准商品化种植，1996年进入我国，一度垄断95%的国内抗虫棉市场。

（2）转基因大豆。转基因大豆的研究主要以耐除草剂和改善大豆品质为主。

耐除草剂：在美国有3个转基因大豆品种已应用，最多的是对除草剂草丁膦和草甘膦具有耐性的2个品种。2002年种植面积占美国大豆的74%。可见，目前美国的大豆生产已经基本上普及了耐除草剂的转基因品种。

改善大豆成分：Mazur等（1999）获得了种子油酸相对含量高达85%的大豆新品系，而且农艺性状优良。

（3）转基因玉米。转基因玉米的研究主要集中于提高抗虫性和耐除草剂方面。在美国，转基因玉米的种植面积占玉米总种植面积的比例在35%左右。其中抗虫Bt玉米的种植面积发展最快，所占近比例最大，2002年约占玉米种植总面积的24%；耐除草剂玉米占7%～10%；兼具抗虫和耐除草剂特性的转基因玉米品种种植规模仍然不大，近年来仅占玉米种植总面积的1%～2%。

（4）转基因水稻。转基因水稻的研究主要集中在以下3个方面。

提高光合效率：将C4作物玉米的PEPC基因导入水稻的基因组，从而改良了水稻的光合作用效率。

提高营养品质：Ye等（2000）成功地将来自其他物种的psy、cntl和lcy基因整合到水稻基因组中，解决了水稻胚乳不能合成维生素A的难题。

增加抗逆性：纽约康乃尔大学的加戈等将大肠杆菌中两种负责合成海藻糖的基因导入到籼稻中。转基因水稻在恶劣环境条件下的生存能力比普通水稻更强。

（5）转基因马铃薯。抗病基因。抗病毒、抗真菌、抗细菌、抗除草剂和Bt基因。1996年美国的转基因土豆种植面积约有60 703亩，1999年增加到了30多万亩。

生产可食疫苗。最近，Tacket等（1998）利用表达肠产毒性大肠杆菌热不稳定性毒素（LT）的转基因马铃薯进行了人体免疫试验，结果表明这种转基因马铃薯在人体中也具有预期的免疫作用。

（五）动物转基因应用

1. 转基因动物

是通过人工的实验方法，将别的基因导入动物细胞，与动物本身的基因整合在一起，并随细胞的分裂而繁殖，并且能够将别的基因信息遗传给后代，严格意义上说，转基因动物是人工创造的新动物。

2. 主要转基因动物

（1）转基因牛。改善牛奶的成分；生产药物；增加产奶量。

（2）转基因猪。选育高产、优质、抗病新品种，建立人类疾病的转基因猪动物模型，揭示人类疾病的发病机理及治疗途径把转基因猪作为生物反应器，生产人类药用蛋白，利用转基因猪生产人体器官，为人体器官移植提供供体。

（3）转基因鱼。2003年11月21日，在美国得克萨斯州，一种能发红色荧光的转基因斑马鱼在水中游动。一家美国公司打算将这种会发光的转基因热带鱼作为宠物在美国销售，售价估计为每条5美元。

中国1985年首先报道了第一例成功的转基因鱼。主要转入生长速度加快基因。

（4）转基因绵羊、山羊。对绵羊、山羊所进行的转基因研究大多集中于利用其乳腺作为生物反应器生产药用蛋白。1991 年，怀特等用将抗胰蛋白酶（ATT）基因转入绵羊，获得的 4 只转基因雌绵羊产生的乳汁中均含有 ATT，可用于治疗遗传性 ATT 缺乏症及肺气肿。用同样的方法，人们已获得了可在乳汁中表达 htPA（一种药用蛋白质）的山羊。1998 年初，上海医学遗传研究所获得 5 只转基因山羊。其中一只奶山羊的乳汁中，含有堪称血友病人救星的药物蛋白——有活性的人凝血九因子。

（六）转基因的效益及风险

1. 转基因植物带来的经济效益

获益的主要途径有 3 个。

（1）当遇到虫害和杂草危害时，常规品种减产幅度较大，转基因作物品种相对增产。

（2）由于减少了杀虫剂和除草剂等农药的用量，降低了生产成本，农民的纯收入相对增加。

（3）通过减少农田害虫和杂草防治的工作量，节省劳力成本，相对增加了农民的经济收入。

2. 转基因植物带来的环境效益

保护动物：增加有益昆虫和动物种群的数量。1996 年开始推广抗病虫作物以来，美国各种鸟类的数量均有明显增加。

降低农药污染：1996 年开始推广种植抗虫和耐除草剂玉米、大豆和棉花后，1998 年与 1997 年相比，这 3 种作物的农药施用面积约减少了 1 910万英亩，相当于这 3 种作物农药施用总面积的 6.2%，农药有效成分的用量也减少了大约 250 万磅。

3. 转基因食品的优点

（1）解决粮食短缺问题。

（2）减少农药使用，避免环境污染。

（3）节约生产成本，降低食物售价。

（4）增强食物营养，提高附加价值。

（5）增加食物种类，提高食品品质。

（6）促进生产效率，带动相关产业。

4. 转基因动物的作用

从目前的发展趋势看，转基因动物的研究和应用将是 21 世纪生物工程技术领域最活跃、最有实际应用价值的内容之一。转基因动物的应用将给人类医药卫生、家畜改良等领域带来革命性的变化。特别是在药物生产和供人类移植所用器官的生产等方面，其经济效益和社会效益将难以估量。

5. 转基因的风险

（1）可能破坏生物多样性，并造成生态灾难。

（2）可能产生新的病毒疾病。

（3）可能降低食品的营养价值，使其营养结构失衡。

（4）可能对有益生物产生直接或间接影响。

（5）可能导致一些非目标生物的不适应或消亡。

6. 转基因生物技术是发展最快的技术，也是争论最大的技术

争论的焦点如下。

（1）转基因植物的环境安全性。

（2）GMO 会不会变成病原物（生物武器）。

（3）基因漂移、基因污染（野生资源）。

（4）“超级杂草”的可能性（抗除草剂）。

（5）对非靶标生物的影响（生物多样性）。

（6）转基因植物的食品安全性毒性、过敏性。

第四节　我国转基因生物安全管理

一、我国转基因生物安全管理法律依据

（一）国务院令《农业转基因生物安全管理条例》2001 第 304 号

（二）农业部：8 号、9 号、10 号、59 号令

《农业转基因生物安全评价办法》

《农业转基因生物标识管理办法》

《农业转基因生物进口管理办法》

《农业转基因生物加工审批办法》

（三）国家质检总局

《进出境转基因产品检验检疫管理办法》

二、我国转基因生物安全管理体系（图 5 –1）

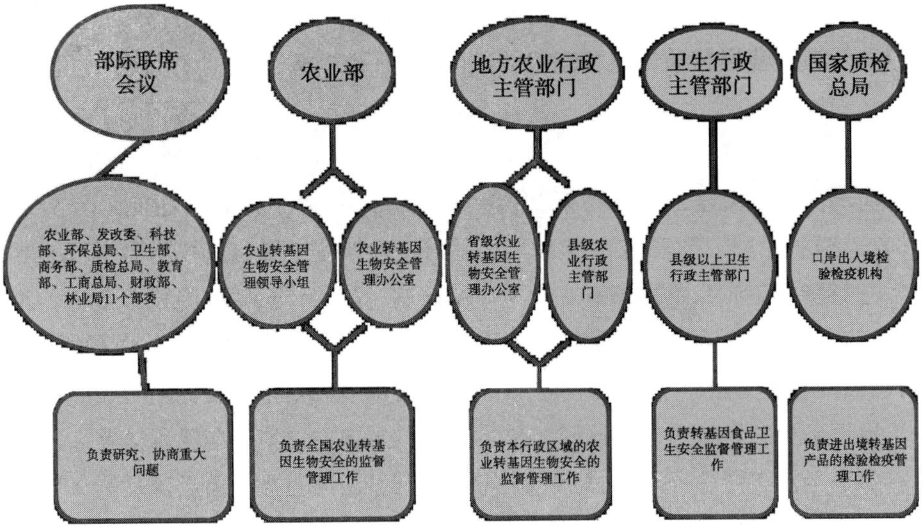

部际联席会议
农业部
地方农业行政主管部门
卫生行政主管部门
国家质检总局
农业部、发改委、科技部、环保总局、卫生部、商务部、质检总局、教育部、工商总局、财政部、林业局11个部委
农业转基因生物安全管理领导小组
农业转基因生物安全管理办公室
省级农业转基因生物安全管理办公室
县级农业行政主管部门
县级以上卫生行政主管部门
口岸出入境检验检疫机构
负责研究、协商重大问题
负责全国农业转基因生物安全的监督管理工作
负责本行政区域的农业转基因生物安全的监督管理工作
负责转基因食品卫生安全监督管理工作
负责进出境转基因产品的检验检疫管理工作

图 5 –1　转基因生物安全管理体系

三、我国对农业转基因生物及其产品管理制度

安全评价制度、生产许可制度、经营许可制度、加工许可、产品标识制度和进口审批制度。

（一）农业转基因生物安全评价制度（图 5 –2）

1. 安全评价是转基因安全管理工作的核心

安全评价制度，主要实行报告制和审批制，对用于农业生产或农产品加工的植物、动物、微生物，以科学为依据，以个案审查为原则，实行分级分阶段管理。

按照对人类、动植物、微生物和生态环境的危险程度，分为尚不存在危险、具有低度、中度、高度危险 4 个等级。

我国对农业转基因生物实行严格的安全评价制度，由农业转基因生物安全委员会负责农业转基因生物的安全评价工作，最后由农业部审批。

2. 我国先后批准发放的安全证书

已经批准发放安全证书的转基因生物——抗虫棉、抗虫水稻、转植酸酶基因玉米、番木瓜、番茄、辣椒、矮牵牛、兽用基因工程基因疫苗。

已经投入商品化生产的转基因生物——抗虫棉、番木瓜、兽用基因工程基因

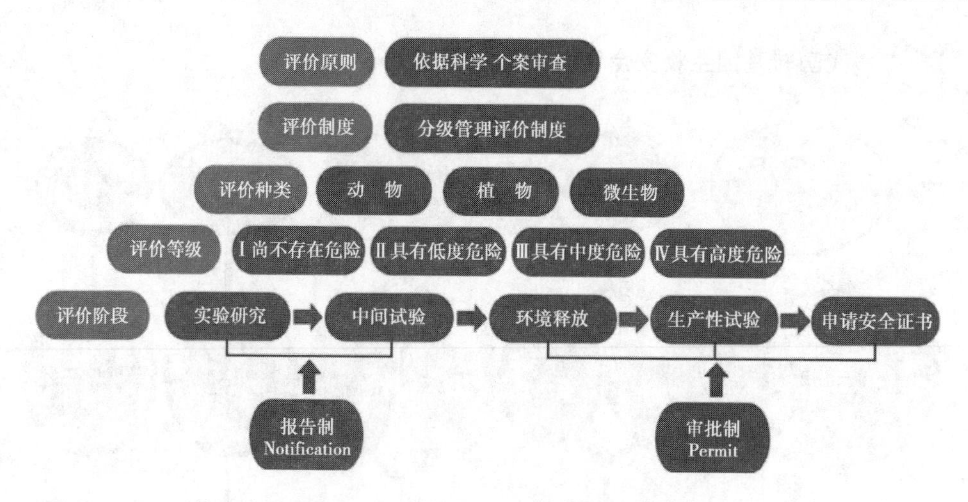

图5-2　转基因生物安全评价流程

疫苗。

3. 获得在河北省生产应用的安全证书

到2011年，获得在河北生产应用的安全证书474个，其中，棉花415个、畜禽工程疫苗58个、苏云金芽孢杆菌1个。

通过品种审定可以在河北种植的转基因作物只有抗虫棉作物，生产上推广的国审品种25个、省审品种71个。

全省常年抗虫棉种植面积约50万公顷。

4. 农业转基因生物安全审批书（样本）（图5-3）

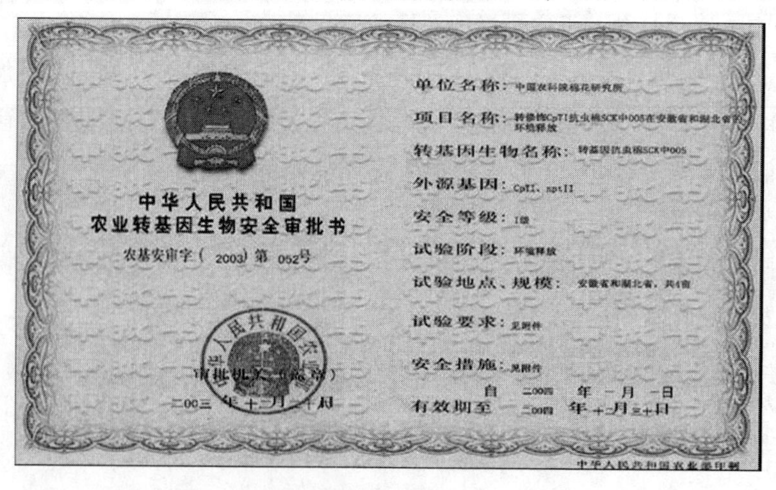
中华人民共和国
农业转基因生物安全审批书
农基安审字（2003）第052号

单位名称：中国农科院棉花研究所
项目名称：转修饰CpTI抗虫棉SCK中005在安徽省和湖北省的环境释放
转基因生物名称：转基因抗虫棉SCK中005
外源基因：CpTI、nptII
安全等级：I级
试验阶段：环境释放
试验地点、规模：安徽省和湖北省，共4亩
试验要求：见附件
安全措施：见附件
自 二00四 年 一 月 一 日
有效期至 二00四 年 十二 月 三十 日

审批机关（盖章）
二00三 年 十二 月

中华人民共和国农业部印制

图5-3　转基因生物安全审批书（样本）

5. 需强调说明的问题

获得生产应用安全证书≒允许商品化生产。

批复的生产应用安全证书是有区域限制的（两个水稻品种仅在湖北、1 个玉米品种仅在山东）。

农业部从未批准任何一种转基因粮食种子进口到中国境内商业化种植，农业部从未批准国内进行转基因粮食作物种植。

河北仅有转基因棉花种植，至少 6 ~ 7 年不会有其它转基因作物投入生产。

（二）农业转基因进口审批制度（图 5 －4）

根据《农业转基因生物安全管理条例》和《农业转基因生物进口安全管理办法》，对进口的农业转基因生物，按照用于研究和试验、用于生产以及用作加工原料三种用途实行不同的管理。

目前，经农业转基因生物安全委员会评审，已先后批准了转基因棉花、大豆、玉米、油菜、甜菜等五种作物的进口安全证书，用途仅限于加工原料。

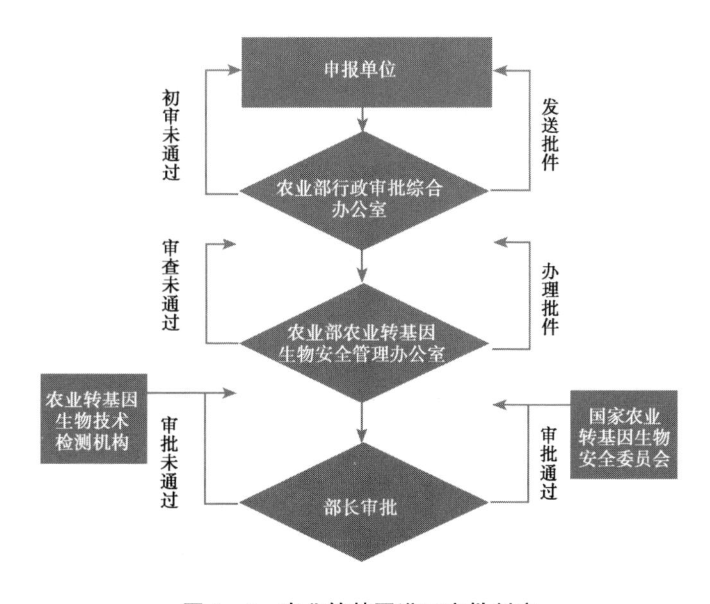

图 5 －4　农业转基因进口审批制度

（三）农业转基因生物标识管理（图 5 －5、图 5 －6）

为了加强对农业转基因生物的标识管理，规范农业转基因生物的销售行为，引导农业转基因生物的生产和消费，保护消费者的知情权，根据《农业转基因生物标识管理办法 》，在中华人民共和国境内销售列入农业转基因生物标识目录的农业转基因生物，应当进行标识；未标识和不按规定标识的，不得进口或销售。

图 5－5　转基因产品标识

1. 第一批实施标识管理的农业转基因生物包括以下 5 类 17 种产品

大豆种子、大豆、大豆粉、大豆油、豆粕

玉米种子、玉米、玉米油、玉米粉

油菜种子、油菜籽、油菜籽油、油菜籽粕

棉花种子

番茄种子、鲜番茄、番茄酱

2. 对转基因产品标识的规定

农业部 10 号令—规定了标识管理的对象、标识内容等。

农业部 869 号公告《农业转基因生物标签的标识》— 规定了标识文字的大小、颜色、标注位置。

到 2010 年，河北省农业行政主管部门共办理了 41 个棉种企业食用油加工企业提出的 109 份转基因标识审查认可申请。

3. 执行标识制度应注意的问题

标识管理对象是产品生产企业，包含打开原包装进行分装的单位或个人。

标识批准文件没有有效期，只要更换原包装或改变产品成分、或重新申请安全证书的，需重新办理审查认可手续。

标识内容和方式按农业部门审查认可文件标注。

企业所在地县级以上农业行政主管部门均可办理审查认可手续，全国通用。市县审批部门要在 15 日内将文件报省农业厅转基因办备案。

（四）农业转基因生物生产经营许可制度

（1）按《农业转基因生物安全管理条例》第 17 条规定，对转基因植物种子、种畜禽、水产苗种的生产、经营，必须申请领取转基因种子生产、经营许可证是由农业部审批发证。

（2）依据。《转基因生物安全管理条例》《种子法》《农作物种子生产经营许可证管理办法》。

（3）一般作物申请生产应用安全证书——农业部8号令（5个阶段、按省审批）。

（4）抗虫棉申请生产应用安全证书——农业部公告第989号（直接申请、按区域审批）。

（5）涉及南繁的转基因农作物安全评价申报要求——农业部公告第822号。

安全评价	品种审定	种子生产许可	种子经营许可	生产加工许可
↓→	↓→	↓→	↓→	↓
安全证书	品种证书	种子生产证书	种子经营证书	生产加工证书

图5－6　种子转基因管理工作流程

四、转基因安全行政监管重点

（一）农业行政部门承担的管理职责

1. 国务院

建立农业转基因生物安全管理部际联席会议制度，由农业、科技、环保、卫生、教育、工商、外经贸、检验检疫等11个相关部门的负责人组成。

职责：研究、协调农业转基因生物安全管理工作中的重大问题。

2. 农业部

设立农业转基因生物安全委员会（由从事相关研究、生产、加工、检验检疫以及卫生、环保等方面的专家组成），设立转基因生物安全管理办公室（设在科教司）。

承担的职责包括以下几个方面。

（1）制修订转基因生物安全管理法律法规及配套规章。

（2）受理并审批农业转基因生物安全评价申请。

（3）负责转基因生物安全的监督管理，指导不同生态类型区域转基因生物安全监控和监测工作，建立全国转基因生物安全监管和监测体系。

（4）受理审批境外公司或进口商提出的标识审查申请。

(5) 查处违反《条例》的行为。

3. 省级以下农业行政部门

设立转基因生物安全管理领导小组和办公室，按照《条例》第三十九条、第四十条和《农业转基因生物安全评价办法》第五章的规定，负责本行政区域内农业转基因生物安全的监督管理工作。

职责：

相关配套规章、制度的制修订和培训。

转基因生物安全突发事件应急处理。

农业转基因生物安全的监督管理。

行政许可（行政审核）：

(1) 农业转基因生物加工资质的审批（省级）。

(2) 审核报部的农业转基因生物安全评价材料（省级）。

(3) 审查认可农业转基因生物标识申请材料（省市县三级）。

（二）各级农业行政主管部门行使的监督管理职责

1. 职权范围

询问被检查单位或人，要求提供相关材料

查阅或复制相关材料

要求做出说明

责令停止违法行为

对紧急情况实施封存或扣押

2. 监督检查发现存在危险

禁止试验、生产、加工、经营和进口活动

收回安全证书

销毁农业转基因生物材料

视具体情况，按《条例》作相应处理

（三）各级农业行政主管部门监督检查的工作内容

1. 对安全评价试验的监督检查

检查对象：境内试验田和试验单位。

检查目的：确保转基因生物研究试验活动在严格安全控制的条件下进行，防止发生试验材料流失、花粉扩散等转基因安全事件。

检查内容：安全（审批）证书规定的安全控制措施

（1）播种期。试验材料的保存地点与方式、出入库交接手续、试验地点、试验面积，根据试验方案检查安全控制措施落实情况，剩余试验材料的处置情况等。

（2）开花前。试验作物环境安全试验记录（试验方案、田间调查记录、试验报告等）、隔离措施设置（试验边界标志、隔离带、花期去雄、去花、套袋、花期不遇等）情况、试验面积等。

（3）收获期。监督试验材料的收获、保管、处置及残留物灭活处理情况。

（4）试验结束后。自生苗的去除措施及残留情况。

2. 对转基因种子市场的监督检查

检查对象：种子生产企业、种子销售单位。

检查内容：从检查种子包装入手，查验转基因生物安全证书、品种审定证书；种子生产、经营许可证（必须由农业部颁发）；转基因标识审查认可和标注情况。

对嫌疑种子抽取样品进行转基因成分检测，查处非法将转基因种子冒充非转基因种子的行为。

检查目的：规范转基因种子生产经营行为。规范转基因标识以保证消费者知情权、选择权。

3. 对转基因农作物品种区试的监督检查

检查对象：棉花、玉米、大豆、水稻、油菜等参加品种区试生产性试验的品种。

检查内容：转基因成分检测（即外源基因检测）。

检查目的：防止转基因作物未经批准以非转基因品种进入农业生产领域。

4. 对转基因生物加工企业的监督检查

检查对象：以具有活性的转基因生物为加工原料的企业（目前仅指以进口转基因大豆、转基因菜籽、转基因玉米为原料的加工企业）。

检查内容：自原料入库开始到产品加工整个生产过程中的安全控制措施。

检查目的：保证具有活性的转基因生物不流失到自然生产环境中。

（四）行政处罚

1. 对擅自从事环境释放、生产性试验的，或已获批准但未采取安全管理、防范措施的，或者超过批准范围进行试验的，责令停止试验，并做经济处罚（省级）

检查对象：转基因生物研究与试验单位。

检查内容：研究与试验活动是否按要求进行报告或审批、实验室安全管理制度是否健全、研究材料是否单独存放且标志明显、田间试验是否落实了安全控制措施、材料包装是否安全、剩余材料和废弃物是否灭活处理、试验记录是否完整。

认定依据：《条例》第11条、12条、13条、14条、15条、16条、17条。

处罚依据：《条例》第43条、44条、45条、46条。

执法主体：省、部级农业行政主管部门。

2. 对未按批准要求生产、加工农业转基因生物的，责令停止生产或加工，没收非法所得，并做经济处罚（省级）

检查对象：种子生产企业、种子销售单位。

检查内容：查验转基因生物安全证书、品种审定证书，种子生产、经营许可证。抽取种子样品进行转基因成分检测，查处非法将转基因种子冒充非转基因种子的行为。

认定依据：《条例》第19条、23条、26条。

处罚依据：《条例》第47条。

执法主体：省、部级农业行政主管部门。

3. 对转基因植物种子、种畜禽、水产苗种生产、经营单位和个人未按规定制作、保存生产、经营档案的，责令改正并做经济处罚（省市县）

认定依据：《条例》第二十条、第二十七条。

处罚依据：《条例》第四十八条。

执法主体：县级以上农业行政主管部门。

注意事项：转基因种子的生产档案除《种子法》规定的项目外，还要填写基因及其来源、转基因方法等内容。

4. 对违反标识管理规定的，责令限期改正，没收非法销售的产品和违法所得，并做经济处罚（省市县）

认定依据：《条例》第八条、第二十八条及农业部10号令。

处罚依据：《条例》第五十二条。

执法主体：县级以上农业行政主管部门。

列入标识管理目录的转基因生物：大豆种子、大豆、大豆粉、大豆油、豆粕；玉米种子、玉米、玉米油、玉米；油菜种子、油菜籽、油菜籽油、油菜籽粕；棉花种子；番茄种子、鲜番茄、番茄酱。

5. 对假冒、伪造、转让或者买卖农业转基因生物有关证明文件的，收缴相应的证明文件，并做经济处罚（省市县）

处罚依据：《条例》第五十三条。

执法主体：县级以上农业行政主管部门。

证明文书：农业转基因生物安全证书、审定公告、种子生产经营许可证、标识批件等。

6. 市县农业部门发现违法转基因种子处置措施

（1）立即查封种子，报告上级农业主管部门和省农业厅。

（2）对未获《转基因生物生产应用安全证书》的，即转基因种子冒充非转基因种子的，由省农业厅按《条例》第四十七条立案查处。

（3）对已获《转基因生物生产应用安全证书》的，与《种子法》相衔接，未取得农业部核发的种子生产、经营许可证的，由市县农业部门按无证生产经营行为立案查处，对未经审定的按未经审定品种处理。

上述违规种子必须销毁。

7. 市县执法部门发现违规试验后的处置措施

（1）立即查封试验材料、隔离试验场所，报告上级主管部门和省农业厅。

（2）配合省、部级农业主管部门开展调查，查证试验材料是否有扩散、对周边作物是否有污染等工作。

（3）协助销毁试验材料。

8. 查询农业转基因生物安全管理的信息，请登录中国生物安全网（http：//www. stee. agri. gov. cn/biosafety）；河北农业信息网（http：//www. heagri. gov. cn）“科技教育”专业版块进行查阅。

第六章　鲜食玉米生产加工技术

第一节　鲜食玉米产业发展现状

一、鲜食玉米的定义

鲜食玉米是具有特殊风味和品质的幼嫩玉米，也称水果玉米。和普通玉米相比它具有甜、糯、嫩、香等特点。即乳熟期的玉米果穗或粒，除去苞叶及穗柄，蒸煮至熟即可食用的玉米。鲜食玉米在我国主要包括糯玉米和甜玉米两种。

二、鲜食玉米的分类

（一）按品质分为：甜型、糯型、香型、普通型

（二）按颜色分为：白糯、黄糯、彩糯、紫糯等

（三）鲜食玉米的特性

1. 糯玉米

是胚乳突变产生的一种新的玉米类型。其携带有双隐性糯质基因 wxwx。胚乳全部为支链淀粉组成，含量一般在98%～100%。颜色主要有黄色和白色两种，生产上使用的彩色糯玉米也越来越多。

2. 甜玉米

是玉米胚乳突变产生的一种新的玉米类型。因为突变基因的不同又分为普甜玉米、加强甜玉米和超甜玉米。特点是胚乳中淀粉含量低，为普通玉米的30%～50%，含糖量高，为10%～17%，并含有多种营养成分：包括维生素 B_1、维生素 B_2、维生素 C、烟酸、维生素 E；蔗糖、葡萄糖、麦芽糖；赖氨酸、色氨酸。风味佳、果皮柔嫩，既适宜鲜食，也适宜加工罐头和速冻产品。经常食用甜玉米可以防止血管硬化，降低血液中胆固醇含量，预防肠道疾病。颜色主要有黄色和白色两种，也有黄白相间、紫色、黑色等种类。

（四）鲜食玉米的食用价值

随着人们膳食结构的改变，玉米食品越来越受到人们的欢迎，特别是糯玉米、甜玉米备受人们的青睐。但鲜食玉米生产的季节性强，上市时间短不能满足广大消费者需求。

甜、糯玉米新品种的研究开发，以及速冻冷藏、真空包装及罐装技术在鲜食玉米加工保存上应用，鲜食玉米一年四季供应市场成为可能。

产品既保持了原有鲜嫩玉米的形态、色泽及风味，又保持了鲜嫩玉米原有的营养成分；既可蒸煮速冻、真空包装、罐装，又可做成风味独特的玉米羹及菜肴。

（五）鲜食玉米产业发展

随着鲜食玉米的加工产品不断增加，技术不断成熟，质量不断提高，使鲜食玉米产业得到较快的发展，全国已形成了若干个集中生产加工基地，有的已成为当地的特色主导产业，带动了鲜食玉米的品种选育、种子生产、生产种植、速冻冷藏、包装运输等相关产业的发展，使从业者增收，同时还繁荣了当地的经济。

（六）全国鲜食玉米大会

从 2005 年开始，由国家玉米工程技术研究中心、玉米深加工国家工程研究中心、国家农产品保鲜工程技术研究中心和吉林省食品学会等部门联合主办，到 2012 年已连续举办了 8 届全国鲜食玉米大会，将速冻冷藏、种植生产、加工销售、品种培育、种子生产、大专院校、政府部门、专家学者等联系到一起，宣传、展示、推广鲜食玉米，使鲜食玉米产业得到快速发展，使更多的人认识鲜食玉米，食用鲜食玉米。

（七）鲜食玉米品种选育

我国甜糯玉米育种工作起步较晚，但我国拥有丰富的糯玉米资源，近年来育成和引进一批甜糯玉米自交系和杂交种。糯玉米：中糯一号、垦黏 1 号、京科糯 2000、苏玉糯一号、彩糯一号、鲁糯玉 1 号、春糯 1 号等；甜玉米：万甜 2000、超甜 1822、甜玉 2 号、农甜 1 号、脆王、麦哥娜姆、美国 510、520、550 等，都以较高的产量、较好的适口性等，用于青食、食品工业和淀粉加工业。

（八）鲜食玉米生产种植

鲜食玉米在我国有了较大规模的发展，全国的鲜食玉米种植面积已增加到 30 多万公顷。以广东为代表南方，主要种植超甜玉米为主的鲜食玉米，广东的鲜食玉米种植面积约占全国的1/3，其加工产品发展较快，以罐头居多。速冻糯玉米产量较大的省份是吉林、山东、黑龙江、河北、山西等。种植鲜食玉米经济效益十分可观。

（九）鲜食玉米加工冷藏

我国鲜食玉米产品主要为速冻糯玉米穗、真空包装甜糯玉米穗、速冻甜玉米籽粒和甜玉米籽粒罐头，产品形式简单、雷同，花样稀少。糯玉米每年产量约200亿穗，其中20%不经加工直接鲜穗消费，30%直接速冻贮藏保湿反季节消费，其余约50%的糯玉米采用蒸煮速冻或真空包装形式加工。

（十）万全县鲜食玉米产业状况

被认定为“中国鲜食玉米之乡”。“万全鲜食玉米”地理标志也被国家商标局正式受理。在现有20多家鲜食玉米加工企业中，县级以上农业产业化重点龙头企业14家（其中省级2家、市级9家）。有9家通过ISO 9000系列认证，8家企业通过HACCP认证，7家企业产品通过QS认证。还成立了以鲜食玉米加工企业为主的张家口禾久农业发展集团。

育种　万全华穗公司选育出万糯系列、彩糯系列、超甜系列等品种20多个，同时还筛选取出适合我市种植的中糯一号、垦黏一号、京科糯2000等品种在生产上应用。

种植　万全是全国三大鲜食玉米种植加工基地之一，种植面积达6万亩，年产2.4亿穗，主要有中糯、万糯、彩糯、超甜、脆王等20多个品种，带动全县1万多农户生产。

加工　现有鲜食玉米加工企业20多家，系列产品有速冻鲜食玉米，真空包装鲜食玉米，软包装玉米罐头，玉米粒铁装罐头、玉米饮料等20多个品种，年加工鲜食玉米2亿穗，70%的产品出口到韩国、日本、新加坡和东南亚等10多个国家地区，实现销售收入2.4亿元，创造经济效益6 300多万元，实现了产、供、销一条龙，贸、工、农一体化的运营机制。

第二节　鲜食玉米栽培技术

一、品种选择

以幼嫩果穗作水果蔬菜上市为主的，应选用超甜玉米品种，以做罐头制品为主的选用普通甜玉米品种。以鲜穗煮食加工的选用糯玉米品种，并注意早、中、晚熟期搭配，不断为市场加工厂提供原料。

二、隔离种植

当甜玉米、糯玉米和普通玉米或其他类型玉米杂交时，会由于串粉而产生花粉直感现象，致使当代所结的种子失去甜性、糯性，变成普通玉米品质，因此，种植甜、糯玉米时必须隔离种植。

隔离种植的方法。

时间隔离　开花期错开半个月以上。

空间隔离　不少于 200 米。

障碍物隔离　可通过村庄、树林等障碍物进行隔离。

三、排开播期

当气温稳定通过 12℃，5 厘米地温达到 10℃以上即可进行首期播种。首期播种以后，按市场、加工需求，每隔 7～10 天再播种一批，最迟播期只要能保证采收期气温在 18℃以上即可。采用地膜覆盖、穴盘育苗等技术可提前播或提早成熟。

四、合理密植

商品性　种植甜、糯玉米是作为一种商品，因此，一定要注意果穗的商品特性，不能单纯考虑产量。

密度　应依品种、地力、气候条件而定，水肥条件好的地块可适当密植，水肥条件差的地块要适当稀植，夏播宜密，春播宜稀。

种植方法　按大小行种植，宽行 80 厘米，窄行 40 厘米，株距 30 厘米，每穴点籽 2～3 粒，播深 3～5 厘米，一般亩留苗 3 000～3 500株。

五、科学施肥

施足基肥和种肥，一般每亩施有机肥 1 000～2 000 千克，复合肥 35～45 千克，磷钾肥全部用作基肥和种肥，氮肥总量的 30% 用于基肥和种肥。糯玉米追肥要早，定苗后立即追施用氮量的 10%～20% 作苗肥，拔节后追施穗肥，用量占总氮量的 40%～50%。

六、田间管理

鲜食玉米以采摘嫩早穗为目的，生长期短。因此，要早定苗，早中耕除草，早施肥。苗期及时做好查苗补苗，去掉黄、白苗和病、弱苗，留大小一致的苗。适时中耕除草，结合中耕除草适当培土。

甜糯玉米比普通玉米容易产生分蘖，要及时去掉分蘖，以避免分蘖消耗水分、养分，影响田间通风透光。

甜玉米和糯玉米，大多会出现多穗现象。必须及时去除多余雌穗。

采收前 10 天浇水 1 次，可提高品质，适当延长收获期。

开花期如遇高温、连雨等不利气候时，要人工辅助授粉，保证结实饱满。

七、病虫害防治

应根据本地区鲜食玉米的不同栽培方式、播种时间，在防治技术上采用农业防治与药剂防治相结合的方法防治病虫害，通过耕翻、灭茬等方式，降低虫源基数，尽量少用药或不用药，优先选用高效、低毒、低残留农药，推广使用生物农药。

对地下害虫，如蝼蛄、蛴螬、地老虎等，可用辛硫磷或 90% 晶体敌百虫 250 克加水 5 千克溶解后喷于 100 千克切碎的杂草上，制成毒饵，傍晚撒在地头上进行诱杀。也可在低龄幼虫高峰期用 25% 快杀灵乳油 1 000倍液或 52. 5% 农地乐乳油 1 000倍液进行全面喷雾。

对玉米螟，应尽可能采用生物方法防治，如用赤眼蜂卵块控制玉米螟的发生和为害，在喇叭口期喷洒菊酯类生物农药等。或采用育苗移栽、地膜早播等措施避开早世代螟虫为害。

八、适期采收

鲜食甜、糯玉米的营养品质和商品品质，在一定程度上决定于采收期的早晚，不同品种、不同播种期的玉米有不同的适宜采收期，只有适期采摘，甜、糯玉米才具有甜、糯、香、脆、嫩、营养丰富、加工品质好的特点。不同品种的适宜采收期应根据品种特性、当季的气温特点，同时依据利用及加工要求进行实际动态测定、品尝而定。

做罐头用的普通甜玉米，应与加工企业协商决定适宜采收期。鲜穗上市的，普甜玉米在开花授粉后17～23天，超甜玉米在20～28天，加甜玉米在18～30天，晚熟品种可适当延长3天左右。

糯玉米采收适期应为该品种的乳熟末期和蜡熟初期，采收过早则太嫩，糯性差，过晚则偏老风味不佳。适宜采收期为玉米开花授粉后的18～25天。鲜食玉米还应注意保鲜，短期保鲜应注意不要剥去苞叶，运输途中尽可能摊开、晾开，降低温度。鲜果穗采收以后，要求当日即送厂加工或上市销售。尽量做到不隔夜。

第三节　鲜食玉米保鲜加工技术

一、鲜食玉米保鲜加工的意义

我国人民素有喜食鲜嫩青棒的习俗，但是鲜食玉米历来是好吃难保存，季节性强、地域性强，每年能食用的时间非常短，除秋季以外，其他季节无法吃到，随着人民生活水平的提高，人们对能常年食用鲜食玉米的愿望越来越强烈。

近年来，随着大批鲜食甜糯玉米新品种选育开发，以及速冻保鲜、真空包装、罐装等技术在鲜食玉米加工上的应用，使鲜食玉米加工产品不断增加，技术不断成熟、产品质量不断提高，使常年食用鲜食玉米成为可能，鲜食玉米产业在我国得到较快发展。

全国已形成了若干个集中生产加工基地，有的还成为当地的特色主导产业，带动了鲜食玉米生产者、加工企业增收致富，同时还带动了冷藏、包装运输、劳务等相关产业的发展。繁荣了当地经济也增加了财政收入。

二、鲜食玉米的速冻冷藏技术

1. 工艺流程

适时采收 → 剥皮去丝→挑选清洗→蒸煮→冷却→沥干→速冻→装袋→贮藏

2. 操作要点及注意事项

适时采收　以玉米吐丝后20～25天采收为宜，采下来的玉米要及时加工，从采收到加工完毕必须在5小时内完成。

剥皮去丝　玉米采收后当天及时剥皮、去丝，切除顶都无粒及尾部废弃部分，这些工作全由人工完成，以防损伤籽粒。

挑选清洗　剔除缺粒、虫蛀、有病及过老、过嫩的玉米穗及其他杂物，将合格的玉米穗按大小分级，用清水进行清洗，并除净残存的花丝和杂质。

蒸煮　将清洗过的玉米穗放入蒸煮锅内，在95～100℃水中煮10～15分钟，或用蒸汽蒸40分钟，要求玉米穗完全熟透。

冷却　蒸煮完毕后立即用冷水冷却，使玉米穗中心温度迅速下降到25℃以下。

沥干 把冷却后的玉米穗捞起沥干，使籽粒表面无水珠，又不失水变秕，呈原始状，否则，会冻结成冰，既不美观，也不易包装，况且多的水分还会多消耗电能，增大成本。

速冻　将冷却沥干后的玉米穗在－35℃速冻库冷冻10小时，或将玉米穗放在－45℃条件下急速冷冻30～45分钟。

装袋　按玉米穗分级标准，用印好的包装袋包装，两个或四个一袋，然后装箱待售；也可先用编织袋包装后冷藏，销售时再分装。

贮藏　将速冻好的玉米穗，置于－18℃条件下贮藏，在此条件下可贮藏1年以上。

三、鲜食玉米真空包装常温贮藏技术

1. 工艺流程

原料验收→剥皮→去杂→分级整理→清洗→蒸煮→冷却→沥干→真空包装→杀菌冷却→检查装箱→入库贮藏。

2. 技术要点

采收　一般鲜食玉米要求鲜棒无虫蛀、无病变籽粒，穗形整齐，无严重缺粒，最佳采收时期为授粉后22～26天，此时籽粒体积达到最大，胚乳糊状，粒顶将发硬，籽粒可掐出少许浆水。

剥皮、去杂、分级整理　剥去苞叶，去除花丝、秃尖及虫蛀部分，按产品要求进行分级、整理。

清洗　用清水洗净棒体，去除附着的花丝、杂质等。

蒸煮　沸水煮15～20分钟，或用蒸汽蒸40分钟，要求玉米棒完全熟透。

冷却　一般采用风冷等自然冷却方式，最好不要用水冷，因为容易滋生杂菌。

真空包装　根据包装规格要求分别装袋，可以每袋装1穗或2穗，但不可过

多，否则容易造成真空封闭不严。装袋完成后放入真空包装机内进行包装。

杀菌冷却　对包装完成产品，检查无漏气后，进行高温高压灭菌，灭菌条件为升温10分钟，保温25分钟，然后打入反压进行冷却，杀菌温度一般为119℃。

检查装箱入库　降温结束后，打开杀菌锅，检查有无破袋并挑出，装箱入常温库贮藏。

3. 特点

所需的生产关键设备为真空包装机和高温高压杀菌锅，小规模生产情况下，生产车间要求不高，有50平方米足够，总体投资不超过6万元。

贮藏、运输、食用方便，产品保存期可长达1年以上，如果采用有精美印刷的包装袋，产品外观靓丽。

投资可大可小，适于广大农村地区发展。该技术设备投资不多，工艺简单。

市场销售形势好，售渠道主要为旅游景点、商场超市、餐饮行业等。

四、玉米粒罐装技术

主要以甜玉米加工为主，收获的甜玉米采用脱粒→清洗→装罐→加压→冷却→成品，主要为加工企业采用，产品可远销国内外，但所需设备投资大，成本高。

第四节　鲜食玉米品种简介

一、中糯一号

品种来源　中国农业科学院作物科学所1991年育成。亲本为：中玉04×中玉08。

特征特性　该品种植株半紧凑型，株高230厘米，穗位高90厘米。果穗长锥形，结实好，无秃尖，穗长16~18厘米，穗行数14~16，行粒数40粒左右，穗轴白色。籽粒白色，千粒重270克，出籽率85%。支链淀粉100%，糯性好，果皮薄，结实饱满，商品性好。单果穗鲜重250~300克，亩产鲜果穗1 000千克左右。抗大小斑病、纹枯病和青枯病，抗倒性好。植株整齐度不好。

栽培技术要点　该品种必须与普通玉米隔离300米以上种植，选用肥水条件较好的砂壤土，多施有机肥，保证生育期间的肥水供应。每亩密度3 000~3 500

株，拔节期出现分蘖要及时除掉。在授粉后25天左右适时采收。

宜种植地区　除无霜期很短的地区不宜种植外，我国主要玉米产区均可种植。北京市从3月下旬覆膜播种，一般可播至7月10日，仍可保证合格青穗上市。

二、垦黏一号

品种来源　黑龙江省农垦科学研究院1993年育成，亲本：糯1×糯2。

特征特性　该品种为糯玉米品种。株高235~245厘米，穗位高90~105厘米。果穗长锥形，穗长20厘米左右，穗粗4.1厘米，秃尖长2.3厘米，白轴，穗行数14~16行，苞叶略短，籽粒浅黄色，硬粒型，百粒重35克左右，含支链淀粉100%，黏度高，适口性好。全生育116天左右，需活动积温2 365℃，青食70~80天可采收。高抗大斑病、丝黑穗病和玉米螟，抗灰斑病、弯孢菌叶斑病，中抗茎腐病，感纹枯病，重茬时感瘤黑粉病。

栽培技术要点　生育前期耐低温，可适时早播；种植中应与普通玉米有200米以上的隔离区，较喜肥水，适于在中上等肥力条件下栽培，每亩密度3 000~3 500株，拔节期出现分蘖要及时除掉。在授粉后25天左右适时采收。

宜种植地区　为提早上市，可采用地膜移栽和覆盖栽培；为延长青食采收期，可分期播种。条件许可的地方可一年种两茬，作青食玉米品种可在全国种植。

三、京科糯2000

品种来源：由北京市农林科学院玉米研究中心育成。母本京糯6，来源于中糯1号；父本BN2，来源于紫糯3号。

特征特性：出苗至采收期85天左右，夏播70天左右，幼苗叶鞘紫色，叶片深绿色，叶缘绿色，花药绿色，颖壳粉红色。株型半紧凑，株高250厘米，穗位高115厘米，成株叶片数19片。花丝粉红色，果穗长锥型，穗长19厘米，穗行数14行，百粒重（鲜籽粒）36.1克，籽粒白色，穗轴白色。穗大产量高，适应性好。

栽培技术要点：每亩适宜密度3 000~3 500株，应隔离种植和适期早播，注意防止倒伏和防治茎腐病、玉米螟。注意隔离。

宜种植地区　为提早上市，可采用地膜移栽和覆盖栽培；作青食玉米品种南北方春夏秋季均可栽培（具体参照当地种植习惯）。

四、苏玉糯一号

品种来源　1992 年江苏沿江地区农业科学研究所育成，母本：通系 5；父本：衡白 522。

特征特性　春播生育期 100 天，夏播 90 ~ 92 天。幼苗叶鞘紫红色，成株叶片绿色，总叶片数 18 ~ 19 片。双穗株率 70% 以上。株型半紧凑，春播株高210 ~ 220 厘米，第一穗位高 85 ~ 90 厘米，第二穗位高 80 ~ 85 厘米，第一穗长 17 ~ 19 厘米，粗 4. 0 ~ 4. 5 厘米，行数 14 ~ 16 行；第二穗长 13 ~ 14 厘米，粗 3. 5 ~ 4. 0 厘米，行数 12 ~ 14 行。果穗圆锥形，千粒重 260 ~ 280 克。籽粒硬粒型、白色，白轴，支链淀粉占总淀粉的 97. 7%，抗大斑病、弯孢菌叶斑病、灰斑病和穗腐病，感茎腐病和矮花叶病，中感小斑病。

栽培技术要点　早春宜采用地膜覆盖适期早播，然后每隔一段时间分期播种以满足市场需求。春播密度 4 000 ~ 4 500株/亩，夏播密度 4 000株/亩。

宜种植地区 可在江苏、上海等省市适宜区作鲜食糯玉米种植。

五、南农紫玉糯 1 号

品种来源　2002 年由南京农业大学选育而成。

特征特性　株高 210 厘米，穗长 17 厘米左右，穗粗 4 厘米左右，穗行数 14 行，无秃尖，千粒重 270 克。籽粒紫红色，糯性好，香味正，甜度高、保持期长，食用品质极佳。

栽培技术要点　鲜穗生育期春播 90 天左右，夏播 80 天左右，一年可种植 2 ~ 3 季。每亩密度以 4 000 ~ 4 500株为宜。易出现分蘖和多穗现象，分蘖应及时扳去，出现多穗时，除第一、第二果穗可留下，其余的可适时扳下作玉米笋处理。注意隔离。采摘期极为重要，当籽粒开始变色时采下，甜度极高，如籽粒已全部变色，则籽粒略有甜味，但糯性好，香味足。因此应根据各地各人喜好及市场要求控制好采摘期。

宜种植地区 以南京地区为例，2 月播种，采用大小拱棚育苗、大棚移栽，可提早上市；3 月播种，采用地膜覆盖栽培，可提高产量；4 月以后进行露地正常播种；最迟播种期在 7 月 25 日前。

六、彩糯一号

品种来源　1998 年由万全华穗公司等育成。亲本组合为（W25 × W26） × W21。

特征特性　黑、黄、白三色相间早熟糯玉米新品种。总叶数 18 片。子叶椭圆形，叶色深绿。幼苗整齐，长势壮。成株叶色深绿，叶片上挺，叶尖下披，株型清秀。雄穗穗梗较长，花药黄色。雌穗花柱青色。株高 180 厘米，穗位 80 厘米。果穗近筒型，长 18 ~ 20 厘米左右，粗 4.2 厘米，穗行数 12 ~ 14 行，行粒数 38 粒，穗轴白色。果穗籽粒黑、黄、白相间，行列排列整齐，粒大，齿深。根系发达，抗倒性强。抗玉米大、小斑病、丝黑穗病、青枯病。籽粒商品性好，鲜食皮薄，糯性好，甜度高，宜鲜食或加工。春播采收鲜穗约需 75 天。

栽培技术要点　注意隔离和去除分蘖。整个生育期都应加强肥水管理，及早施肥浇水，宜促不宜控，授粉后 20 ~ 25 天及时采收鲜穗、加工、出售，密度一般以 3 500株/亩为宜。

宜种植地区 适合南北方地区作青食品种春播早熟栽培。

七、彩糯二号

品种来源　1998 年由万全华穗公司等育成。亲本组合为（W25 × W26） × W22。

特征特性　紫、白、黄三色相间中熟糯玉米新品种。出苗到采收鲜穗 80 天左右。总叶数 21 片。第一片叶长椭圆形，叶色深绿，幼苗长势健壮。成株株型半紧凑，较壮。株高 230 厘米，穗位 80 厘米。雌穗花柱淡红色。果穗近筒型，长约 18 厘米，粗 3.9 厘米，穗行数 14 ~ 16 行，行粒数 38 粒，白轴。行粒排列整齐，籽粒紫、白、黄相间。茎秆粗壮，根系发达，抗倒性强。抗玉米大、小斑病、纹枯病、青枯病、丝黑穗病、穗粒腐病。鲜食口感糯性好，色泽鲜艳，有清香味。

栽培技术要点　注意隔离和去除分蘖。整个生育期都应加强肥水管理，种植密度以 3 000株/亩为宜，不宜太密，不留双株。

宜种植地区　适合华北及华北以南地区种植。

八、脆王（KrispyKing）

品种来源　1994 年从美国引进的甜玉米品种。

特征特性　植株性状：幼苗、叶鞘均绿色。株高 196 厘米，穗位 70 厘米，成株叶片 16 片。花药黄色，花丝绿色。果穗性状：果穗筒型，穗长 20 ~ 22 厘米，穗行数 16～18 行，穗轴白色。籽粒性状：金黄色，马齿型，百粒重 14 克。生育日数：播种至采收 85～90 天，需≥10℃活动积温 1 700～1 750℃。品质分析：经农业部检验，可溶性总糖为 22.86%。抗逆性：抗丝黑穗、茎腐、叶斑和灰斑病，中抗玉米螟。

栽培要点：播期：一般 5 月中旬至 6 月上旬；密度：一般清种每亩保苗 2 700～3 000株；施肥：根据土壤肥力，每公顷施尿素 210 千克，二铵 100 千克，硫酸钾 100 千克 和硫酸锌 15 千克。从出苗到采收 80 天左右。

适应区域：作为青食可在全国各地种植。由于耐热性、抗大斑病较差，南方可冬种。大面积生产前，一定要在当地进行试验，以准确地确定合适的播期。

九、麦哥娜姆（Magnum）

品种来源：美国引进甜玉米品种，母本为 SF02-C2，父本为 SM7062-6。

特征特性：种子黄色，皱缩型，百粒重 13 克左右。从播种出苗至鲜果穗采收，需≥10℃积温 1 850～1 900℃，春季 72 天左右。幼苗、叶鞘均为绿色，叶片颜色较深，总叶片数为 16 叶，雄花分枝较多，花粉量较大，花药黄色，花丝绿色，自身花期协调。株型平展，株高 138 厘米左右，穗位高约 28 厘米，果穗筒形，穗长约 18.2 厘米，穗粗约 4.5 厘米，穗轴白色，秃尖长约 2.5 厘米，穗行数 15 行左右，行粒数约 29 粒，千粒重 348 克左右，出籽率 69.4% 左右，籽粒淡金黄色，饱满有光泽；粒宽 6～8 毫米，粒长 8～10 毫米，半马齿型。保绿度 82.5%，双穗率 0.8%，空秆率 4.7%，分蘖率 12.4%，倒伏率 0.5%。

该品种鲜果穗产量偏低、综合性状稍差，但品质优、特早熟。

第七章　马铃薯高新技术

第一节　马铃薯脱毒种薯繁育技术

一、选地与整地

前茬最好是小麦、玉米、莜麦、谷子、豆类等作物，切忌与茄科蔬菜、根茎类作物轮作，选择地势平坦、土层深厚、通透性好、肥力中上的田块，并便于补充灌水，秋深松耕地25～30厘米，春播前水地深耕整地。脱毒一级种要求有一定的隔离条件，繁种田周围2千米内不能有马铃薯、其他茄科、十字花科作物。

二、选种与种薯处理

(1) 选种。原种生产种薯必须是脱毒原原种，一级种生产必须是脱毒原种。种薯质量好坏是决定产量高低的重要因素之一，种薯退化，产量则低，选用近代优质脱毒种薯（一代或二代）是达到高产的主要措施之一。根据用途，选择相应生育期的脱毒种薯，种薯要求无病、虫、烂、未受冻害的健壮薯。

(2) 晒种、催芽。催芽可在播种前一个月进行。开始将种薯由种薯库中取出放置在闭光的20～25℃的环境催芽，这样芽子出的齐。当芽长至黄豆粒大小时将种薯放置在光线充足、温度13～15℃的环境下晒芽，这样可使种芽变得短壮结实，这时就可以切块种植了。

(3) 切种。切种时要两把刀交替使用，发现病薯将切刀换掉放入消毒液中浸泡消毒，消毒液用75%酒精或1%的高锰酸钾溶液均可，每个芽块的重量应掌握在30～50克，不要切的太小，芽块的形状应为方墩块，不要切成三角形或片状，每个芽块只留一个壮芽。

(4) 拌种。每50千克芽块用70%甲基托布津粉剂27克和滑石粉650克，充分混合均匀后拌种，或用30克霜脲锰锌与25克甲基托布津、10克农用链霉素对水2千克喷拌1亩地用薯，边喷边拌等晾干后播种。在没有以上拌种药剂的情况下，用草木灰拌种对病害也有一定的防治效果。

三、播种

（1）播期。4月中旬至5月上旬，在10厘米地温稳定在7～8℃，土壤湿度以“合墒”最好，即土壤含水量在14%～16%时即可播种。

（2）密度。旱地密度以每亩3 900～4 000株为宜，采用平种垄植栽培方式，种植规格为宽行距60厘米，窄行距30厘米，株距37～38厘米，播沟深15～20厘米；水浇地密度为4 000～4 500株，行距窄行距30厘米，宽行距70厘米，株距28～30厘米。

四、田间管理

（1）锄草松土。幼苗顶土期闷锄1次，锄深2～4厘米，不可伤苗。苗齐后深锄1次。

（2）中耕培土。现蕾期进行第一次中耕培土，10天后进行第二次中耕培土。后期拔大草2次。

（3）追肥。结合第一次中耕培土进行，一般视长势每亩追尿素5～8千克。

（4）灌溉。马铃薯是需水较多的作物，蒸腾系数为400～600。马铃薯发芽期一般不需要灌溉，只要土壤有一点墒情，靠种薯块茎中所含的水分便可使幼芽正常出苗。在团棵以前苗子小，蒸腾量不大，一般情况下也不需要浇水。从团棵到开花，为需水盛期，也是需水敏感期，结薯期是大量需水时期。有灌溉条件的，从团棵以后到成熟以前。应根据节内降雨情况、土壤墒情浇水。但在结薯后期到成熟期，不应使土壤湿度太大，以免薯块皮孔涨大，表皮质化程度不良，植株徒长，要控制浇水，在涝天还应采取排涝措施。

五、病虫害防治

（1）早、晚疫病首先要选择抗病品种。其次，播前严格淘汰病薯。根据当地预测预报早期预防，可用70%代森锰锌可湿性粉剂175～225克/亩，对水后进行叶面喷洒。发现晚疫病病株后，立即拔除，并用70%安泰生200克/亩或64%恶霜灵锰锌170～200克/亩对水30千克；氟吡霜霉威75毫升/亩对水30千克；

50%甲霜铜或0.2%硫酸铜稀释500倍，亩用药液30千克喷防；75%百菌清可湿性粉剂600倍液；58%甲霜灵锰锌可湿性粉剂5 00倍液对水进行叶面喷施。如果一次病害未得到控制，则需要进行多次喷施，时间间隔为7～10天。

（2）环腐病防治。选用抗病品种，采用实生苗、芽栽法，播种时选用健薯，淘汰病薯。切种时切刀消毒，田间发现病株及时拔除集中处理。入窖前对旧窖消毒处理，贮藏前捡除病薯，贮藏量不超过窖内空间的2/3，冬前注意开窖散热，冬后注意防寒保湿，贮藏一个月后应及时检查翻窖，剔除病烂薯块。

（3）桃蚜防治。危害马铃薯并传播病毒病的蚜虫主要是桃蚜。防治方法：利用蚜虫的天敌是有效的生物防治手段，如瓢虫、食蚜蝇、草蛉等天敌。药剂防治应注意尽量避免杀伤天敌，可用50%抗蚜威可湿性粉剂1 000～2 000倍液、挫蚜稀释3 000～4 000倍液、吡蚜啉20克对水30千克、2.5%碧宝20～30毫升稀释1 000倍液、2.5%功夫乳油20毫升/亩稀释3 000倍液，任选一种均匀喷雾。

（4）地下害虫防治。地下害虫主要有地老虎、金针虫、蛴螬。防治方法：亩用40%甲基异硫磷或50%辛硫磷250毫升加水稀释10倍与40千克细干土拌匀，堆闷30分钟后撒施翻入土中；或每亩用5%辛硫磷颗粒2千克，拌在50千克细土或沙里，于伏、秋耕时或播前施入犁沟内，打糖或播种覆土；还可用深翻土壤，精细耕作、轮作倒茬、施用腐熟的农家肥等措施防治。

六、收获

（1）收获前10～15天压秧。用机引或牲畜牵引的木辊子将马铃薯植株压倒在地，植株则停止生长，植株中的养分尽快转入块茎，并可促使薯皮木栓化。

（2）割秧。收获前10天，用化学药剂或机械灭秧，地下块茎则停止生长，促进薯皮的木栓化。

七、贮藏

（1）贮藏窖处理在贮藏前1～2个月敞开窖门晾晒，贮前约2周用百菌清或硫黄等消毒剂对窖进行处理，1周后通风换气。

（2）薯块预贮。收获后的薯块要经过15天左右的预贮，使其伤口愈合，水分散失，表皮充分木栓化。

（3）薯块挑选入窖时，严格挑选薯块，保证无伤薯、无烂薯、无病薯、无冻薯、无虫蛀、无杂质，入窖数量不超过窖体容积的1/3。

(4) 前期管理（入窖至11月中旬）。这一时期薯块呼吸旺盛，容易出现高温高湿，应以降温散热、通风换气为主。入窖初期打开窖门和通气孔，利用自然通风或强制通风。当外界气温降到0℃时，调节窖门的开张度。

(5) 中期管理（12月至次年3月）。此期已是严冬低温季节，薯块容易受冻害，应以防冻保温为主。当外界气温降到零下8℃左右时，关闭窖门，只开通气孔；当气温降到零下12℃左右时，关闭通气孔，并选择在晴朗暖和的天气，在中午打开窖门和通气孔通风20分钟左右，每隔两周进行一次。

(6) 后期管理（3月以后）。此时气温升高，天气转暖，薯块开始萌芽，管理上以降温换气为主，不可随便打开窖门和通气孔，以防热空气进入，只可在清晨和晚间通风换气。

马铃薯最适宜的贮藏温度为3～4℃，最高不超过5℃；最适宜的空气相对湿度为80%～85%。一般在适宜的温湿度条件下贮藏，可以安全贮藏6～7个月，甚至更长的时间。食用薯块，必须在无光条件下贮藏。否则，见光后茄素含量增加，食味变麻，降低食用品质；种用薯块，在散光或无光条件下贮藏均可，不会影响种用价值。

第二节　喷灌圈马铃薯高产栽培技术

近年来，张家口坝上马铃薯喷灌圈种植发展迅速，利用大型自走指针式喷灌机，对马铃薯进行喷灌，一般每个喷灌圈面积为500亩左右，通过采用脱毒种薯、配方施肥、节水灌溉、合理轮作、综合防治病虫害，从种到收全程机械化作业，标准化栽培等配套措施实现高产高效，亩产可达3 000千克。喷灌圈种植是一项综合性技术，它是高投入、高产出的种植模式，存在一定的投资风险，喷灌圈种植首先要求有足够的地下水源和水井，按照喷灌圈的大小选择连片的土地，且地形平整，便于机械化作业，还需要配套相应的机械设备。从耕翻、播种、中耕、培土、追肥、收获等方面都要配套相应的机械设备，以便更好地发挥喷灌圈的优势。同时，喷灌圈的运转还需要足够的流动资金和懂种植、机械等方面技术的管理人员。

一、整地施肥

种马铃薯前的地块进行秋翻或春翻25～30厘米，翻耕后耙、耱、镇压做到土地平整、细碎无坷垃。结合耕翻施入有机肥1 000～2 000千克，加马铃薯专用肥（N10% $-P_2O_5$10% $-K_2O$ 15%）50 千克/亩做基肥。

二、轮作倒茬

为防止马铃薯病害发生，一般一个喷灌圈三年种一次马铃薯，另外两年轮作青贮玉米、莜麦、胡萝卜等作物，为奶牛养殖的发展提供饲料来源，提高喷灌圈的种植效益。

三、播前整地

春季播种前用拖拉机带旋耕犁将整个地块旋耕一遍。要求均匀平整、不留死角，达到松地、平整、混肥作用。

四、品种选择

一般选用高产高效的加工型专用型品种，而大多数专用薯品种较易感病，所以，喷灌圈内最好种植原种，种薯级别不可低于一级种，每亩播种量 150 ~ 175 千克，专用薯品种主要有夏波蒂、费乌瑞它、大西洋等品种。种薯处理、切块方法与马铃薯常规种植一样。

五、适时播种

当 5 ~ 10 厘米土层温度稳定通过 8 ~ 10℃，土壤耕层田间持水量 70% 左右，适时播种。张家口坝上地区，播种时间一般在 4 月下旬至 5 月初。

六、播种方法

采用大型点播机播种，播种深度 8 ~ 15 厘米，播种时点播机的空穴数量，一般不得超过 5%，发现空穴数量大时，要及时调节和控制，确保全苗，按品种要求调整播种机的株距，一般行距 90 厘米，株距 18 ~ 22 厘米，亩种 3 700 ~ 4 000 株，播种时要经常察看播种深度、株距和薯块是否在垄的正中。

七、中耕管理

一般中耕两次，第一次中耕将播种时的小垄培高。在中耕前用撒肥机追硫酸钾肥 30 千克，尿素 20 千克左右，中耕撒肥和播前撒肥一样。然后用中耕机中耕，中耕时间选择在茎出芽后离地面 3 厘米左右，杂草多的地块稍晚些，杂草少的适量早些，一般在5月底至6月初；第二次中耕，在株高10～15厘米开始，不易太深，防治压苗，一般在6月底到7月初中耕。

八、喷灌

马铃薯是农作物中需水量较多的一种作物，其块茎产量高低与生育期中土壤水分供给状况密切相关，据调查，每生产1千克新鲜的块茎需水100～150千克。结合天气情况、土壤干旱程度，具体确定喷灌时间和次数。苗期需水量占全生育期总需水量的10%；块茎形成期（出苗后20天，再延后25天左右）耗水量占全生育期总需水量30%；后来的块茎膨大期，耗水量占全生育期总需水量的50%；最后淀粉积累期占全生育期总需水量的10%左右。因此，生育前期要求土壤水分占田间最大持水量的65%左右；生育中期要求土壤水分占田间最大持水量的75%～80%；生育后期要求土壤水分占田间最大持水量的60%～65%。所以喷水是喷灌圈马铃薯生产的关键技术措施，没有水就不会有产量，一般在马铃薯全生育期需喷水5～6次，特别干旱的年份还要多喷2次。

九、防治病虫害

专用薯品种易感病，最主要预防早晚疫病。6月下旬就开始用第一次药，选用代森锰锌、瑞毒霉、霜脲锰锌、瑞毒霉锰锌、薯瘟肖等，根据作物需求选择2～3种交替喷施或混合喷施。每隔7～10天打一次，直到8月末，直至收获前25天停止喷药，共打10～12次，如发现有初发病株，应加大用药剂量并缩短用药间隔。根据降雨情况确定第一次打药时间，并计算好每罐药应打的亩数，每亩地用的药量。调试好打药机的喷药量以及拖拉机的行走速度，最好在无风的天气打药，做到不重不漏，药量准确。农药的包装物及容器要妥善收藏，统一处理，焚毁或深埋。不可乱丢造成污染及不必要的伤害。

十、除草

除草方法有化学除草和人工除草。

1. 化学除草

采用化学药剂将杂草杀死。一般采用宝成或盖草能，用量根据说明书中的最大量使用，放入打药机内加入足量的水喷到地下。使用化学除草剂时一定要注意田间保持一定的湿度，不可在干旱下使用，喷药时要错过中午高温时期，要在杂草两叶一心至三叶一心时前使用除草剂。

2. 人工除草

化学除草剂只能杀死禾本科尖杂草，一些双子叶的杂草，如灰灰菜，圆心菜、芥菜，用在马铃薯上的除草剂是杀不死它的，一定要人工拔除。原则如下。

（1）提前拔草。除草剂打过以后发现田间有草就组织人拔草，不能错过拔草时机，马铃薯封垄前一定要拔完。

（2）从杂草出现到马铃薯封垄，时间很短，所以要尽快把草拔干净。用锄时不能锄深，否则容易伤到马铃薯根。

十一、杀秧

采用机械杀秧。收获前 1 ~2 天，用打秧机打秧。打秧机一定要调试适中，过高打不净，收获困难；过低伤土豆，随杀秧随收获减少青头。

十二、收获

从播种开始后的 120 天左右开始收获，9 月初开始收获，收获装袋后及时发运，避免滞留在田间产生青头，造成不必要的损失。

第八章　食用菌生产技术

第一节　冀西北食用菌产业概述

食用菌：狭义讲，可以供人类食用的大型真菌；广义讲，一切可以供人食用的真菌。所谓的大型是指可以形成形体较大的子实体、菌核、菌索等菌丝体组织体的真菌。

一、张家口市食用菌产业的过去与现状

我国利用野生食用菌与模拟栽培的历史很长，但真正的用人工培育菌种栽培的历史较短。目前，我国食用菌的总产量居世界第一，虽然规模大，但市场竞争力差。整个食用菌行业概括讲为“低、散、乱”。具体讲：低主要是指生产技术水平低（其中主要是从业人群的专业水平低）、产品质量低、经济效益低（没有深加工，附加值低）；散主要是指生产布局散、行业内部缺乏凝聚力，人心散，行业保护意识太差（盲目生产，自己竞争压价），科研没有统一协调，不成体系，缺乏对某一领域的重点攻关；乱主要是指生产缺乏总体规划、市场缺乏调控、产品规格与价格乱、部分产品名称乱叫。

张家口市自古以来就是世界著名食用菌“口蘑”的加工贸易集散地，但食用菌的人工栽培起步较晚。由于受多方面因素的制约，发展速度缓慢。20 世纪 70 年代前，张家口地区的食用菌全部是野生口蘑的采集、收购与销售。有的经简单的加工包装后销往全国各地，80 年代，以万全县为代表的黑木耳生产在全市推广，但好景不长，因绿霉菌等严重污染而宣告结束。90 年代是张家口市食用菌发展最具活力的时期，90 年代初，宣化、万全、怀来等地有人开始小规模栽培平菇，销售市场也就只是在当地；1996 年万全县引进白色金针菇栽培，但当时由于销售渠道出现问题而夭折，但是证明了张家口市具备生产错季鲜金针菇

的气候条件，也为日后错季节鲜菇的生产销售起到投石问路的作用；1993 年，坝上农业科学研究所首次在人工培养基上培养出蒙古口蘑、大白桩菇子实体，曾在食用菌界引起轰动，但由于后续科研没有跟上，这两个品种至今没有实现人工栽培，仍停滞在实验室阶段。1997 年，尚义县首家成立坝上口蘑开发中心，成功驯化栽培当地野生口蘑褐鳞蘑菇（也称香口蘑、褐口蘑），紧接着开展了高产栽培、产品加工等系列研究工作。该项目得到市、县党委、政府的高度重视，“培强壮大口蘑产业”曾在市第十一届人民代表大会（2002 年）立为第一号议案。尚义县成立专门机构负责技术指导、培训，产品收购加工。褐口蘑栽培由尚义迅速扩展到康保、张北等张家口 13 个县区以及周边的内蒙部分旗县。伴随栽培面积的扩大，出现了数十家口蘑加工企业，褐口蘑成为市售口蘑产品的主角，以褐口蘑科研、生产、加工销售为特色的口蘑产业链基本形成。2002 年河北省食用菌工作会在尚义召开。省、市主要领导曾多次视察尚义口蘑基地，并给予了高度评价。尚义、康保分别被中国食用菌协会授予“中国口蘑重点县”“中国口蘑之乡”的称号。随着国家“退耕还林还草”项目的实施，坝上地区褐口蘑栽培原料严重不足，特别是尚义县表现尤为突出，褐口蘑栽培面积发展受阻。再加上农村其他劳动就业（修铁路、公路、开铁矿等）需求的快速增加，过去一家一户的食用菌生产越来越少，这也是导致食用菌总体规模发展缓慢的一个原因。与此同时，万全县引进双孢菇栽培，红火一时后就偃旗息鼓。从 1998 年开始，尚义开展白灵菇、杏鲍菇、香菇、鸡腿菇等 10 多个品种的错季节栽培，探索出一条别具特色的白灵菇等错季节二次覆土栽培生产的路子，产品主要供应北京市和周边市场，生产规模日益扩大。2000 年前后，尚义、康保等县开展了错季节香菇生产，但因原料成本高、生产周期长、技术不到位等原因在坝上宣告结束。在坝下，赤城、宣化等地现在推广错季节香菇，整体效益欠佳发展亦十分缓慢。总结分析过去食用菌发展的经验与教训，成败的主要因素在于技术支撑、市场与生产组织形式。

近年来食用菌产业发展速度较快，食用菌产业已成为我国种植业中的一项重要产业。我国虽然是食用菌产量最大的国家，但年人均消费量不足 0.5 千克，美国年人均为 1.5 千克，日本年人均为 3 千克，全国年人均消费量与世界一些国家相比，差距较大。国外食用菌人均消费量每年正以 13% 的速度递增，有大的国外市场空间可供开拓。我国内地食用菌人均消费量还不到香港的 1/10，因此国内市场潜力巨大。张家口市食用菌产业经过近 40 年的发展，虽然在规模上与河北的唐山（遵化）、承德（平泉）相比小很多，但在生产组织形式、产业结构布局、市场开发等方面具有自己的特点，基本形成以市场为导向，生产者自发参与，自主投入的产业组织，张家口市的食用菌产业不存在对地方政府的过多依赖；品种结构多元化，除了稳中有升的传统品种平菇、香菇外，既有代表张家口特色的口蘑，也有与北京、天津等华北重要食用菌产区相互补的白灵菇、杏鲍菇等名贵食用菌错季节鲜菇生产；从生产模式看，既有农户大棚小规模生产，也有公司形式的工厂化生产，而且正在向规模化方向发展；从产品结构看，既有初级产品（鲜菇），也有加工产品（如口蘑的系列产品），食用菌加工企业多达数十家，整个产业链条基本形成，整个产业的效益稳中有升；产品市场需求在迅速扩大，通过十多年的发展，无泥沙口蘑凭借其优秀而独特的品质，越来越受到消费者的广泛认可，作为地方特产多次代表河北省参加国际农产品展示展销，被评为名优特农产品；错季节白灵菇、杏鲍菇、双孢菇更是北京市场的抢手货，价格比其他地方高出五成甚至翻倍，经济效益很好。严重不足的是，生产布局不尽合理，生产资源没有得到合理利用；生产规模太小且分布零散，在市场开发方面形不成合力；生产技术滞后，本地技术人员严重缺乏，不能保证生产需要，自主科研力量更是少得可怜，整个食用菌产业还是十分弱小。就目前张家口蔬菜产业现状而言，食用菌作为一种新型产业，与其他蔬菜相比，效益高，同等效益的用水量不足蔬菜的1/50，是典型的高效节水农业，特别符合当地的实际需求与发展方向。现在正是政府给予食用菌产业扶持的最佳时机，在市政府的有力推动下，张家口市食用菌产业必将得到快速发展。

二、张家口市食用菌产业发展优势与劣势

食用菌生产与蔬菜等种植业相比较具有效益高、生产可控性强、周期短、可以工厂化生产、产品营养价值高等优点。食用菌生产用劳动力较多，属于劳动密集型农业产业，在中国因劳动力廉价而生产成本较低，这是我国发展食用菌的一大竞争优势。所以，近年来我国食用菌产业发展迅速。张家口地区发展食用菌，除具备上述优势以外，还具备以下几点。

1. 气候优势

凉爽是张家口的气候特点，特别是夏秋季节，适合大部分食用菌生长，与燕山以南地区相比较，具有鲜品错季节供应的优势。

2. 环境优势

污染程度较低，特别值得一提的是，我们地处永定河上游，近年来在工农业项目建设中环境污染控制较为重视，可以打出绿色、有机等品牌。

3. 市场优势

紧靠京津，交通便利，利于产品销售。

4. 食用菌发展刚刚起步，发展空间很大

与当地错季节蔬菜相比较规模小得可怜，发展食用菌可以说是对张家口蔬菜市场品种、产品结构的主要补充。我们的劣势主要有：①原材料种类和规模上较少，生产品种、规模上受到限制；②起步晚，生产技术基础薄弱，迫切需要通过加强培训技术人员等手段解决这一难题。

三、张家口食用菌产业发展趋势

栽培生产主要有两种发展趋势：一是以鲜菇为供市主产品，生产基地向市场靠拢的集约化、工厂化、规模化生产，属于资金、技术密集型生产模式，从而实现鲜食用菌产品的集中、周年供给；二是以生产干菇为主导产品向边远山区、林地、草原，突出环境优越，接近野生、半野生的原生态生产，与前者相比较，生产投入要低得多，但产品可以实现特产、特色化，与地方生态旅游建设可以并举。

食用菌除作为蔬菜类鲜销或干制外，产品深加工是追求高附加值的首选，其发展方向主要有：向方便实用型发展，开发方便食品（小菜等)、休闲食品；向营养保健型发展开发各种口服液、胶囊等；向风味美食型发展，做成特色小菜、调味品等。

在科研发展方面，除注重对现有品种栽培技术提高、对现有食用菌品种生物活性物质的研究外，在新品种、新资源的开发利用方面越来越受市场欢迎，具体为：应用高科技手段进行新品种的培育和各地注重当地特色品种的驯化、开发，利用独特的生态环境和资源优势，发展特色型食用菌产业。

四、张家口市发展食用菌产业的几点建议

综合分析，食用菌产业在张家口市属于朝阳产业，以下是近期适宜发展的品种与产业结构模式。

木腐性食用菌：鲜食类有平菇、杏鲍菇、姬菇、白灵菇等；干制类有天花

（五台山台蘑的一种）、茶树菇等。主要原料是玉米芯、果树枝丫、葡萄藤等，配一定的棉籽壳。生产模式采取建立高标准菌种工厂，菌种、菌棒（包）集中生产，出菇采取工厂化与农民分散出菇相结合，具体是：夏季温度较高期与冬季最冷期间，采取工厂化出菇，春、秋气温较为适宜时菇农分散出菇生产。产品集中收购、加工销售。

草腐性食用菌：鲜食类主要是双孢菇，可以发展巨大口蘑（金福菇）；干制首选褐口蘑。主要原料是玉米秸等农作物秸秆和牛、马等家畜粪便。生产模式采取建立菌种培育中心，集中生产供应菌种，建培养料发酵场，集中发酵培养料，发菌、出菇分散到菇农进行管理，鲜菇由集体统一标准回收、加工、销售。

根据多年食用菌生产经营的经验，企业搞食用菌产业的主要成本是劳动力成本和固定资产投资折旧；菇农分散搞的主要成本是固定资产投资折旧和因菌种、菌袋污染等技术问题成本。主要风险是技术与市场。因技术造成的风险可以通过引进技术人员与强化培训、严格管理得到解决。市场的风险主要是因生产没有计划，产品供应量不稳定，质量不统一造成，如果对整个生产进行周密计划，统一组织，市场风险就可以得到适度控制。

建议：对菇农来说，把技术含量较高、风险较大容易出现人为失误的工艺阶段集中，采取严格控制，把整个产业风险降到最低；对企业来讲，把劳动力成本降到最低，把因人的责任心不到位而失误造成的风险分散到每一个生产者。企业凭借自己资金与技术实力获取利润，菇农依靠自己的劳动和责任心加上较低的设施投入，最起码可赚取比工资高的收入。另外，植被好的地区以保护野生菌资源为目的，结合旅游资源的开发，通过保护山地、草地野生菌类与半人工栽培等手段，建立野生菌资源保护性生产基地，进行野山菌的可持续开发，这是一条经济、生态效益双丰收的食用菌开发路子。

第二节 菌种生产

何为菌种？通俗地讲就是用来生产食用菌的“种子”，其作用相当于农作物的种子。其质量优劣直接关系到食用菌的产量和产品的质量，关系到生产的成败，关系到菇农的切身利益以及菌种生产部门的信誉。

在自然界中，食用菌真正的“种子”是孢子，靠其来繁殖后代。孢子借助风力或某些小昆虫、小动物传播到各地，在适宜的条件下，萌发形成菌丝体，进而产生子实体。在实际生产中，食用菌的“种子”是再生能力很强的一部分菌丝体，所谓菌种，是指经人工培养并可供进一步繁殖或栽培使用的食用菌菌丝体及其培养基质。菌种的制作是食用菌栽培的前提和重要环节。

一、菌种类型

（一）根据菌种使用的目的将菌种分为保藏用菌种、试验用菌种、生产用菌种3个类型

保藏菌种是指用于中、长期保持菌种的生命活力和原有性状的菌种。试验用菌种是只供实验室进行科学试验、研究的菌种。生产用菌种是指供食用菌大面积栽培使用的菌种，也叫商业菌种，生产上使用的菌种一般要求遗传性状稳定，具有高产、优质的生产性能。

（二）根据菌种的物理性状将菌种分为液体菌种和固体菌种

液体菌种是靠摇瓶振荡培养和发酵罐深层培养来完成的。固体菌种是使用传统的固体原料如粪草、棉籽壳、稻草、玉米芯、木屑等培养而成的菌种。

（三）按照食用菌培养对象和培养料的不同，可将菌种分为木质菌种和草质菌种两类

如香菇、木耳、猴头白灵菇、杏鲍菇等木腐的菌类，一般其培养基可用木屑、棉籽壳、玉米芯等材料制成；而双孢菇、鸡腿菇、姬松茸等草腐的菌类，其培养基多用麦草、稻草、粪草制成。

（四）按照食用菌培养基的不同，可将菌种分为粪草菌种、谷粒菌种、颗粒菌种、枝条菌种、木块菌种、木屑菌种、矿石菌种等

（五）在生产实践中，根据菌种的来源、繁殖代数及生产目的，把菌种分为一级菌种、二级菌种和三级菌种

1. 一级菌种

也叫母种、试管种，是指由孢子、子实体组织、菇（耳）木或基质菌丝分离纯化，并在试管培养基上繁殖的菌丝体、芽孢及其培养基。一级菌种主要用于菌种的分离、提纯、转管、扩大和保存。母种数量一般较少，一部分母种试管作保藏用，另一部分再次转管扩大成母种，用于生产。

2. 二级菌种

又称原种。它是由母种转接到装有麦粒等固体培养基质的专用菌种瓶中经过培养后形成的纯菌丝体。二级菌种可用750毫升菌种瓶或500毫升罐头瓶或输液

瓶作为培养容器。一般一支母种可扩繁 5 ~ 8 瓶二级菌种。二级菌种可直接用于生产栽培，但成本太高，因此，二级菌种还必须扩大繁殖成三级菌种，使菌种数量增多，用于栽培。由于二级菌种的培养基基质接近栽培所用的基质，因此二级菌种也可用于小规模的生产栽培。

3. 三级菌种

又称栽培种、生产种，它是由二级菌种进一步扩大繁殖而成的。三级菌种的培养基基质与二级菌种相似，更接近栽培基质。由于三级菌种是菌种场的主要产品，参与商品流通，为了便于运输，避免容器破损，同时也为了降低生产成本，常用聚丙烯塑料袋或乙烯袋代替菌种瓶。通常一瓶二级菌种可繁殖 20 ~ 40 袋三级菌种。

二、菌种生产流程

菌种生产是通过无菌操作大量培养繁殖菌丝体的过程。食用菌菌种是通过一级菌种、二级菌种、三级菌种的顺序来完成的。一级菌种一般是采用孢子分离法或组织分离法得到的纯培养物，移接在试管斜面培养基上培养而成的纯种。一级菌种在斜面培养基上再次扩大繁殖，所得的菌种为再生一级菌种。二级菌种由一级菌种或再生一级菌种移接到装有木屑或粪草等固体培养基的蘑菇瓶中，经过适温培养而成。三级菌种直接用于段木、菌床或栽培袋上培养生产子实体。

这 3 种类型的菌种制作程序包括：获得培养材料→培养基质的混合配制→分装于培养容器中→灭菌→接种→培养→检验→使用，见下图。

三、一级菌种生产技术

（一）一级菌种培养基的配制与灭菌

培养基（culture media）就是采用人工的方法，按照一定比例配制各种营养物质，以供给食用菌生长繁殖的基质，对于食用菌来讲，培养基就像绿色植物需要肥沃土壤一样重要。

一级菌种培养基配制的原则如下。

（1）营养适宜。根据食用菌种类选择适宜的营养。食用菌种类不同对营养物质的需求不尽相同，因此需根据不同食用菌的营养需求，配制不同的培养基。

（2）营养协调。培养基营养物质的浓度及营养物质间的浓度比例要适宜。营养物质浓度过低，不能满足食用菌的营养需要，浓度过高则有抑制或杀菌作

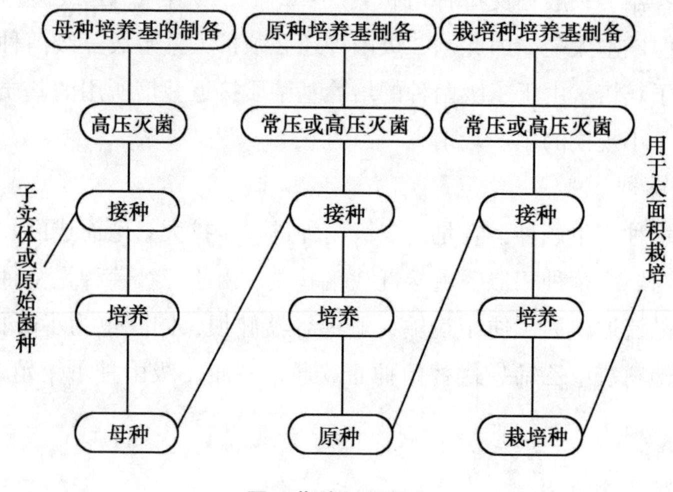

图　菌种制作程序

用。此外，各种营养物质的比例是影响食用菌菌丝生长的重要因素。在个营养成分比例中，最重要的碳源与氮源的比例，即碳氮比。碳源、氮源缺乏均易引致杂菌污染。碳源不足易使菌丝体衰老和自溶，氮源不足易使菌丝体生长过慢。但若C/N太小，食用菌菌丝会因氮源过多而徒长，不利于出菇。一般情况下，营养生长阶段的C/N为20∶1，生殖生长阶段的C/N为（30~40）∶1。

（3）酸碱度适当。不同种类的食用菌，菌丝体生长的最适宜、最低和最高pH值不同。大多数食用菌喜欢偏酸性环境，少数（如粪草类）食用菌喜欢偏碱性环境，总体来说，适宜菌丝体生长的pH值一般在3~8，以5.5~6.5为宜。大部分食用菌在pH值大于7.0时，生长受阻，大于9.0时生长停止。

（4）用料经济。尤其是在设计生产使用的培养基时，应遵循经济节约的原则。应培养基用量很大，在保证也已经成分能满足食用菌营养要求的前提下，尽量选用价格低廉、资源丰富、配制方便的材料作为培养基的成分，利用低成本的原料更能体现出经济价值。如麸皮、米糠、野草、农作物秸秆等农产品下脚料及酿造业等工业的废弃物都可作为营养基的主要原料。

（二）一级菌种培养基常用材料与配方

1. 常用材料

一级菌种培养基常用的材料有马铃薯、葡萄糖、磷酸二氢钾、硫酸镁、琼脂和维生素 B_1、蛋白胨等。

马铃薯含有十分丰富的营养物质，主要有20%左右的淀粉，2%~3%的蛋白胨，0.2%的脂肪，还有多种无机盐、维生素及生理活性物质。葡萄糖是食用菌菌丝最容易吸收利用的碳源，也可用蔗糖来代替，是食用菌生长的辅助碳源。琼脂是培养基中的凝固剂，其凝固点是40℃，常用浓度为1.8%～2.5%，低于1%则不易凝固。磷酸二氢钾一方面能为食用菌生长提供鳞和钾元素；另一方面又可作为缓冲剂，防止培养基中pH的急剧变化。鳞是核酸组成和能量代谢的重要成分，缺少时，碳和氮也不能很好地被菌丝吸收利用。硫酸镁是培养基中硫和镁的来源。

2. 一级菌种培养基常用配方

（1）PDA培养基。马铃薯200克、葡萄糖20克、琼脂20克、水1 000毫升。没有葡萄糖时可用蔗糖代替，这种培养基是按大多数食用菌养分要求配制的培养基。

（2）马铃薯综合培养基。马铃薯200克、葡萄糖20克、磷酸二氢钾3克、硫酸镁1.5克、琼脂120克、维生素$B_1$10毫克、水1 000毫升。此培养基适于一般食用菌的母种分离、培养和保藏，如平菇、双孢菇、金针菇、猴头菇、木耳等。

3. 一级菌种培养基的配制方法

一级菌种培养基配制的流程，材料选择（按配方）→准确称重→材料处理→定量配制→分装试管→灭菌→摆放斜面。

其制作程序如下。

按比例精确地称取各种营养物质。

将去皮、挖掉芽眼的马铃薯切成小块或薄片（或胡萝卜、子实体、黄豆芽、棉籽壳等），放入小锅或大烧杯中，加入一定量的水，用文火煮沸一小会儿，煮到马铃薯块儿熟而不烂。玉米粉（高粱粉）加水后，一般加热至70℃左右，并保持60分钟，过滤取汁。

补足失水，加入琼脂，文火煮溶。

加入需加的其他营养物质。

充分搅拌均匀，并调节pH值。

趁热分装，培养基的分装量应为试管长度的1/5～1/4为宜，不能过多或过少。操作时应尽量防止培养基沾在试管口上，若已沾上应用纱布或脱脂棉擦净。

装好培养基的试管应及时塞上棉塞（棉塞大小均匀、松紧适中，长度一般为4～5厘米），一般要求3/5留在试管内，其余2/5露在试管外面。

捆扎试管。把塞好棉塞的试管，每5～7支捆扎一把，用牛皮纸或双层报纸包住，再用皮套扎紧或棉线捆好，放入灭菌锅中。

灭菌。一般采用高压蒸汽灭菌。把捆扎好的一把把试管直立于锅中（以免灭菌时弄湿棉塞）进行灭菌。

灭菌结束后，让其压力自然降至零，温度降至手摸桶体微热但不烫手时取出培养基，在清洁的台面或桌面上倾斜排放，摆成斜面，一般斜面长度达到试管长度的1/2为宜，培养基冷至室温时，就自然凝固成斜面培养基。

检验灭菌效果。把斜面培养基放在28～30℃的条件下，空白培养24～48小时，检查无杂菌污染后，方可使用。

四、一级菌种的分离、转管与培养

（一）菌种分离、转管的设备、工具及药品

1. 设备

主要指用于分离和扩大培养各级菌种的专用设备和工具，主要包括接种室、接种箱、超净工作台。

2. 接种工具

主要包括接种棒、接种针、接种锄、接种刀、酒精灯、接种铲、接种勺、镊子等接种工具。

3. 药品

主要用来接种前的消毒灭菌。常使用的有乙醇（酒精）、苯酚（石炭酸）、酶酚皂液（来苏尔水）、甲醛（福尔马林）、高锰酸钾、漂白粉、新洁尔灭（苯扎溴铵）等。

（二）一级菌种分离

一级菌种分离的方法有组织分离法、基内菌丝分离法、孢子分离法。这3种方法适用于不同的食用菌，主要是独立生活的腐生菌。

1. 组织分离法

利用子实体内部组织（如菌肉、菌柄）、菌核或菌索来分离获得纯菌种的方法。食用菌的子实体实际上就是双核菌丝的扭结物，它具有很强的再生能力，因此，只要切取一小块组织，把它接种到适宜的培养基上，适温培养，就能得到纯菌丝体。

子实体组织分离是选用幼嫩、健壮、饱满、无病虫害的菇蕾作为分离材料。

菌核组织分离是选用菌核中的菌丝作为分离材料，如茯苓、猪苓、雷丸等。

菌素组织分离是以菌素这种特殊结构来进行繁殖的一种分离方法。

在这里主要介绍子实体组织分离法。

菌种子实体组织分离是指采用食用菌子实体的任何一部分组织培养成纯菌丝体的方法。该方法属于无性繁殖，简单易行，菌丝生长发育快，能够保持原有品种性状。多年的实践经验表明，选用菌柄和菌褶交接处的菌肉最好，因其新生菌丝发育健壮、活力强，作为分离材料最合适，而且不易被杂菌污染，制成的菌种播种到菇床上，容易定植成功，且生命力强。

操作程序如下。

种菇的选择：选择头潮菇、外形典型、大小适中、菌肉肥厚、颜色正常、尚未散孢、无病虫害、长至七八分熟的优质单朵菇作种菇。

接种场地的消毒：接种场地要进行彻底消毒，注意种菇不要熏蒸，分离前带入接种箱。

种菇的消毒：将种菇放入 0.1% 的升汞溶液或 75% 的酒精溶液中，浸泡 0.5 ~ 1 分钟，上下不断翻动，以充分杀死种菇表面的杂菌。然后用无菌水冲洗 2 ~ 3 次，再用无菌纱布或脱脂棉或无菌吸水纸吸干表面的水分。

切块接种：用消过毒的刀片在菇柄与菇盖中部纵切一刀，撕开后再在菇柄与菇盖交接处的菌肉上用刀划一些口子，挑取 0.2 ~ 0.5 厘米见方的小块组织，接在斜面培养基的中央。一般一个菇体可以分离 6 ~ 8 支试管，每次接种在 30 支以上，以供挑选用；

培养纯化：在适温下培养 2 ~ 4 天，可以看到组织块儿上长出白色绒毛状菌丝体，此后每隔 2 ~ 3 天检查一次杂菌污染情况，发现污染立即处理，一般经过 8 ~ 10 天菌丝可长满斜面，即为原始母种。

此外还有一种更为简便实用的子实体组织分离法，即种菇消毒后，用手从菌柄直至菌盖交接处撕成两半，再用无菌镊子夹取菌柄与菌盖衔接处的少量菌肉，接入试管内，适温下培养，很快萌出菌丝，分离的成功率很高。

2. 基内菌丝分离法和孢子分离法在张家口地区几乎不使用，因此在这里不作介绍

（三）一级菌种的转管与培养

将试管中的菌丝体移接到另外的试管培养基上称为转管。转管是食用菌制种工作中一项最基本的操作，无论是菌种的继代、分离、鉴定以及进行食用菌形态、生理等方面的研究都离不开转管操作。根据不同的目的、不同的菌类及同一

菌类的不同容器，接种方法都有所区别，但在无菌条件下进行严格的无菌操作这一点都是必须共同遵守的。

1. 一级菌种转管的无菌操作规程

（1）接种前对超净工作台进行清洁消毒，并准备好接种用具。

（2）将待接种的培养基放入超净工作台内，用紫外线灯灭菌20～30分钟。

（3）换好清洁的工作服、帽等，用酒精或新洁尔灭等消毒液清洗菌种容器表面，同时洗手，然后将菌种带入超净工作台内。

（4）取少许药棉，蘸上75%酒精擦拭双手、菌种容器表面、工作台面及接种工具。

（5）点燃酒精灯开始接种操作。因火焰周围10厘米范围内的空间为无菌区，所以接种操作必须靠近火焰，但同时要注意不要烧伤菌种。具体操作如下。

①将所要转接的菌种和斜面培养基，用左手大拇指和其他四指并排握住，斜面向上，并使试管位于水平位置。

②用右手轻轻转动试管棉塞，这样松动后，有利于接种时快速拔出。

③右手拿住接种针，在装有酒精的瓶子里蘸一下或用酒精棉球擦一下，然后在火焰上灼烧灭菌。

④用右手小指和无名指及手掌拔掉棉塞。用火焰灼烧试管口，灼烧时应不断转动管口，将试管口上沾染的少量杂菌烧死。

整个过程要快速、准确、熟练。然后将接好的试管贴上标签，注明菌种名称和接种时间，放在适宜条件下培养，长满斜面无感染即为母种或试管种。

2. 一级菌种转管的注意事项

（1）接种前要准备好一些无菌棉塞，一起放入无菌室，以便备用。

（2）接种时切勿使试管口、瓶口离开酒精灯火焰的无菌区。

（3）接种时，操作人员尽量少走动，以减少空气流动而造成污染。

（4）接种时留下的污物，如用过的酒精棉、火柴梗等要及时清除，以免引起污染。

（5）如一次接种不同菌种时，要注意做好标记，以免搞混。

3. 一级菌种的培养

斜面接种后，应立即置于适温下培养。当种块上的菌丝萌发并向培养基上蔓延后，可将培养温度降低2～3℃，菌丝生长速度虽然略微减慢，但生长更加健壮。在母种的培养过程中，要根据具体菌种的菌丝体生长要求设置合适的温度，温度过高，菌丝衰老快，易倒伏发黄。温度过低生长缓慢甚至不能萌发。母种培养期间要注意通风，通风不良、氧气不足，菌丝容易衰老、发黄。因此大量母种不易放在通风不良的恒温箱内培养。另外，在菌种的培养期间应定期检查，及时拣出污染或生长不良的不合格菌种。

4. 优良母种（一级菌种）应具备的特征

菌丝生长速度一致而且整齐，无病虫杂菌，菌丝洁白；不同种类、不同品种的食用菌，其母种都有各自的形态特征，如菌落形态、气生菌丝的多少、菌丝的色泽、培养基中色素的有无及色泽应复合本菌种的特点；菌落生长的边缘饱满、整齐、长势旺盛。

5. 一级菌种的保藏

一级菌种尚未全部长满之前，就应及时移入 1 ~ 4℃温度下保存。保存的母种要贴上标签，或用特种铅笔、油质记号笔在试管上做好标记。

第三节　二级菌种和三级菌种生产技术

食用菌二级菌种和三级菌种营养条件基本相同，制作方法大体一致，所不同的是二级菌种是由一级菌种（母种）扩大培养来的，而三级菌种是由二级菌种扩大培养来的。通常来讲，制作二级菌种的培养料要更精细一些，营养成分也要尽可能丰富，使其利于菌丝的生长发育。由于二级菌种的菌丝已经基本适应了固体培养基，而且菌丝生长比较健壮，因此用作三级菌种的培养料就可以略粗放一些。下面以白灵菇为例，阐述木腐菌二级菌种和三级菌种的制作过程和注意事项。

一、二级菌种和三级菌种培养基的配制原则

1. 选择适宜的营养物质

根据所培养的食用菌种类的不同，选择不同的培养料。由于食用菌不同种类对营养物质的要求不同，所以培养料的选择要不同。一般来讲，木腐菌喜欢木质素含量多培养料，草腐菌喜欢纤维素含量多的培养料。

2. 培养料中的营养要协调

营养协调是指培养料中不同原料的浓度适宜、营养比例恰当。食用菌菌丝在营养生长阶段需要大量的碳源、氮源、无机盐类和生长因子等营养物质。这些营

养物质必须全面且比例合适，这样菌丝才能够正常生长。

3. 培养料的理化性状要适宜

培养料的含水量、透气性、持水性、酸碱度、渗透压以及颗粒的粗细、质地的软硬程度等理化性状要适宜所培养的食用菌生长。

4. 注重经济节约

制作食用菌二级菌种和三级菌种的原料用量比较大，应就地取材，选用价格低廉的材料，以降低生产成本。适合食用菌生长的原料种类很多，可以根据当地的材料调整配方，不可盲目照搬，增加生产成本。

二、原种制作工艺

（一）培养料常用原料与配方

1. 常用原料

主料：棉籽壳、玉米芯、小麦、麦麸、米糠。

辅料：轻质碳酸钙、磷酸二氢钾、硫酸镁、石膏粉、石灰等。

要求各种主料新鲜、干净，干燥、无霉烂，各种辅料要到正规单位购买正规厂家产品。

2. 常用配方

配方Ⅰ：小麦粒93%、米糠5%，轻质碳酸钙2%、磷酸二氢钾0.2%、硫酸镁0.05%。

配方Ⅱ：玉米芯60%、棉籽壳20%、麦麸18%、轻质碳酸钙2%、磷酸二氢钾0.2%、硫酸镁0.05%。

配方Ⅲ：玉米芯78%、麦麸20%、石膏粉1%、蔗糖1%、磷酸二氢钾0.2%、硫酸镁0.05%。

（二）配制工艺

配方Ⅰ：先用水浸泡麦粒8～12小时，然后用水煮至用手指轻捏麦粒即扁，无白心，麦皮不烂（开花），然后捞出沥水，标准是“煮透晾干”，米糠用水湿透，含水量达到用手紧握指间有水挤出但不成滴，先将麦粒与米糠混合，再将碳酸钙等辅料加入拌匀，用pH试纸测酸碱度，保证pH值在7～8，低于7时用石灰调整。

配方Ⅱ：玉米芯粉碎成玉米粒大小后使用，用前先将玉米芯、棉籽壳、麦麸用水充分湿透，料内不能含有生料块，用手紧握指间有水挤出但不成滴，含水量在58%～62%，然后加入辅料拌匀。辅料先溶解于适量水中加入，也可先和麦麸混匀再加入。配方Ⅲ的配制与配方Ⅱ相同。

（三）培养料的分装与灭菌

1. 分装

配制好的培养料要迅速分装灭菌，以免放置时间过长发生酸败。装料前必须把空瓶清洗干净，并倒净瓶内水，装麦粒培养料时，要轻轻震动瓶子让瓶内培养料下沉压实，装料高度不要超过瓶肩部或瓶高的3/4，玉米芯等颗粒培养料装料时要压实并压平料面，达到瓶内培养料上下松紧一致。之后用直径1.5厘米的锥形木棒尖端在瓶内料的中间打孔，孔深达料高的4/5，此处接种利于菌种萌发向下生长。然后擦净瓶口和瓶壁封口后即时灭菌。菌种瓶的封口方法很多下面是两种常见的封口法：①棉塞封口法：用棉花卷成塞，要求棉花干燥，松紧适度；②牛皮纸——塑料膜封口法：此法适合用于瓶口较大的菌瓶封口，封口方法是根据瓶口大小先把牛皮纸和塑料膜裁成块，膜的中间裁“十”口备用，封口时先把裁好的塑料膜盖在瓶口上并用耐高温橡胶圈扎紧，然后再覆盖牛皮纸并用耐高温橡胶圈扎紧。

2. 灭菌

灭菌是菌种生产的关键环节，主要采取以下灭菌法。

（1）常压蒸汽灭菌法。灭菌用常压灭菌锅产生蒸汽，要求蒸汽温度达到100℃以后，一般维持8～12小时，然后降温出锅。要求灭菌时灭菌仓所有空间都达到要求温度并得以维持要求时间。

（2）高压蒸汽灭菌法。当锅内蒸汽温度达到120℃以上，压力达0.14MPa维持2小时即可达到灭菌效果，要求灭菌人员必须掌握高压灭菌锅的使用方法，责任心强，特别注意灭菌时高压锅内排净冷气、压力维持时间要够和降压速度要慢。

灭菌结束，出锅后防止因瓶内外温差太大而在瓶内形成冷凝水，如外界温度太低，要注意保温或推迟出锅，瓶内温度降到30℃以下就可以接种。

（四）接种与培养

原种的接种工作必须在接种室的接种箱或超净工作台上进行，接种人员必须经过专业人员培训，掌握接种设备的使用规程、接种的操作程序和基本的操作要求。

1. 接菌的无菌操作规程

（1）接种前先对接菌箱进行彻底消毒，并准备好接种工具。

（2）操作人员双手不能留长指甲，不能戴戒指等饰物，工作前关闭手机，做好大小便，换好经消毒好的工作服，并戴口罩，双手用 70% ~75% 酒精擦拭消毒。

（3）菌种试管、菌种瓶必须用 70% ~75% 酒精擦拭消毒，管口、瓶口用酒精灯火焰灼烧灭菌，打开口后要用火焰封闭（火焰正上方 3 ~5ml 处），但必须注意不能烧伤菌种。

（4）接种工具在使用前应用酒精灯火焰灼烧杀菌，试管塞、瓶塞不能乱放，不能接触未经消毒的东西。

（5）接菌操作动作要快速、准确，每次接种时间不能太长，控制在 2 小时左右。

（6）接种过程中尽量少走动、少说话，尽量减少接种室内空气流动，更要避免灰尘飞起。

2. 接菌程序

（1）培养料瓶灭菌后置于室内降温至 30℃ 以下，放入接种箱，用甲醛或其他气雾消毒剂进行箱内熏蒸消毒，并开启紫外线灯杀菌 30 分钟。

（2）接种前，操作人员按操作规程做好准备，接种用的母种试管或原种瓶必须用酒精消毒处理。

（3）接种时，先拔去棉塞，试管口或瓶口用酒精灯火焰灼烧灭菌，再取接菌工具经火焰灼烧杀菌，冷却片刻后把菌种从菌种管或菌种瓶移入新培养基。

（4）接入菌种后，瓶塞经火焰灭菌，在火焰上方把瓶塞盖好，依次进行接中直至接完。

（5）每批接完后贴好标签，放入培养室培养，作好记录。

3. 培养

原种接种后，放入培养室进行发菌，培育过程中应注意以下几点。

（1）培养室的处理。接种后的菌种瓶在进入培养室之前，必须做好培养室的消毒准备工作。一般在菌种瓶进入培养室前 2d 对培养室进行消毒处理，保证菌种生长的环境洁净。

（2）菌种瓶的摆放。摆放菌种瓶时，瓶与瓶或袋与袋之间均应留有一定的空隙，有利于热量散发。刚刚接种的菌种瓶应竖放在培养架上，以利于菌种定植。

（3）温度控制。原种和栽培种一般置于22～23℃下培养。

（4）湿度控制。培养室内空气相对湿度保持在60%～70%，菌丝培养期间经常保存室内空气新鲜，以补充培养室中的氧气的消耗，并排除室内二氧化碳，以利于菌丝的生长。

（5）光线控制。由于多数食用菌的菌丝生长阶段不需要光线，所以，菌种培养阶段应保持暗光条件，减少培养室内的光照强度。绝不允许有光线照射到菌种袋（瓶）上。

（6）检查杂菌。从发菌2～3天开始，经常检查有无杂菌污染，发现杂菌要技术处理。通常，开始时每两天检查一次，培养7～15天时，应做两次重点检查。当菌丝封面并向下深入1～2厘米时，可改为每周检查一次。

（7）菌龄控制。菌种培养期间，要控制好菌龄，培养好的菌种要及时使用，防止菌种老化。通常菌种瓶内的菌丝满瓶后7～10天，菌丝生活力最强。

三、栽培种的生产工艺

1. 栽培原料的配方

（1）棉籽壳100千克、麸皮10千克、磷酸二氢钾0.1千克、生石灰3千克、料水比1∶(1.2～1.3)。

（2）玉米芯100千克、麦麸15千克、磷酸二氢钾0.1千克、生石灰5千克、料水比1∶(1.1～1.4)。

（3）玉米芯50千克、棉籽壳50千克、麸皮10千克、磷酸二氢钾0.3千克、石膏1千克、生石灰3千克、料水比1∶(1.20～1.30)。

2. 培养料配制方法

（1）选择优质无霉变的新鲜原料。

（2）先将不溶于水的原辅料在干料状态下混合均匀。

（3）再将溶于水的辅料溶解在水中。

（4）使用机械或人工条件将原料与水混拌均匀，使之达到料水混匀、料吸水充分。

3. 装袋技术规程

（1）采用高密度聚乙烯塑料膜或聚丙烯塑料膜制作的优质塑料袋。

（2）塑料袋规格通常15厘米×33厘米×0.045厘米或17厘米×35厘米×

0.045厘米。

（3）手工或机械装袋，料松紧适中，料袋外观圆滑，用手指轻按不留指窝，手握料身有弹性。

（4）每袋装干料0.5千克。

4. 灭菌技术规程

（1）料装袋好后在6小时内进入灭菌程序。

（2）将料袋装入筐内或塑料编织袋内进行灭菌。

（3）常压100℃维持12小时以上。

（4）高压灭菌时达到0.15兆帕，维持2小时。

（5）常压限时4～8小时达到100℃，高压限时1～1.5小时达到0.15兆帕。

5. 接种规范化操作技术规程

（1）菌袋冷却至30℃以下进入接种程序。

（2）在接种无菌条件下进行接种操作。

（3）接种箱内使用高效气雾消毒剂5克/立方米，消毒30分钟后开始接种。

（4）接种工具在酒精灯焰上烧，接种操作在酒精灯火焰上方热区内进行。

（5）每瓶菌种接菌袋15～20袋。

（6）箱连续接种时间不超过90分钟。

6. 发菌期技术管理规程

（1）培菌环境要求。干净、干燥、遮光、通风良好。

（2）接种后3～7天发菌环境20～28℃，少通风或不通风。

（3）接种后7～15天菌丝吃料，每天通风30～60分钟。

（4）接种后7～10天检查菌丝发育情况，挑出杂菌污染菌袋。

（5）培菌环境7～10天用气雾杀菌剂熏蒸消毒1次。

（6）发菌后期控制发菌环境18～22℃，每天通风1～2小时。

四、二级菌种和三级菌种的质量鉴定

所谓外观鉴定就是通过感官直接识别菌种优劣，一般需检验菌种的形态、色泽、味道、生活力等质量性状。优质的菌种应具有纯、正、壮、润、香五个特征。“纯”指的是菌种的纯度，无杂菌感染，没有“退菌”和“断菌”现象；“正”指的是菌种本身具有正常的形态特征，菌丝色泽正常、没有异常，如菌丝浓密纯白、爬壁能力强、生长整齐、有弹性等；“壮”指的是菌丝健壮，生活力强；“润”指的是菌种培养基湿润，菌种无干缩和松散现象，菌种没有吐“黄水”现象；“香”指的是菌种具有菌株特有的菇香气味。

二级菌种、三级菌种质量的外观鉴定可重点检查如下五方面的内容。

1. 检查虫害、鼠害

凡菌种瓶（袋）中出现被老鼠吞噬的斑块或直接发现有螨类活动，表明已遭鼠害和螨类污染。

2. 检查杂菌污染

如果二级菌种和三级菌种的培养料上、瓶（袋）内壁上出现异常颜色，如红、黄、黑、绿等各色杂菌孢子颜色，瓶（袋）壁上出现两种或两种以上不同菌丝的构成的拮抗线，而且散发出异味，这是杂菌污染的表现。此菌种必须淘汰，并及时进行妥善处置。

3. 检查菌种弹性

凡菌种表面过厚的、致密坚韧的菌皮，菌种脱皮失去弹性，是由于菌龄过长或环境不良（如缺水、干燥、高温）等因素造成菌丝体和斜面培养料萎缩所致。

4. 检查菌龄及原基形成情况

如果菌丝菌龄过长或受到高温影响容易导致菌丝自溶并产生黄褐色代谢水现象；菌种表面及四周出现过多的原基或耳芽，是菌种老化或某种生理状况欠佳的表现，不宜使用。

5. 合格菌种的标准

菌种袋（瓶）内菌丝吃料彻底，上下长透，生长均匀，富有弹性等皆是合格菌种。

五、二级菌种和三级菌种的贮藏

菌种贮藏是指菌种成为可用的成品后，暂时不用而采取的防止污染好减缓老化进程的措施和方法。

原种和栽培种体积大，数量多，专业菌种场应建立专门冷库用于菌种的贮藏，大多数菌种在 1～4℃的贮藏温度下可贮藏 1～2 个月；非专业菌种场和栽培场，要尽量制造低温、洁净、干燥、黑暗的条件来贮藏。原种和栽培种长满后，在室温下可自然贮藏 10～20 天，不影响其使用效果。超过这个期限，则需要创造条件进行贮藏。

注意事项：

（1）保藏菌种必须是发育健壮的菌种，培养时间不可过长，以免降低菌种生活力。

（2）制种时要贴好标签，每次移接时要细心核对菌种号及表明时间，做到准确无误。

（3）定期检查保藏情况，一旦发现污染或培养基失水干缩现象，因立即移接、剔除。

（4）尽量少启动冰箱，以免产生冷凝水而引起污染，开启时应做到边开、边取、边关，最好设置一个永久型的保藏冰箱，与常用菌种的冰箱分开。

（5）保藏菌种在冰箱中不可过分拥挤；保藏温度控制在4℃左右，不易过高或过低。

（6）冰箱要定期排霜，清除积水。注意保藏环境湿度不能太高，湿度太高，霉菌容易在棉塞上生长，并通过棉花纤维进入管内。

（7）所保存的菌种在使用时，要提前12～24小时从冰箱取出，经适温培养回复活力后，方能转管移接。

第四节　食用菌工厂化生产技术

食用菌工厂化生产是模拟生态环境、智能化控制、自动化机械作业于一体的生产方式。食用菌工厂化栽培，实际上就是封闭式、设施化、机械化、标准化、周年栽培，是在按照菇类生长需要设计的封闭式厂房中，在不同地域不同气候条件下利用温控、湿控、风控、光控设备创造人工环境；利用机械设备自动化（半自动化）操作，高效率生产；通过现代企业管理模式，组织员工有序生产；在单位空间内，立体化、规模化、周年化栽培达到产品的安全绿色（有机）标准的优质食用菌，并通过包装、加工，品牌销售到国内外市场。其目的是提高周年复种指数，提高设施和设备的使用效率，提高资金周转使用率，在短时间内获得可观经济效益的一种新型的、集现代农业企业化管理的栽培方法。简单一点说就是创造适合食用菌不同发育阶段的环境，进行规模的反季节周年栽培。

一、食用菌工厂化生产的特点

与传统农业种植食用菌相比，工厂化食用菌生产具有解决食品安全问题、节约土地资源和劳动力资源等优势，真正体现循环经济概念。

（1）周年化、生产稳。由于可以人工调节食用菌的生长环境条件，能达到全年连续生产不分正反季节，天天出菇，全年上市，改变了靠天吃饭的局面。

（2）规模化、产量大。日产一般都在几吨、十几吨或几十吨。

（3）机械化、效率高。工厂化生产过程大多实现机械化、半机械化，生长环境由控制系统自动调节，相对手工操作要节约大量的劳动力，一般周年生产可达 8～10 茬。工厂化生产的效率比传统模式高出约 40 倍，单层设计的厂房每亩产值超过 100 万元，多层设计的厂房每亩产值达到 400 万～500 万元，使土地产出率提高了近百倍。

（4）立体化、单产高。工厂化模式所需的土地面积不到传统模式的 1%，劳动力只占传统模式用量的 2%，我国自然条件下栽培双孢蘑菇产量仅 10 千克/平方米，而国外采用工厂化生产的双孢菇产量已超过 30 千克/平方米。

（5）标准化、质量好。工厂化生产为食用菌创造了适宜的生长条件，其质量较自然环境条件下要好得多，且达到产品的安全绿色（有机）标准。

（6）综合利用、循环经济。食用菌工厂化生产的栽培原料主要是棉籽壳、玉米芯（玉米秸秆）、甘蔗渣、木糠、米糠、麦皮等多种农作物下脚料，食用菌采收后，培养基又可作为绿色有机肥还田，能实现资源的有效循环利用。

（7）管理先进、有序生产。通过现代企业管理模式，组织员工，分工协作，有序生产。

（8）产品包装加工，品牌销售。优质产品通过高标准的包装加工，销往国内外高端市场。

二、食用菌工厂化生产必须具备的生产设施设备和管理系统

1. 工厂化生产的设备

（1）食用菌工厂化生产厂房设备。目前使用最多的是带保温的封闭式彩钢板厂房。根据生产布局一般分为 5 个区域，一区为无菌区，包括冷却室和接种室；二区为培养区，对洁净度有着严格的要求；三区为搔菌、栽培、包装区，对环境的整体要求较高；四区为操作区，包括装瓶和灭菌区域，对环境无特殊要求；五区为挖瓶区和原料堆场，是灰尘和杂菌较多的区域。根据日生产量和不同品种，合理布局各区域面积，对整个区域制订不同管理要求和人员流动要求。

（2）食用菌工厂化生产的关键设备。在食用菌工厂化的生产过程中，制冷和加热系统起着十分重要的作用，它是食用菌工厂化生产中的关键设备，投入

大，对技术要求也比较高，食用菌工厂化生产的通风换气主要通过一些设备来实现，并且通风换气和温度控制常一起完成。常用的有换气扇、热交换器和空调箱。

① 换气扇：要根据房间的大小和放置瓶子或袋子的数量，选择合适的换气扇型号和数量，保证有足够的风压和风量，快速地送、排风，达到设定的二氧化碳浓度。

②热交换器：主要作用是将新鲜空气和室内空气进行热量交换后，通过送风管送入栽培房间，起到减少空调负荷，节能的目的。

③空调箱机组：主要担负制冷（加热）和新风送入作用，新风通过机组制冷或加热，再通过风管送入培养室或栽培室，进入的新风温度和室内温度比较接近，避免室内或冷或热，同时新风通过分布在室内的风管送入，均匀度更高。

目前许多企业开发了智能化控制系统，实时采集、监控培养和栽培期间参数的变化，并及时预警，为食用菌创造优化的生长条件。常用的有电加热系统，在室内机的出风口安装电加热管，通过室内机风机送到室内，起到加热作用。蒸汽加热系统，主要适合北方寒冷地区使用，蒸汽直接通入栽培室，起到加热和加湿作用。

（3）食用菌工厂化生产的生产设施。主要包括配料、拌料机械设备、装瓶（袋）设备、高效灭菌设备、接种设备、培养栽培环境调控设备、采收包装设备和采后清理设备等，草腐菌生产还应包括栽培料发酵处理设施、设备。高效、稳定的工厂化生产设备是食用菌工厂化生产正常运作和取得成功的物质关键，食用菌工艺装备的不断更新，是提高生产效益的关键，因此，先进实用的工厂化生产设施设备的不断突破创新和开发应用，是食用菌工厂化生产发展的核心推动力。

2. 食用菌工厂化生产的管理体系

分三个层次建立标准化的生产管理体系。

（1）抓产品标准化。建立产品的企业标准，包括从菌种、原材料一直到产品包装出厂、运输、上货架的整个生产过程的规范要求。与此同时，还要相应制定保证产品达到标准的三套文件，即生产工艺、操作规程及卫生防疫制度。企业标准要坚持高起点，不仅以国内行业标准为基础，而且尽量与国际先进标准接轨。

（2）抓工作标准化。使标准化生产工艺得到切实执行，用工作标准化来保证产品标准化。重点是抓培训，抓过程，抓反馈，整个生产环节始终处于符合标准要求的稳定可靠状态。

（3）抓管理标准化。建立 ISO 9001—2000 质量管理体系和 HACCP 食品安全体系，强调满足顾客的需求，并争取以超越顾客期望作为管理原则，变传统的监督管理模式为自主管理模式，变产品的事后检验为对危害的源头控制。

三、食用菌工厂化生产需要注意的一些问题

1. 注意投资和效益的关系

食用菌工厂化生产一次性投入的资金较为大，让一些人望而却步。所以要对食用菌工厂化生产有一个清楚的认知。这是一个长期的投资效益与短期的投资效益的关系。像工厂化生产经过仔细的核算，其实生产成本是大幅度的降低。从长远利益看，设备改造产生的效益是非常可观的。

2. 注意对市场的调研

随着社会的发展，人们的生活水平不断的提高，消费者面对市场上的食用菌需求也是不断的变化。想要更深入的了解食用菌市场，还要去对当地及周边的城市人口数及居民年收入的水平、饮食的习惯、消费群体的比例、人们对不同菇类的认知程度、一般的农产品批发价格和零售价格差价以及周边同类产品的生产规模调查分析，以便权衡而利弊，把握市场机会。

3. 注重对员工的培训

食用菌工厂化生产是一项综合的农业高新技术系统工程，必须要有一支集食用菌、工程设备及管理的专业技术队伍。一个成功的食用菌企业生产管理，从原材料购进再到菌种的引进、生产、脚料的调制、制袋、接种、灭菌、育菇管理、培养室的管理、采摘、包装及贮藏等都在严谨、有序的管理中进行。目前还没有什么专科学校培养出成批的人才可供选用。而现在招聘的单一性技术员也是来自不同地方、不同文化和技术水平、不同从业经历等，他们的时间观念和集体观念均是不能马上适应新的工厂化设施的栽培。所以企业要培训技术人员和观念教育，来适应不断发展的食用菌产业。

第九章 “张杂谷”高效栽培技术

第一节 概述

谷子起源于我国黄河流域，自古以来就是我国北方一些地区的重要粮食作物，是我国传统的民族作物，在北方位居五谷（谷、黍、麻、麦、豆）之首。谷草又是大牲畜（骡马）的主要饲料。小米中的营养成分种类齐全、含量丰富、搭配合理、吸收率高，是一种营养丰富、兼有食疗保健作用的食品。小米入药，具有健脾养胃、和中益肾、清热解毒、止消渴、利小便之功效；同时，作为轻工业原料还可制醋、制糖、制酒等。谷糠还是制造谷维素的原料。

张家口市农业科学院科研人员历经30多年不懈努力，研究成功光（温）敏两系“张杂谷”系列杂交谷子，填补了世界空白。杂交谷子具有节水抗旱、高产优质、抗逆省工等显著优势，对粮食安全、水安全具有战略性重大意义，目前在全国14个省区累计推广800万亩，在非洲的埃塞俄比亚等国家试种成功，引起国务院总理温家宝和联合国粮农组织高度关注。

一、“张杂谷”在国民经济中的意义

两系光（温）敏杂交谷子研究成功，是谷子杂种优势利用研究的里程碑，进一步提升了我国农业科技在国际上的地位。6项成果国际领先，具有完全自主的知识产权。杂交谷子研究成功和生产实践证明，杂交谷子是继杂交水稻之后，我国又一项在国际上确立优势地位的农业科技成果，中国已成为世界杂交谷子的发源地，开始走向世界。

杂交谷子具有节水、抗旱、耐瘠、抗病、省工等特点，是完全符合现代农业要求的。我国干旱地区国土国面积占2/3，人均水资源只有世界平均水平的1/4。实践证明，年降水400毫米旱地杂交谷亩产400～600千克，毫米降水生产能力

1～1.5 千克，我国旱地其他作物平均只有 0.5 千克。种植杂交谷子是节约型农业新措施。

解放初期我国的谷子面积 1.5 亿亩，因没有杂交种，长期是低产作物，现在只剩 2 000万亩左右。推广杂交谷子后，我国北方如能恢复到 1 亿亩，每亩最少增产 100 千克，可增产 100 亿千克粮食，占全国增“千亿斤粮食计划”的 20%。杂交谷子将为国家粮食安全提供技术支撑，做出积极贡献。

种植谷子的地区多数为丘陵山区贫困地方，种植杂交谷子是一项投资少、见效快、简便易行的新的扶贫措施，杂交谷子亩产千斤，收入超千元，每人种 1 亩杂交谷子就可脱贫，种 10 亩就能致富。大力发展杂交谷子，将在扶贫光彩事业中发挥重要作用。

二、我国谷子的分布

谷子原产于我国，是世界栽培历史最悠久的作物之一，也是我国最古老的栽培植物之一。谷子最初从中国传至朝鲜、日本，而后渐渐传播到世界各地。目前，谷子在世界上分布很广，从南纬 40 °至北纬 61 °，从平原到号称“世界屋脊”的西藏高原都有它的踪迹。我国谷子种植面积与总产均居全球第 1 位，占世界的 90%，其次为印度、朝鲜、日本、埃及、俄罗斯、阿根廷等国家。全世界谷子总面积为 11 亿亩，平均单产 45 千克多。最高的是埃及，为 259 千克。我国谷子的栽培分布在 23 个省区黑龙江、吉林、辽宁、内蒙古、河北、山西、陕西、甘肃、河南、山东、北京、天津等省、自治区、直辖市的谷子种植面积约占总面积的 95%。所以谷子产业的兴衰对我国农业的发展有着及其重要的作用。

“张杂谷”经过十余年的示范，目前已遍布山西、内蒙古自治区、河北、陕西、甘肃、宁夏回族自治区、辽宁、吉林、黑龙江、山东、河南、北京、天津、新疆维吾尔自治区等省区市，尤其是长城沿线干旱半干旱地区。

三、张家口地区“张杂谷”发展优势

“张杂谷”由张家口市农科院选育而成，目前已形成适于不同熟期、春夏播、水旱地的系列品种格局，是春播区杂交制种基地。张家口地区非常适宜谷子的科研与生产，全市常年谷子种植面积 90 万亩左右，坝下各县都有种植。2007 年张家口市下花园区定方水乡武家庄村水浇地种植 320 亩“张杂谷 5 号”平均亩产 650 千克，最高亩产 811.9 千克，创造了世界谷子的高产纪录。

1. 自然条件优势

张家口地处河北省西北部长城沿线，属东亚大陆性季风气候，年均降水量350~600毫米，且雨季和干季相当分明，为干旱半干旱地区。光能资源丰富，为全省之冠，在全国也属偏高地区，气温较差大是张家口热量资源一大优势。农田耕地70%以上为旱地，低山丘陵凉温中熟作物区≥10℃积温为2 200~3 000℃，非常适宜“张杂谷”的种植。

2. 科研技术优势

由于张家口坝下特殊的自然条件和杂粮产区优势，历史上的贡米“桃花米”就产于蔚县，所以张家口市农业科学院前身之一的坝下农业科学研究所成立于1940年，一直从事谷子研究并开展“南繁北育”，曾设立两个谷子研究室。现张家口市农业科学院谷子研究团队在谷子杂种优势利用研究中，取得具有国际先进水平成果6项，并建有“河北省杂交谷子工程技术研究中心”、海南南繁固定科研基地等。20世纪90年代选育出的“冀张谷5号”（8311）优质米谷子品种多年来深受市场欢迎。

3. 政策保障优势

2009年6月1日，联合国粮农组织总干事雅克·迪乌夫专程到张家口考察杂交谷子，表示要将杂交谷子作物中国政府与粮农组织“南南合作”的核心项目在全球推广，并建议成立“国际杂交谷子培训中心”。2010年3月全国两会上温家宝总理对杂交谷子研发成果给予了充分肯定，表示越发展越好。科技部、农业部、发改委等国家部委都先后给予了立项支持，省人大、省发改委、省扶贫办、省科技厅、省农业厅的领导都先后现场参观了杂交谷子示范田并给予了支持，张家口市主要领导召集相关部门多次召开专题会议，制定优惠扶持政策，商讨“张杂谷”发展大计。

张家口市农业科学院联合河北省农业产业化重点龙头企业宣化巡天种业新技术有限责任公司，打造春播区“张杂谷”市场；联合巨鹿治海科技打造夏播区“张杂谷”市场。借助企业种子运营模式，极大地促进了“张杂谷”制种及其产业化进程；联合怀来华宇食品有限公司打开了北京物美超市的“张杂谷”小米销售渠道，联合怀来北宗黄酒酿造有限公司成功开发出以“张杂谷”小米为原料的清爽型黄酒，生产线全部投产后每年可消化杂交谷子5万吨以上。大力推进杂交谷子产业发展，大有可为。

第二节 杂交谷子实用栽培技术

谷子原产于我国，是我国北方地区的重要粮食作物。谷子是典型的耐旱作物。张家口市农业科学院利用谷子光温敏不育两系法研究育成世界上第一批谷子杂交种“张杂谷”系列（1~10号）9个杂交种，谷子杂交种与常规种比增产幅度在20%以上，亩增产100~150千克，最高亩产800千克以上。

1. 品种选择

目前种植面积较大的品种主要为“张杂谷3号、5号和8号”，其中“张杂谷3号”生育期115天，适合在华北、西北、东北地区≥10℃积温2 600℃以上春播地区推广应用，为当前河北、山西、内蒙等地丘陵坡梁旱地的主栽品种。“张杂谷5号”生育期125天，适宜在以上区域≥10℃积温2 800℃以上地区有水浇条件的地带种植。“张杂谷8号”夏播生育期90天，适于黄淮海地带的夏播区，目前河北省邢台市播种面积较大。

2. 选地与倒茬

杂交谷子增产潜力大，要充分发挥它的增产潜力，应选择地势高燥、通风透光、排水良好、易耕作和疏松肥沃的沙性壤土为好。谷子忌重茬，应年年倒茬，以豆类、薯类和玉米等前茬为好。

3. 精细整地

在上茬作物收获后应及时进行秋耕地，秋季深耕可以熟化土壤，改善土壤结构，增强保水能力，可接纳更多的秋冬降水，对来年增强苗期抗旱具有重要意义，秋深耕一般20厘米以上，耕后耙耱，减少土壤水分蒸发。结合秋深耕最好一次施入基肥，亩施农家肥3 000~5 000千克、磷酸二铵或氮磷钾复合肥15~20千克，施肥深度以15~20厘米效果为佳。风砂地、土壤过干和秋雨少的地不宜秋耕，可进行浅耕灭茬保墒，来年春耕。春季整地要做好耙耱、浅犁、镇压保墒工作。

4. 适期播种

根据土壤墒情选择适宜品种，5月上中旬趁墒播种。每亩用种量0.5~1.0千克，播种深度2~3厘米，春季风大、旱情重的地方播种不宜过浅，播后及时镇压，使种子紧贴土壤，以利种子吸水发芽。一般春播地区播深为3~4厘米，夏播播深为2~3厘米。行距25~33厘米。播种方式：人工撒播，先开沟，顺沟撒籽，然后覆土镇压；耧播一般用三腿耧或双腿耧播种，随后镇压；机播采用杂交谷子专用播种机，同时镇压。采用机播方式下籽匀、保墒好、出苗齐、工效高。

5. 田间管理

（1）间苗。间苗时间以4~5叶期为好。留苗密度因地区、地力、品种不同而异，由于杂交谷子分蘖力强，秆粗穗大，应适度稀植，春播区的适宜留苗密度：中上等肥力的耕地1.0万~1.2万株/亩（行距33厘米，株距17~20厘米），下等肥力的耕地0.8万~1.0万株/亩（行距33厘米，株距20~23厘米）。夏播区的适宜留苗密度为2万~3万株/亩（行距33厘米，株距6.5~10厘米）。

（2）假杂交苗的剔除。杂交谷子种子为杂交种与自交种的混合种，因此在生产上要结合间苗予以去除，由于杂交苗与自交苗在苗色上的区别，绿苗为真杂交苗，黄苗为假杂交苗，可以人工去除，还可利用杂交苗具有抗除草剂的性能，用化学法剔除。化学剔除，可在谷苗长到3~5片叶子时，选用谷子专用间苗除草剂，按使用要求均匀喷到谷苗和杂草上，杀死假杂交苗和单子叶杂草。人工拔除，在谷苗5~6叶期，结合中耕除草一块进行，手工拔掉黄苗。

（3）追肥浇水。杂交谷子增产潜力大，要求生育期内肥水供应充足。春播区，结合浇水在拔节期和抽穗前各追施尿素20千克/亩。夏播区，氮肥施用要前轻后重。定苗后亩追4~5千克尿素作为提苗肥；拔节期结合深中耕亩追尿素5~7.5千克，二铵复合肥10~15千克，钾肥10~15千克。抽穗前亩追尿素15~17千克。有灌溉条件的，应注意浇孕穗水和灌浆水。孕穗水以抽穗前至抽穗10~15天灌水最为关键，此时缺水易形成卡脖旱，严重影响结实率。灌浆期灌水可以延长根系与叶片的活力，提高粒重。

（4）中耕除草。中耕管理在幼苗期、拔节期和孕穗期进行，一般2~3次。第一次中耕，以定苗除草为主；第二、第三次中耕，除草同时进行培土，以破除土壤板结，提高通透性，有利于接纳雨水，促进根系发育，防止倒伏。在谷苗3~5叶期，选用专用间苗除草剂，灭除谷子假杂交苗和单、双子叶杂草。如果出苗不均匀，苗少的地方少喷或不喷。

（5）防治病虫鸟害。杂交谷子也易受到病虫害的威胁而造成减产，为了保证谷子丰产，必须在搞好栽培管理的同时，注意防治病虫害。高温、高湿天气注意防治谷瘟病。干旱年份注意防治谷灰螟。小面积种植注意防治鸟害。

6. 适时收获

收获期一般在腊熟末期或完熟期最好。收获过早，籽粒不饱满，谷粒含水量高，出谷率低，产量和品质下降；收获过迟，茎秆干枯，穗码干脆，落粒严重。如遇雨则生芽，使品质下降。谷子脱粒后应及时晾晒。

7. 不能留种

同玉米杂交种一样，杂交谷子只能种一代，不能留种，否则，由于自然混杂、分离和退化，将严重影响产量。

附：张杂谷”系列品种专用除草剂使用方法

种植“张杂谷”系列品种，使用我公司提供的专用除草剂。本制剂是灰白色可湿性粉。为高效、低毒、内吸的选择性除草剂，对谷子安全，可有效防除谷田中常见的一年生单、双叶杂草，如马唐、稗草、狗尾草、牛筋草、马齿苋、反枝苋、藜等。

应用作物：夏播谷子、春播谷子。

药用时期：夏播谷子：播后苗前土壤喷施；春播谷子：播后苗前土壤喷施，或者在谷苗 3 ~ 5 叶期间苗后杂草未出土前茎叶处理。

剂量及方法：

本品净含量 140 克，一般为每亩用量。每袋内装 3 小袋，每小袋加水 12 千克（1 喷雾器）喷 0. 33 亩。先用水把药稀释成糊状，再加水搅拌均匀喷施于地表，施药时，喷头距地面 25 厘米左右，保证喷严喷湿，以便地表形成药膜，封闭地面，保证除草效果。

注意事项：

夏播谷子：前茬白地等雨播种，雨后最好翻地再播种、施药；前茬为小麦的，宜灭茬后播种、施药。后茬慎种阔叶作物。

春播谷子：要根据当地实际情况，如果杂草与谷苗同时出土，应播后苗前土壤喷施；如果杂草出土迟于谷苗，应在谷苗 3 ~ 5 叶后土壤喷施。切忌在种子顶土时施用。

本品适用“张杂谷”系列品种，其他谷子请先试验后作用。谷苗出土时对该药剂最敏感，禁止施药。

宜在土壤墒情较好地条件下施药，土壤墒情差会降低药效。

严格按规定剂量使用，不准随意增减用药量，喷药要均匀，不重喷、不漏喷。

本药剂低毒、无气味，操作工作完毕后洗涮用具，并用肥皂洗手、洗脸。

施药后 35 天内勿破坏土层，否则影响药效。

在谷子生育期内只能使用本品一次。

宣化巡天种业新技术有限责任公司

第十章　奶牛和肉羊高产高效养殖技术

第一节　中国及河北省畜牧业生产概况

一、中国的主要畜产品在世界上的排位

2010年全国肉类、禽蛋和牛奶总产量分别为7 925.8万吨、2 762.7万吨和3 575.6万吨，牧业产值20 825.7亿元，占农林牧渔业总产值的30%。

2007年肉类总产量：世界28 571.6万吨，中国6 865.7万吨，排名第1，美国4 180.9万吨，排名第2。

其中猪肉：世界11 545.4万吨，中国第1，4 287.8万吨，美国第2，995.3万吨。

羊肉：世界1 403.9万吨，中国第1，382.6万吨，印度第2，77.0万吨。

牛肉：世界6 508.3万吨，美国第1，1 204.4万吨，中国第3，613.4万吨。

禽肉：世界8 677.2万吨，美国第1，1 948.1万吨，中国第2，1 447.6万吨。

鸡蛋总产量：世界6 275.0万吨，中国第1，2 584.5万吨，占世界的41.31%。

牛奶总产量：世界56 048.7万吨，美国第1，8 418.9万吨，中国第3，3 555.8万吨。

农业部监测，2010年出栏一头肥猪全年平均净利润115.34元；饲养一头奶牛平均净利润4 304.72元；规模化饲养每只蛋鸡平均净利润12.49元；每只肉鸡净利润2.44元。成本利润率：奶牛36.29%、猪9.53%、蛋鸡9.62%、肉鸡11.30%。

2010年12月全国畜产品、饲料原料、配合饲料平均价格（元/千克）：猪肉21.94、鸡蛋9.63、牛肉35.07、牛奶3.18、羊肉37.70、绵羊毛9.70、玉米2.12、小麦麸1.69、进口鱼粉10.66、育肥猪配合饲料2.81、肉鸡配合饲料

2.96、蛋鸡配合饲料2.70。

2010年全国商品饲料总产量16 201万吨，其中配合饲料12 974万吨、浓缩饲料2 648万吨、添加剂预混合饲料579万吨、猪饲料5 947万吨、蛋禽饲料3 008万吨、肉禽饲料4 735万吨、水产饲料1 502万吨、反刍动物饲料728万吨。

二、河北省在全国主要畜产品中的排位

2010年河北省主要畜产品产量在全国各省（自治区）的排序：

禽蛋：全国2 762.74万吨，河南第1，385.59万吨、山东第2，384.28万吨、河北第3，339.08万吨。

牛肉：全国653.07万吨，河南第1，83.05万吨、山东第2，68.66万吨、河北第3，56.83万吨。

牛奶：全国3 575.62万吨，内蒙古自治区第1，905.18万吨、黑龙江第2，552.49万吨、河北第3，439.76万吨。

羊肉：全国398.86万吨，内蒙古自治区第1，89.20万吨、新疆维吾尔自治区第2，46.95万吨、河北第4，29.31万吨。

猪肉：全国5 071.24万吨，四川第1，492.21万吨、湖南第2，412.41万吨、河北第6，245万吨。

禽肉：全国1 656.08万吨，山东第1，238.85万吨、广东第2，152.99万吨、河北第8，69.88万吨。

第二节　奶牛高产高效生产技术

一、中国的奶牛业具有较大的发展潜力

（一）我国的奶牛业近年来得到了快速发展

自1980年以来我国奶牛业的基本发展情况见表10－1。

表10－1　中国奶牛业发展情况简况

年代	存栏数（万头）	牛奶总产（万吨）	平均单产（千克）	人均占有牛奶（千克）
1980	64.1	114.1	2 967	1.16
1990	269.1	415.7	2 575	3.64

（续表）

年代	存栏数（万头）	牛奶总产（万吨）	平均单产（千克）	人均占有牛奶（千克）
2000	488.7	827.4	2 822	6.49
2005	1 216.0	2 865.0		20.04
2010	1 420.7	3 575.6		26.66

2000—2010 年，我国奶牛存栏总数增加了 190.7%，牛奶总产量增加了 332.1%，人均占有牛奶增加了 310.8%。

2010 年我国奶牛存栏头数居前 5 名的省份依次分别为：内蒙古自治区 292.50 万头、黑龙江 205.40 万头、河北 180.79 万头、河南 98.50 万头、山东 93.32 万头。牛奶总产量前 5 名排名位次仍为：内蒙古自治区 905.18 万吨、黑龙江 552.49 万吨、河北 439.76 万吨、河南 290.91 万吨和山东 253.05 万吨。

2010 年全国及河北省奶牛养殖规模状况比较见表 10－2。河北省奶牛规模饲养程度远高于全国平均水平，年存栏 500～900 头及 1 000头以上奶牛场饲养的奶牛数占存栏总数的比例分别为全国平均值的 3.8 倍和 2.59 倍。

表 10－2　全国及河北省奶牛养殖规模比较

	全国		河北省	
	年存栏数（头）	所占比例（%）	年存栏数（头）	所占比例（%）
年存栏数 1～4 头	4 339 471	26.42	58 375	3.29
年存栏数 5～9 头	2 429 729	14.79	49 394	2.78
年存栏数 10～19 头	2 021 393	12.30	146 719	8.26
年存栏数 20～49 头	1 577 586	9.60	91 703	5.17
年存栏数 50～99 头	1 028 468	6.26	74 441	4.19
年存栏数 100～199 头	674 988	4.11	63 310	3.57
年存栏数 200～499 头	1 164 795	7.09	205 069	11.55
年存栏数 500～999 头	1 475 398	8.98	605 911	34.13
年存栏数 1 000 头以上	1 716 073	10.45	480 231	27.05

2008 年张家口市共有纯种奶牛 29.55 万头，其中成年母牛 18.66 万头，还有杂交奶牛 9.73 万头，其中成年母牛 6.58 万头。有 1 000头以上的奶牛场 5 个，

500～999 头的奶牛场 16 个。

（二）与世界奶牛业相比差距较大

中国的奶牛业生产与世界发达国家相比在奶牛存栏数、牛奶总产量、奶牛单产、人均占有奶量等方面都存在较大的差距（表 10－3，表 10－4）。

表 10－3　我国奶牛生产与世界水平比较

国别	奶牛存栏（万头）	牛奶总产（万吨）	平均单产（千克）	人均占有量（千克，2001）
中国（2003）	700.7	1 434	2 045.8	11.21
世界（2003）	23 413	50 685	2 164.8	96.5
发达国家（2003）	7 402.5	34 581	4 671.5	263.9
发展中国家（2003）	16 011	16 104	1 005.8	30.4

表 10－4　世界奶牛生产水平居前五名的国家（2003 年）

奶牛存栏（万头）	全世界	印度	巴西	俄罗斯	美国	巴基斯坦
	23 413	3 880	2 000	1 200	908	730
总产奶量（万吨）	全世界	美国	印度	俄罗斯	德国	法国
	50 685	7 725	3 650	3 280	2 835	2 461
头均产奶（千克）	全世界	以色列	韩国	美国	沙特	瑞典
	2 165	10 400	9 870	8 504	8 404	7 905
人均占有（千克，2001）	全世界	新西兰	爱尔兰	丹麦	荷兰	澳洲
	96.5	3 456	1 392	854	709	562

通过以上数据看，我国奶牛业和国外比较的最大差异表现在：①奶牛存栏数少，我国各类牛的存栏总数（2010 年10 626.41万头）居世界第三位，仅次于印度和巴西。占全世界总存栏数（13.7 亿头）的 9.75%，但奶牛占全世界奶牛总数的 2.2%。我国每 107 人（2010 年为每 94 人）有 1 头奶牛，还不全是良种奶牛，美国每 33 人有 1 头良种奶牛；②奶牛产奶量低，2003 年我国成年奶牛的平均产奶量仅为2 045.8千克，低于世界的平均水平2 164.8千克，而以色列全国的平均值是 10 400 千克；③牛奶人均占有量低，2003 年我国人均牛奶占有量为 11.21 千克（2010 年为 26.66 千克），世界的平均水平为 96.5 千克，新西兰此时为3 456千克。

（三）我国的奶牛业发展前景广阔

近十几年世界发达国家由于牛奶需求稳定，其奶牛业发展平稳，奶牛数量保持相对稳定，甚至有所降低，但奶牛的单产进一步提高（表 10－5）。欧盟早在 20 年前就已经实施牛奶生产配额计划，避免牛奶产量过剩。

表 10－5　2001—2004 年美国的奶牛产奶量

年份	成乳牛数（万吨）	总产奶量（万吨）	平均产奶量（千克）	人均占有量（千克）
2001	911.4	7 511.7	8 241	267
2002	914.4	7 707.2	8 431	267
2003	908.4	7 732.3	8 512	266
2004	901.0	7 754.3	8 606	264

我国的奶牛业目前仍处于快速扩增时期，随着我国民众食用鲜奶及奶制品的习惯的逐步建立，牛奶的需求量在大幅增加，牛奶的价格稳步增长，奶牛业经济效益可观。奶牛是草食动物，饲草在奶牛的日粮所占比例较大，我国饲草资源丰富，每年还有 5 亿吨的农作物秸秆，为奶牛的发展提供了饲料基础。全国各地在不断新建、扩建奶牛场（表 10－6）。

表 10－6　2000—2007 年我国进口奶牛基本情况

年份	2000	2001	2002	2003	2004	2005	2006	2007
进口奶牛数（头）	581	2 775	11 429	50 007	113 000	49 600	15 100	14 700
进口额（万美元）	—	—	—	—	—	7 430	2 430	2 898
平均每头（元）	—	—	—	—	—	11 900	12 800	15 700

二、如何获得优良的奶牛

近 20 年来，荷斯坦牛由于其广泛的适应性和无与伦比的高产性能而成为世界奶牛生产的主要品种，大多数国家的荷斯坦牛已占奶牛总数的 90% 以上，并有不断增加的趋势。1997 年一头名为 Muranda Oscar Lucinda-ET 的奶牛创造了年产奶量的世界纪录，305 天产奶30 833千克，美国加州的一头奶牛创造了终生产奶量记录，在泌乳的 4 796天内共产奶189 000千克。饲养优良奶牛是取得高的产奶量和经济效益的必要条件。但如何得到好的奶牛是限制我国奶牛业快速发展的瓶颈。

解决的途径主要通过以下3条：一是买，从国内和国外购买。由于欧盟和北美等国家对我国的奶牛出口采取限制措施，近些年我国进口的奶牛多来自澳大利亚和新西兰，但其并非世界优良奶牛的主要产地。如何才能确定所购买的奶牛是优良奶牛呢？可以查看产奶记录，如果没有产奶记录，就只能通过外貌鉴定。如果购买的是青年奶牛，可以查阅系谱记录，再结合生长发育情况进行初步判断。现在也有的购买国外优良的奶牛胚胎，通过胚胎移植技术发育优良奶牛。二是繁，加快国内优良奶牛的繁殖速度。奶牛的繁殖特性决定了其扩增的速度较慢，要想是优良奶牛的数量翻倍大概需要6~8年，因此优良奶牛的超数排卵、胚胎分割、性别鉴定、胚胎移植技术得到了大力发展。三是改，对我国现有的黄牛进行杂交改良。我国的黄牛数量有1亿头，对其中的部分黄牛与优良的奶牛进行级进杂交，是扩大奶牛规模的有效方法，但也需要较长的时间和较多的经费。

三、奶牛高产高效生产技术

（一）影响奶牛产奶量与乳成分的主要因素

1. 遗传因素（品种与个体）

2. 饲养管理

奶牛产奶量的遗传力只有0.25~0.30，也就是说母牛产奶量的高低有70%~75%是由环境因素造成的，而环境因素中对产奶量影响最大的是饲养管理条件。

3. 产犊季节与环境温度

一般来言，以冬季和早春产犊最好，春秋季次之，最不好的季节是夏季（7、8月）。

4. 年龄与胎次

黑白花奶牛一般在2~2.5岁产头胎并开始产奶，此时其身体尚未完全发育成熟，随着胎次的增加，机体逐渐发育成熟，产奶量也随之增加而达到高峰，随后又随着机体的衰老而逐渐下降。

第一胎的产奶量相当于第五胎产奶量的70%。

第二胎的产奶量相当于第五胎产奶量的80%。

第三胎的产奶量相当于第五胎产奶量的90%。

第四胎的产奶量相当于第五胎产奶量的95%。

5. 产犊间隔

奶牛最理想的情况是年产一胎，泌乳 10 个月，干奶 2 个月，干奶期间使母牛体况得以恢复，乳腺组织得以休整。如果母牛产后不能按时配种，不能及时干奶，泌乳期拖得太长，就会影响下一个泌乳期的产奶量，同时影响其繁殖成绩。

6. 泌乳月龄

在同一泌乳期不同泌乳月的奶产量和乳成分也有变化，一般泌乳初期产奶量低，以后逐渐升高，60 天左右达到高峰，维持 2～3 个月，之后逐渐下降。

7. 干奶期长短

母牛在妊娠的最后两个月前后为了保证胎儿的正常发育和使其在 10 个月的泌乳后得到休息，更新乳腺泡，要进行干奶。

合适的干奶期为 45～75（60）天，如果干奶期过短，牛的体况得不到很好的恢复，乳腺泡得不到很好的更新，会使下一个泌乳期的产奶量降低，如果干奶期过长，乳腺泡会发生萎缩，同样会影响下一个泌乳期的产奶量。

8. 挤奶次数与挤奶技术

（1）在乳腺中奶的合成与分泌速度是与乳房内压成反比的。奶在乳腺中积存的越多，造成乳房内压越高，奶的分泌速度就越慢，及时将乳房内的奶挤出来，减低乳房内压，可促进乳的合成与分泌，提高产奶量。

（2）增加挤奶次数会增加劳动强度和人工成本，因而挤奶次数不可能无限制地提高，我国目前多采取每日 3 次挤奶的体制。

（3）奶的分泌与排出受神经体液的调节，科学熟练的挤奶技术，可刺激乳的分泌与排出，提高产奶量。

（二）犊牛的饲养管理

1. 奶牛生理阶段的划分

（1）犊牛。出生到 6 月龄。

（2）育成牛。7 月龄到初次配种受胎（14～18 月龄）。

（3）青年牛。初次配种受胎到初次产犊（24～28 月龄）。

（4）成年牛。初次产犊以后。

2. 犊牛的特点

（1）犊牛经历了从母体子宫环境到体外自然环境，由靠母乳生存到靠采食植物性为主的饲料生存，由反刍前到反刍的巨大生理环境的转变，各器官系统尚未发育完善，抵抗力低，易患病。

（2）犊牛处于器官系统的发育时期，良好的培养条件可为其将来的高生产性能打下基础，如果饲养管理不当，可造成生长发育受阻，影响终生的生产性能。

3. 犊牛的饲养

（1）犊牛的哺乳期与哺乳量。犊牛的哺乳期一般为 2 ~ 3 个月左右。哺乳量为 300 ~ 400 千克。缩短哺乳期、减少哺乳量可降低犊牛的培育成本，结合适宜的饲喂措施可促进犊牛消化系统发育。

（2）犊牛的喂奶方法。犊牛的喂奶方法基本有两种，即用桶喂和用带乳头的哺乳壶喂。奶温应在 38 ~ 40℃，并定时定量。喂奶速度一定要慢，每次喂奶时间应在 1 分钟以上，以避免喂奶过快而造成部分乳汁流入瘤网胃，引起消化不良。

（3）犊牛的断奶。初乳期为 4 ~ 7 天，初乳是母牛产犊后 5 ~ 7 天内所分泌的与常乳相比有许多突出的特点，对新生犊牛具有特殊意义。初乳干物质含量高，尤其蛋白质、胡萝卜素、维生素 A 和免疫球蛋白含量是常乳的几倍至十几倍。初乳酸度高，含有镁盐、溶菌酶和 K – 抗原凝集素。根据规定的时间和喂量正确饲喂初乳，对保证新生犊牛的健康是非常重要的。犊牛应在出生后 1 小时内吃到初乳，而且越早越好。第一次初乳的喂量应为 1.5 ~ 2.0 千克，以后可随犊牛食欲的增加而逐渐提高。一般初乳日喂量为犊牛体重的 8% 左右，初乳温度为 35 ~ 38℃，每日喂 3 次，喂后 1 ~ 2 小时饮温开水一次。

初乳期过后转为常乳饲喂，日喂量为犊牛体重的 10% 左右，日喂两次。

初乳期过后开始训练犊牛采食饲草，根据采食情况逐渐降低犊牛喂奶量，当饲草的采食量达到一定量时即可断奶。

4. 犊牛的管理

（1）哺乳。哺乳用具要严格清洗消毒。每次喂完奶后用干净毛巾把犊牛口鼻周围残留的乳汁擦干，以免犊牛互相乱舔，养成舔癖，传染疾病。

（2）犊牛栏。犊牛出生后应及时放入户外犊牛栏内，每牛一栏隔离管理。断奶后转入犊牛舍犊牛栏中集中管理。犊牛栏应定期洗刷消毒，勤换垫料，保持干燥，空气清新，阳光充足，并注意保温。

（3）运动。在夏季犊牛生后 3 ~ 5 天，冬季犊牛生后 10 天即可将其赶到户外运动场，每天 0.5 ~ 1.0 小时。1 月后每日 2 ~ 3 小时，上、下午各一次。运动可锻炼犊牛体质，增进健康，促进血液循环和维生素 D 的合成，阳光中的紫外线具有杀菌作用。

（4）刷拭。刷拭可保持犊牛身体清洁，防止体表寄生虫的滋生，促进皮肤血液循环，增强皮肤代谢，促进生长发育，同时可使犊牛养成驯顺的性格。应每天对犊牛刷拭1～2次。

（5）饲料和饮水。犊牛所用的饲料不但要营养全面，而且质量要好。精料的采食量一般不宜超过2.0千克/日，其余用优质粗饲料来满足营养需要。保证充足的清洁饮水。

（6）去角。牛去角后易于管理。去角应在犊牛出生后7～10日进行，有两种方法：用苛性钠碱棒腐蚀和用烙铁烧烙。

（7）编号、称重、记录。犊牛出生后应称出生重，对犊牛进行编号，对其毛色花片、外貌特征、出生日期、谱系等情况作详细记录。以便于管理和以后在育种工作中使用。

（8）预防疾病。犊牛期是牛发病率较高的时期，尤其是在生后的头几周。主要原因是犊牛抵抗力较差。此期的主要疾病是肺炎和下痢。肺炎最直接的致病原因是环境温度的骤变，预防的办法是做好保温工作。犊牛的下痢可分两种：①由于病原性微生物所造成的下痢，预防的办法主要是注意犊牛的哺乳卫生，哺乳用具要严格清洗消毒，犊牛栏也要保持良好的卫生条件。②营养性下痢，其预防办法为注意奶的喂量不要过多，温度不要过抵，代乳品的品质要合乎要求，饲料的品质要好。

（三）育成母牛的饲养管理

1. 育成母牛的主要特点

（1）育成母牛是体型、体重增长最快的时期，也是繁殖机能迅速发育并达到性成熟的时期。

（2）育成期饲养的主要目的是通过合理的饲养使其按时达到理想的体型、体重标准，按时配种受胎，并为其一生的高产打下良好的基础。

2. 7～12月龄母牛的饲养

（1）此期是达到生理上最高生长速度的时期，在饲料供给上应满足其快速生长的需要，避免生长发育受阻，以至影响其终生产奶潜力的发挥。

（2）虽然此期育成母牛已能较多地利用粗饲料，但在育成初期瘤胃容积有限，单靠粗饲料并不能完全满足其快速生长的需要，因而在日粮中补充一定数量的精料是必须的，一般每日每头牛1.5～3.0千克，视牛的大小和粗饲料的质量而定。

（3）粗饲料以优质干草为好，亦可用青绿饲料或青贮饲料替代部分干草，但替代量不宜过多。

3. 13 月龄至初配受胎母牛的饲养

此期育成母牛的消化器官已基本成熟，如果能吃到足够的优质粗饲料，基本上可满足其生长发育的营养需要，但如果粗饲料质量较差，应适当补充精料，精料给量以 1～3 千克/头·日为宜，视粗饲料的质量而定。

4. 育成母牛的管理

（1）7～12 月龄牛和 12 月龄到初配的牛均应分群饲养。

（2）母牛达 16～18 月龄，体重达 350～380 千克进行配种。

（3）育成母牛蹄质软，生长快，易磨损，应从 10 月龄开始于每年春秋两季各修蹄一次。

（4）保证每日有一定时间的户外运动，促进牛的发育和保持健康的体型，为提高其利用年限打下良好基础。

（四）青年母牛的饲养管理

1. 青年母牛的特点

青年母牛是指从初配受胎到分娩这段时期，胎儿的生长和乳腺的发育是其突出的特点，但是此时母牛尚未达到体成熟，身体的发育尚未完全停止。

在饲养管理上除了保证胎儿和乳腺的正常生长发育外，还要考虑母牛自身的生长与发育。

2. 青年母牛的饲养

母牛进入青年期后，生长速度变缓，在妊娠前期胎儿与母体子宫绝对重量增长不大，因而妊娠前半期的饲养应与育成母牛基本相同，以青粗饲料为主，视情况补充一定数量的精料。

在妊娠的第 6、第 7、第 8、第 9 个月，胎儿生长速度加快，所需营养增多，应提高饲养水平，提高精料给量，在保证胎儿生长发育的同时，使母牛适应高精料日粮，为产后泌乳时采食大量精料做好必要准备。但须避免母牛过肥，以免发生难产。

3. 青年母牛的管理

（1）加大运动量，以防止难产。

（2）防止驱赶运动，防止牛跑、跳，相互顶撞和在湿滑的路面行走，以免造成流产。

(3) 防止母牛吃发霉变质食物，防止母牛饮冰冻的水，避免长时间雨淋。

(4) 从妊娠第5~6个月开始到分娩前半个月为止，每日用温水清洗并按摩乳房一次，每次3~5分钟，以促进乳腺发育，并为以后挤奶打下良好基础。

(5) 计算好预产期，产前两周转入产房。

(五) 成年母牛的饲养管理

1. 几个基本概念

(1) 泌乳周期。青年母牛第一次产犊后成为成年母牛，开始了正常的周而复始的生产周期，称泌乳周期。一个完整的泌乳周期包括如下几个过程。

① 配种—妊娠—产犊：母牛一般在产犊后60~90天内配种受胎，妊娠期280天，从这次产犊到下次产犊大约相隔一年。

② 泌乳—干奶—泌乳：母牛产犊后即开始泌乳，在产犊前2个月停止产奶(称为干奶，多数要人为干预才能停奶)，产犊后又重新产奶，即在一年内母牛产奶305天，干奶60天。

(2) 泌乳阶段的划分。奶牛的一个泌乳周期包括两个主要部分，即泌乳期(约305天) 和干奶期 (约60天)。

在泌乳期中，奶牛的产奶量、采食量、体重呈一定的规律性变化，为了能根据这些变化规律进行科学的饲养管理，将泌乳期划分为3个不同的阶段：

① 泌乳早期：从产犊开始到第100天。

② 泌乳中期：从产后的第101天到第200天。

③ 泌乳后期：从产后的第201天到干奶。

(3) 母牛在整个泌乳周期中产奶量、进食量和体重的变化规律。

① 产奶量的变化规律：母牛产犊后产奶量迅速上升，6~10周达到高峰，维持一段后逐渐下降，每月下降2%~5%，干奶前2~3个月每月下降7%~8%。

② 采食量的变化规律：母牛产犊后进食量逐渐上升，产后4个月达到高峰，以后逐渐下降，干奶后下降加快，临产前达到最低点。

③ 体重的变化规律：由于母牛产犊后产奶量迅速上升，但进食量的上升速度没有产奶量上升速度快，食入的营养物质少于奶中排出的营养物质，造成体重下降。

泌乳高峰过后，母牛产奶量开始下降，而进食量仍在上升，在产后100天左右进食的营养物质与奶中排出的营养物质基本平衡，体重下降停止。

以后随着泌乳量的继续下降和采食量的继续上升，进食的营养物质超过奶中排出的营养物质，体重开始上升，在产后6~7个月体重恢复到产犊后的水平，以后母牛进食量虽然开始下降，但泌乳量下降较快，到第10泌乳月后干奶，因而体重仍继续上升，到产犊前达到体重的最高点。

2. 干奶期的饲养管理

（1）干奶的概念。为了保证母牛在妊娠后期体内胎儿的正常发育，为了使母牛在紧张的泌乳期后能有一充分的休息时间，使其体况得以恢复，乳腺得以修补与更新，在母牛妊娠的最后两个月采用人为的方法使母牛停止产奶，称为干奶。

（2）干奶的意义。

① 母牛妊娠后期，胎儿生长速度加快，胎儿大于一半的体重是在妊娠最后两个月增长的，需要大量营养。

② 随着妊娠后期胎儿的迅速生长，体积增大，占据腹腔，消化系统受压，消化能力降低。

③ 母牛经过10个月的泌乳期，各器官系统一直处于代谢的紧张状态，需要休息。

④ 母牛在泌乳早期会发生代谢负平衡，体重下降，需要恢复，并为下一泌乳期进行一定的储备。

⑤ 在10个月的泌乳期后，母牛的乳腺细胞需要一定时间进行修补与更新。

（3）干奶期的长度。实践证明，干奶期以50~70天为宜，平均为60天，过长过短都不好。

干奶期的长度应视母牛的具体情况而定，对于初产牛、年老牛、高产牛，体况较差的牛干奶期可适当延长一些（60~75天）；对于产奶量较低的牛，体况较好的牛干奶期可适当缩短（45~60天）。

（4）干奶方法。

① 在预定干奶期的前几天，开始变更母牛饲料，减少青草、青贮、块根等青饲料及多汁饲料的喂量，多喂干草，并适当限制饮水。

② 停止母牛的运动，停止用温水擦洗和按摩乳房。

③ 改变挤奶时间，减少挤奶次数，由每日3次改为每日2次，再由每日两次改为每日一次，由每日一次改为每两日一次，待日产奶量降至4~5千克时停止挤奶，整个过程需5~7天。

④ 在最后一次挤奶后，用消毒液对乳头进行消毒，向乳头内注入青霉素软膏，再用火棉胶将乳头封住，防止细菌由此侵入乳房引起乳房炎。

（5）干奶牛的饲养。

① 干奶前期的饲养：干奶前期指从干奶之日起至泌乳活动完全停止，乳房恢复正常为止。

此期的饲养目标是尽早使母牛停止泌乳活动，乳房恢复正常。

饲养原则为在满足母牛营养需要的前提下不用青绿多汁饲料和副料（啤酒糟、豆腐渣等），而以粗饲料为主，搭配一定精料。

② 干奶后期的饲养：干奶后期是从母牛泌乳活动完全停止，乳房恢复直到分娩。

饲养原则为母牛应有适当增重，使其在分娩前体况达到中等膘情。

日粮仍以粗饲料为主，搭配一定精料，精料给量视母牛体况而定。

在分娩前6周开始增加精料给量，体况差的牛早些，体况好的牛晚些，每头牛每周酌情增0.5～1.0千克，视母牛体况、食欲而定，其原则为使母牛日增重在500～600克。

③ 干奶期母牛日粮：干物质进食量为母牛体重的1.5%；日粮粗蛋白含量为10%～11%；日粮产奶净能含量1.4 NND/千克；日粮钙含量0.4%～0.6%；日粮磷含量0.3%～0.4%；日粮食盐含量0.3%；要注意胡萝卜素的补充；每日每头牛应喂给2.5～4.5千克长干草。

（6）干奶母牛的管理。

① 加强户外运动以防止肢蹄病和难产，并可促进维生素D的合成以防止产后瘫痪的发生。

② 避免剧烈运动以防止流产。

③ 冬季饮水水温应在10℃以上，不饮冰冻的水，不喂腐败发霉变质的饲料，以防止流产。

④ 加强干奶牛舍及运动场的环境卫生，有利于防止乳房炎的发生。

3. 围产期的饲养管理

围产期指奶牛临产前15天到产后15天这段时期。按传统的划分方法，临产前15天为干奶期，产后15天为泌乳早期。

在围产期除应注意干奶期和泌乳早期一般的饲养管理原则下，还应作好一些特殊的工作。

（1）围产前期的饲养管理。

① 预产期前 15 天母牛应转入产房，进行产前检查，随时注意观察母牛临产征候的出现，作好接产准备。

② 临产前 2～3 天日粮中适量加入麦麸以增加饲料的轻泻性，以防止便秘。

③ 日粮中适当补充维生素 A、维生素 D、维生素 E 和微量元素，对产后子宫的恢复，提高产后配种受胎率，降低乳房炎发病率，提高产奶量均具有良好作用。

④ 母牛临产前一周会发生乳房膨胀、水肿，如果情况严重应减少糟渣料的供给。

（2）围产后期的饲养管理。

① 母牛在分娩过程中体力消耗很大，损失大量水分，体力很差，因而分娩后的母牛应先喂给温热的麸皮盐水粥（麸皮 1～2 千克，食盐 0.1～0.15 千克，碳酸钙 0.05～0.10 千克，水 15～20 千克），以补充水分，促进体力恢复和胎衣的排出，并给予优质干草让其自由采食。

② 产后母牛消化机能较差，食欲不佳，因而产后第一天仍按产前日粮饲喂。从产后第二天起可根据母牛健康情况及食欲每日增加 0.5～1.5 千克精料，并注意饲料的适口性。控制青贮、块根、多汁料的供给。

③ 母牛产后应立即挤初乳饲喂犊牛。第一天只挤出够犊牛吃的奶量即可，第二天挤出乳房内奶的 1/3，第三天挤出 1/2，从第四天起可全部挤完。每次挤奶前应对乳房进行热敷和轻度按摩。

④ 注意母牛外阴部的消毒和环境的清洁干燥，防止产褥疾病的发生。

⑤ 加强母牛产后的监护，尤为注意胎衣的排出与否及完整程度，以便及时处理。

⑥ 夏季注意产房的通风与降温，冬季注意产房的保温与换气。

4. 泌乳早期的饲养

（1）泌乳早期的生理特点及饲养目标。尽快使母牛恢复消化机能和食欲，千方百计提高其采食量，缩小进食营养物质与乳中分泌营养物质之间的差距。

在提高母牛产奶量的同时，力争使母牛减重达到最小，避免由于过度减重所引发的酮病。把母牛减重控制在 0.5～0.6 千克/日以下。

（2）泌乳早期的饲养方法。产后第一天按产前日粮饲喂，第二天开始每日每头牛增加 0.5～1.0 千克精料，只要产奶量继续上升，精料给量就继续增加，直到产奶量不再上升为止。

（3）泌乳早期的饲养措施

① 多喂优质干草，最好在运动场中自由采食。青贮水分不要过高，否则应限量。

② 多喂精料，提高饲料能量浓度，必要时可在精料中加入保护性脂肪。日粮精粗比例可达60∶40到65∶35。

③ 为防止高精料日粮可能造成的瘤胃pH值下降，可在日粮中加入适量的碳酸氢钠和氧化镁。

④ 增加饲喂次数，由每日3次增加到每日4~5次。

⑤ 在日粮配合中增加非降解蛋白的比例。

5. 泌乳中期的饲养

饲养目标为尽量使母牛产奶量维持在较高水平，下降不要太快。

尽量维持泌乳早期的干物质进食量，以降低饲料的精粗比例和降低日粮的能量浓度来调节进食的营养物质量，日粮的精粗比例可降至50∶50或更低。

6. 泌乳后期的饲养

饲养目标除阻止产奶量下降过快外，要保证胎儿正常发育，并使母牛有一定的营养物质贮备，以备下一个泌乳早期使用，但不宜过肥，按时进行干奶。

在饲养上可进一步调低日粮的精粗比例，达30∶70到40∶60即可。

7. 泌乳期母牛的管理

（1）母牛产犊后应密切注意其子宫恢复情况，如发现炎症及时治疗，以免影响产后的发情与受胎。

（2）母牛在产犊两个月后如有正常发情即可配种，应密切观察发情情况，如发情不正常要及时处理。

（3）母牛在泌乳早期要密切注意其对饲料的消化情况，因此时采食精料较多，易发生消化代谢疾病，尤为注意瘤胃弛缓、酸中毒、酮病、乳房炎和产后瘫痪的监控。

（4）怀孕后期注意保胎，防止流产。

8. 挤奶方法与挤奶技术

（1）手工挤奶。在牛场规模较小，劳动力价格较低的情况下可采用手工挤奶。手工挤奶的缺点是效率低，工人劳动强度大，容易对牛奶造成污染。其优点是容易发现乳房的异常情况，及时处理。方法有拳握法（压榨法）和滑榨法。

（2）机器挤奶。机器挤奶的原理是利用挤奶机形成的真空，将乳房中的奶吸出。适于在牛场规模较大，劳动力成本较高的情况下使用。其优点：效率高，奶不易受到污染，工人劳动强度低。其缺点：乳房发生异常情况时不易及时发现，如机器质量差或机器发生故障时易对乳房造成损伤。

（3）挤奶技术与操作程序。

① 挤奶前用毛巾沾温水擦洗乳房，使乳房受到按摩和刺激，引起排乳反射。

② 迅速进行挤奶，中途不要停顿，争取在排乳反射结束前将奶挤完。

（4）挤奶的注意事项。

① 挤奶人员必须身体健康，工作服要干净，手要洗净，剪好指甲。

② 挤奶要定时定人定环境，环境要安静，操作要温和。

③ 挤奶前牛体特别是后躯要清洁。

④ 对于病牛，使用药物治疗的牛，乳房炎的牛所产的奶不能与正常奶混合。

⑤ 每次挤奶都要挤净。

⑥ 挤奶时密切注意乳房情况，及时发现乳房和乳的异常。

⑦ 挤奶机械应注意保持良好工作状态，管道及盛奶器具应认真清洗消毒。

第三节　肉羊养殖技术规范

一、华北肉羊优势产区肉羊生产现状

华北肉羊优势生产区内蒙古自治区的中东部及河北北部（华北片，2 个地市、10 县市）。属典型农牧交错带，其自然气候特点和草地资源决定了养羊业为其畜牧业的主体之一。自古以来，这一地区就是传统的养羊区，并以改良细毛羊为主。2010 年全国的羊只饲养总量为28 087. 89万只，其中内蒙古自治区5 277. 2万只居第一位，河北省 1 408. 6 万只占第七位，2010 年全国绵羊的饲养总量13 883. 87万只，其中内蒙古3 569万只居第一位，河北省 946. 37 万只占第六位。近年来羊毛价格低廉（2010 年为每千克 9. 70 元），农牧民饲养改良细毛羊效益差，而市场对羊肉的需求不断上升，价格平稳，因此肉羊生产逐渐成为发展热点。华北农牧交错带生态环境脆弱，草地退化、沙化日趋严重，草畜矛盾日益突出，为了保护自然资源和生态环境，该区域养羊方式应从自由放牧转为划区轮牧，并与舍饲半舍饲相结合。

目前，制约该区域肉羊生产的关键是一些科学技术没有很好地推广利用；良种覆盖率低，羊的个体和群体生产能力低；羊群结构不合理，当年羔羊出栏率低；羊肉品质较差等，进而影响了其羊肉产品在国内外市场的竞争力以及农业增效、农民增收。

根据这一地区生态条件以及市场对羊肉产品的需求，该区域养羊业发展的关键技术一是引进世界著名的优良肉毛兼用品种，杂交改良当地的细毛羊，并通过改变传统的配种时间和产羔时间、冬季暖棚保温、冬春舍饲、夏秋短期放牧肥育等综合措施，使杂交后代在保持和提高当地细毛羊羊毛产量和羊毛品质的基础上，提高产肉性能和母羊繁殖率；二是在规模较大的养殖区有计划的开展经济杂交，充分利用杂交优势，缩短出栏时间，增加羔羊肉在羊肉中的比例，提高羊肉产品的优质率；实现杂交肉羊生产化，母羊应以当地细毛羊、蒙古羊或小尾寒羊为主，公羊为德国肉用美利奴、夏洛来、无角陶赛特等国外优良肉用品种，进行经济杂交，生产羔羊肉。

二、肉羊生产技术规范

（一）品种选择

根据该区域自然、生态条件、品种资源、不同品种对环境适应特点及生产性能，其肉羊经济杂交生产的基础母羊应以当地细毛羊、蒙古羊和小尾寒羊为主，种公羊可选用无角陶赛特、夏洛来、德国肉用美利奴。

1. 无角陶赛特

公母羊均无角，头短而宽，胸宽深，背腰宽平而长，肌肉丰满，后躯发育良好，四肢粗短，体躯呈圆桶形，全身被毛白色，颜面、耳朵、眼周及四肢下端为褐色。成年公羊体重90～110千克，母羊55～65千克；产羔率130%～140%，屠宰率50%以上，泌乳力旺盛；产肉量高。4月龄公羔胴体重可达20～24千克，母羔可达18～22千克，肉质好，瘦肉多。

2. 夏洛来

头部无毛或少毛，脸部呈粉红色或灰色，被毛为白色，公母羊均无角，额宽，耳大，肩宽胸深，背部肌肉发达，体躯呈圆桶形，四肢较短，腰身较长，体型大，一般成年公羊体重110～140千克，成年母羊80～100千克。生长发育快，6月龄公羊体重达48～53千克，母羊达38～43千克。肉质好，瘦肉多，屠宰率达55%以上。繁殖率高，产羔率180%左右。早熟，耐粗饲，采食能力强。

3. 德国肉用美利奴

属于肉毛兼用的细毛羊品种，体形大，成熟早，胸宽深，背腰平直，肌肉丰满，后躯发育良好。成年公羊体重100～140千克，母羊70～80千克，剪毛量成年公羊10～11千克，母羊4.5～5千克，羊毛长度7.5～9厘米，细度60～64支，净毛率45%～52%，4月龄胴体重达40～50千克，产羔率180%～220%。该羊耐粗饲，对干旱气候有一定的适应性，是我国发展肉毛兼用羊的主要父系品种之一。

4. 小尾寒羊

体形高大，成年公羊体重90～140千克，母羊50～90千克；生长发育快，成熟早，繁殖率高。母羊5月龄初次发情，6～7月龄即可配种。母羊常年发情，一般是两年三胎，饲养水平好的条件下可达一年两胎，产羔率可达260%左右，是我国发展肉羊生产的理想母本。

（二）种羊引进

选择的种公羊应是符合品种特征，谱系清楚，种用特征明显的健康个体。种羊应从非疫区引进，引入后至少隔离饲养15天，在此间进行观察、检疫，确认为健康者方可合群饲养。而母羊最好是自繁自养，确需引入时，也要选择优良个体，其他应注意的事项与引入种公羊相同。

（三）饲料生产

1. 充分利用现有饲料资源

对天然草场应明确使用权，以草定畜，通过划区轮牧，使草地得以充分地休养生息，避免过牧造成的草场退化。规划放牧地和打草地。

充分利用农牧交错带农业生产获得的农作物秸秆，通过粉碎、氨化等加工处理，提高其利用率。

2. 种植优质牧草和饲用作物

扩大人工草地尤其是豆科牧草如紫花苜蓿、沙打旺等的种植面积，以大幅度提高牧草产量，改善牧草质量。

增大饲用农作物尤其是青贮玉米的种植面积，建立稳产高产的青绿饲料、青贮饲料基地，实现青绿饲草的常年均衡供应。

3. 饲料原料的选择

为了生产优质、安全的羊肉产品，在选择羊的饲料原料时，应当尽量选择当地廉价的饲料，降低配合饲料成本；避免饲喂霉变的饲料、冰冻饲料、农药残留严重的饲料、被病毒或黄曲霉污染的饲料和未经处理的发芽马铃薯等有毒饲料。此外，菜籽饼中的异硫氰酸盐和恶唑烷硫酮、亚（胡）麻饼中的氰氢酸、大豆饼粕中的抗胰蛋白酶因子、高粱中的单宁等含量较高时，应限制其在配合饲料中的使用比例。

禁止选用除乳和蛋之外的动物性饲料进行配合饲料生产。

不在肉羊饲料中使用各种抗生素滤渣，不在羊体内或饲料中添加镇静剂、激素等违禁药物。

4. 配合饲料、浓缩饲料、精料补充料和添加剂预混料

这些饲料应色泽一致，无霉变、结块及异味、异嗅，有毒有害物质及微生物允许量应符合《饲料卫生标准》（GB 13078）的规定。所选用的添加剂应是农业部允许使用的饲料添加剂品种目录中所规定的品种和取得批准文号的新饲料添加剂品种。药物饲料添加剂使用应遵守《饲料药物添加剂使用规范》（农业部公告第 168 号）的有关规定。肉羊饲料中不得添加《禁止在饲料和动物饮水中使用的药物品种目录》（农业部公告第 176 号）中规定的药物。

5. 饲料贮备

在全年舍饲条件下，一只体重 50 千克的成年母羊全年应贮备的饲草饲料推荐量如下。

（1）青干草。365 千克（应有一定比例的豆科干草）。

（2）青贮。500 千克（没有青贮应贮备 200 千克玉米秸）。

（3）精料补充料。220 千克（高能饲料占 60% ~65%，蛋白质饲料占 30% ~35%，矿物质饲料 2% ~3%）。

夏秋放牧以 6 月初至 10 月底计，共 5 个月的时间时，每只成年母羊各种饲料的贮备量可相应减少 40%。没有青贮饲料时，应注意贮备部分块根块茎类饲料。

（四）饲养管理

1. 种公羊的饲养管理

必须使种公羊保持结实健壮的体况、旺盛的性欲和良好的配种能力，不能过肥或过瘦。种公羊饲养管理中须做到以下方面。

（1）爱护种公羊，掌握其生活习性，忌惊吓或殴打。注意观察其采食、饮水、运动及粪、尿情况，发现异常及时采取措施。

（2）种公羊的水、食槽及圈舍要定期消毒，消毒间隔不超过 7 天。

（3）每天上下午让种公羊进行舍外运动，运动时间不少于2小时。

（4）种公羊采精或运动后要适当休息，再饲喂。

（5）初次配种的公羊要进行诱导和调教。

（6）种公羊日粮要含有足够的粗料、青绿饲料、精饲料，并合理搭配，日喂2次，保持饮水清洁卫生。

（7）饲喂标准与方法。

非配种期：每天精料补充料0.25～0.35千克；青饲料或胡萝卜0.5～0.7千克；优质干草不限量。

配种期：每天精料补充料1～1.5千克；青饲料或胡萝卜0.75～2.0千克，优质干草不限量。随配种次数增加适当提高饲喂标准。

种公羊饲养采用放牧和舍饲相结合的方式，在青草期以放牧为主，枯草期以舍饲为主，其饲料要求营养价值高，适口性好，容易消化。适宜种公羊的精料有大麦、燕麦、玉米、饼粕、糠麸类等；多汁饲料主要是胡萝卜；粗饲料有苜蓿干草、青干草、作物秸秆和青贮等。

2. 母羊饲养管理

一年中母羊的饲养分空怀期、妊娠期和哺乳期3个阶段。

（1）空怀期母羊的饲养管理。母羊营养状况直接影响发情排卵及受孕，必须供给充足营养，保证健壮体况，提高母羊繁殖力。对个别体况较差的母羊给予短期优饲，使羊群膘情一致，使发情相对集中，便于配种、产羔和生产管理。

（2）妊娠期母羊的饲养管理。母羊的妊娠期约5个月，通常分为妊娠前期和妊娠后期。妊娠前期即为妊娠前3个月，妊娠后期即妊娠最后2个月。母羊妊娠前期要防止早期流产，后期要保证胎儿正常生长发育。饲养管理中要做到以下几点。

避免妊娠母羊吃冰冻和发霉变质的饲料，保障饮水清洁卫生。

及时收集散落的饲料，保持圈舍干燥、清洁。

对妊娠母羊的羊舍、饲槽、饮水要定期消毒。

防止妊娠母羊受惊吓，避免拥挤和追赶。

尽量避免外来人员进入羊舍。

每天观察妊娠母羊的采食、饮水、运动及粪、尿情况，发现异常及时采取措施。

饲喂标准与方法　妊娠前期胎儿发育较缓慢，所需营养与空怀期基本相同。

一般在舍饲条件下喂给足够的青干草和补饲少量的精料即可满足营养需要。妊娠后期胎儿生长迅速，这一阶段需要提供营养充足的日粮。妊娠后期日粮能量水平比空怀期高17%～22%，蛋白质水平增加40%～60%，钙、磷增加1～2倍，维生素增加2倍，饲喂量根据实际情况酌情增减。

妊娠母羊每天每只饲料供给量：混合精料0.3～0.5千克；青干草1.0～1.5千克；苜蓿草粉0.5～0.75千克；青贮饲料2.0～4.0千克；胡萝卜0.5千克。

母羊产羔前后的护理：做好产羔母羊的接产工作是提高羔羊的成活率和维护母羊健康体况的关键。

认真观察接近预产期的母羊的表现与症状，做好临产前的准备工作。

将产房进行彻底清扫、消毒，保证阳光充足、空气新鲜。

临产母羊在产前3～5天进入产房。

对临产母羊用高锰酸钾水清洗乳房和外阴部污物，剪掉乳房周围体毛，准备接产。

产羔后立即抹净新生羊羔口腔、鼻、耳内黏液和羊水，并让母羊舔舐。对假死的羔羊立即进行人工呼吸。

距新生羔羊体表8～10厘米处剪断脐带，涂上碘酒消毒，防止感染。

母羊分娩一般不超过30～50分钟，对难产的母羊及时采取人工助产。

产后的母羊应饲喂易消化的草料，饮用温盐水500～1 000毫升，使之尽快恢复。

羔羊应在30～60分钟内吃到初乳，必要时人工辅助羔羊第一次吃奶。

准确填写母羊羊号、产羔数、胎次、产羔的时间、性别、初生重等。羔羊要打上临时记号，5～15天后转到育羔室。

（3）哺乳期母羊的饲养管理。哺乳期母羊的饲养要保证母羊的良好体况和泌乳量。一般哺乳期3个月左右，分哺乳前期和哺乳后期。哺乳前期即哺乳期前2个月，此时，羔羊生长主要依靠母乳。必须加强哺乳前期母羊的饲养管理，特别是舍饲情况下，须保障充足的饲草料，适当补充精料，提高泌乳量。一般产单羔的母羊每天补精料0.3～0.5千克，青干草、苜蓿干草1千克，多汁饲料1.5千克；产双羔母羊每天补精料0.4～0.6千克，苜蓿干草1千克，多汁饲料1.5千克。

泌乳后期的母羊泌乳量逐步下降，羔羊的瘤胃功能趋于完善，不再完全依靠母乳喂养。泌乳后期以恢复母羊体况为目的，与泌乳前期相比饲养水平稍下调，为下次配种做好准备。

3. 羔羊培育

羔羊时期是一生中生长发育最旺盛的时期，此时羔羊各器官尚未发育成熟，体质较弱，适应能力差，极易发生死亡。为了提高羔羊的成活率，必须加强饲养管理。

（1）吃好初乳。必须保证羔羊出生 30～60 分钟内吃到初乳。初乳含有大量抗体、蛋白质、矿物质、维生素等物质，羔羊能否及时吃到初乳对其成活和发育十分重要。对于失去母羊或无奶母羊的羔羊，要补食其他母羊的初乳或人工哺乳。

（2）保温防寒。初生羔羊体温调节能力差，对外界温度变化非常敏感，必须做好冬羔和早春羔保温防寒工作。首先羔羊出生后，让母羊尽快舔干羔羊身上的黏液，如果母羊不愿舔，要及时采取人工措施；其次冬季应有取暖设备，地面铺垫柔软的干草、麦秸以御寒保温，产房温度要保持在 3～10℃。

（3）断尾。羔羊出生后 10 日龄断尾，方法是：在羔羊的第一尾骨和第二尾骨连接处用皮筋勒断或用火烙断，断尾后要及时消毒，防止感染。

（4）及早补饲。初生羔羊消化能力差，只能利用母乳维持生长需要，但是随着羔羊的生长，母羊泌乳量下降，不再能满足羔羊的营养需要。补料是提高羔羊断奶重、抗病力及成活率的关键措施。必须在羔羊出生后 15～20 天开始补充饲草料，促使消化机能的完善，哺乳期的羔羊应喂一些鲜嫩草或优质青干草；补饲的精料应营养全面、易消化吸收、适口性强，要经过粉碎处理；饲喂时要少给、勤添；补多汁饲料时要切碎，并与精料混拌后饲喂。根据羔羊的生长情况逐渐增加补料量，每只羔羊在整个哺乳期需补混合精料大约 10～15 千克，混合精料一般由玉米 50%、麦麸 20%、豆粕（饼）15%、亚麻饼 15% 组成。干草自由采食。

哺乳期羔羊每天精料混合料补饲量为：15～30 日龄，50～75 克；1～2 月龄，100 克；2～3 月龄，200 克；3～4 月龄，250 克。

（5）羔羊断奶。羔羊断奶的时间一般在 3 个月左右，根据羔羊能否独立采食确定离乳时间。条件好的羊场采取频密繁殖时，可 1.5～2.0 月龄断奶；而饲养条件差的羊场不适合过早断奶。

羔羊断奶分一次性断奶和多日断奶两种。一般多采用一次性断奶法，即将母仔一次断然分开，不再接触。突然断奶对羔羊是一个较大的刺激，要尽量减少羔羊生活环境的改变，采取断奶不离圈、不离群的方法，将母羊赶走，羔羊留在原圈饲养，保持原来的环境和饲料。断奶后的羔羊要加强补饲，安全渡过断奶关。

4. 羔羊育肥

断奶后羔羊育肥是肉羊生产的主要方式，多采用舍饲育肥。人工控制羊舍环境，饲喂全价配合饲料，定时喂料、饮水。由于羔羊育肥与生长发育同时进行，饲料要营养丰富、全面、适口性好，蛋白质、能量，矿物质及维生素都必须满足需要。

（1）羔羊舍饲育肥精粗料比例如下。

① 断奶初期羔羊体质弱，不适应环境，需喂给以精料为主的饲料，补喂优质牧草及青绿饲料。精粗比例为40：60或50：50。

② 离乳1个月后，逐渐加大粗饲料喂量，精粗比例为35：65。

③ 肥育中后期，继续加大精粗饲料比例，达到30：70，直到出栏。

粗料配制比例：苜蓿干草30%，玉米秸或大豆秸40%，青贮玉米20%，酒糟类10%。

精料配制比例：玉米50%，麦麸20%，豆粕（饼）15%，胡麻粕（饼）15%

（2）饲喂量及饲喂方法。

① 饲喂量：按体重3.5%～4.5%计算饲料干物质喂量。

② 饲喂方法：先饲喂秸秆，再饲喂干草、青贮饲料，最后饲喂精料，分早晚两次饲喂，保证充足饮水。每只羊每天饲喂5～8克食盐，混在精料中或单独饲喂。

5. 育成羊的饲养管理

羔羊断奶至初配怀孕为育成羊。应保证断奶羔羊生长发育旺盛，顺利进入配种期，要按月龄、体重分群管理。断奶后逐渐加大饲料喂量，精粗比以35：65为宜，到育成中期，继续加大粗饲料的给量，精粗比为25：75，在配种前对体况较差的个体应给予短期优饲。从4月龄至12月龄，风干饲料喂量由1.4千克增加到2.2千克，即每月增加0.1千克。

（五）发情鉴定与适时配种

1. 母羊的初配年龄

母羊生长发育达到一定年龄和体重时性成熟。一般初配母羊体重达到成年母羊体重70%时才适宜配种。

2. 母羊发情鉴定

母羊发情鉴定，对判断是否正常发情，确定配种时间，防止失配或误配非常重要。发情鉴定分外部观察法、阴道检查法和试情法 3 种。

(1) 外部观察法。绵羊发情时间短，需要仔细观察。母羊发情时兴奋不安，食欲减退，不断摇动尾巴，喜欢接近公羊，公羊爬跨时站立不动，外阴部潮红、松弛、开张，有少量黏液流出。

(2) 阴道检查法。通过阴道黏膜、分泌物及子宫颈口的变化来判断母羊是否发情。发情母羊阴道黏膜充血，表面光滑湿润，有透明黏液流出，子宫颈口出血、松弛、开张。

(3) 试情法。由于母羊发情持续期短，不易发现，为迅速准确的找出发情母羊，在大群生产中采用试情的方法进行发情鉴定。

选择身体健壮、性欲旺盛的 2 ~ 5 岁的成年公羊作为试情羊。在配种时为了防止试情羊偷配，必须对试情羊进行处理，具体方法有 3 种：一是在腹部系戴试情布，二是结扎输精管；三是阴茎移位法。试情在每天早晨进行，或早晚各试情一次。每 50 ~ 60 只母羊配备一只试情羊。

3. 配种

绵羊配种有人工授精和本交两种，应尽量采用人工授精法。

(1) 人工授精。

① 采精：采精前将采精所用器材和药物准备妥当，器具消毒灭菌。将公羊赶入采精室，当公羊爬跨假母羊伸出阴茎时，采精员用手平稳迅速地将阴茎导入假阴道内，保持假阴道与阴茎呈一直线，当公羊完成射精跳下时将假阴道紧贴包皮退出，迅速将集精瓶口向上，放出气体，小心取下集精杯，盖上杯盖。

② 精液处理：精液采出后及时进行品质检查和稀释处理。

精液品质检查：正常精液为浓厚的乳白色或乳酪色混悬液体，略有腥味；镜检在 18 ~ 25℃室温下进行，精子密度在中等以上，即每毫升的精子数为 20 亿 ~ 25 亿，或在显微镜视野中，能清楚地看到单个精子的活动，活力为 0.8 以上 (即 80% 以上的精子呈直线运动) 方可采用。

精液稀释：最简单的是用 0.9% 的生理盐水进行稀释，稀释后马上输精，稀释不宜超过 2 倍；再一种方法是用牛奶或羊奶稀释 [稀释倍数为 1 : (2 ~ 4)]，将牛奶或羊奶用脱脂纱布过滤，煮沸消毒灭菌 10 ~ 15 分钟，冷却至室温，吸取中间奶液。稀释后的精液加青霉素、链霉素各 500 单位。

③ 输精：绵羊输精在发情中后期进行。绵羊发情期短，发现母羊发情可立即输精。如早上发现的应当日清晨输精一次，傍晚再输精一次，若第二天仍发情则需要继续输精，直到发情停止。

输精前的准备：将所有输精器具消毒灭菌，输精器每只母羊一只为宜。若连续输精时，每输完一只母羊后，输精器的外壁用生理盐水棉球擦净，严格消毒后才可继续输精。

输精方法：输精前将母羊外阴部用来苏水溶液消毒、水洗、擦干，再将开膣器慢慢插入阴道，做 90 度旋转打开后寻找子宫颈口，把输精器慢慢插入 0.5 ~ 1.0 厘米处，轻轻将精液输入。输精量要保证有效精子数在7 500万以上，即原精液量需要 0.05 ~0.1 毫升。通常鲜精受胎率高于冻精。

（2）本交。

本交时公母羊比例应适当，一般为 1∶(30 ~40)。

绵羊发情周期为 14 ~21 天，配种或人工授精后，母羊不再发情，即表明已经受孕。

（六）防疫制度

羊场要建立综合防疫制度，以防止羊疾病的发生和流行，确保羊场正常的生产，提高经济效益。防疫制度必须贯彻“预防为主”的原则。

1. 搞好环境卫生

羊场环境卫生好坏，与疾病的发生有密切关系。羊场应建在地势干燥、排水良好、通风、易于组织防疫的地方，距离干线公路、铁路、城镇、居民区和公共场所 1 千米以上，羊场周围有围墙或防疫沟，并建立绿化隔离带。场区内净道和污道分开，羊场应设有废弃物处理设备。羊舍和运动场保持清洁干燥。在羊场的大门口要建更衣室和消毒池，消毒池内放 2% ~3% 的火碱水等，人员入口处设紫外线灯照射消毒。对进往的车辆和来访的人员应进行严格消毒。

2. 定期消毒

羊场应建立切实可行的消毒制度，定期对羊舍地面、墙壁、粪便、污水等进行消毒。常用消毒药有 10% ~20% 石灰乳、10% 漂白粉溶液、0.5% ~1.0% 次氯酸钠，0.5% 过氧乙酸等；消毒方法：一般将消毒液按比例稀释后装入喷雾器中，喷洒地面、墙壁和天花板；然后用清水刷洗饲槽等用具，除去消毒药味，确保安全；每年春秋可进行消毒一次，但对产房应进行多次消毒。

3. 定期驱虫

为了预防羊只寄生虫病的发生，应每年给羊群进行预防性驱虫，预防性驱虫所用的药物有多种，如阿苯达唑、伊维菌素、盐酸左旋咪唑等，使用方法及剂量参见产品说明。

药浴是防治羊只外寄生虫病，特别是羊螨病的有效措施，药浴液可用0.025%～0.05%的双甲脒乳液、5～15毫克/升的溴氰菊酯溶液等。药浴可在药浴池内进行，羊群比较小时也可用大缸等洗浴。一般在春季剪毛后进行。

4. 免疫接种

免疫接种是增强羊体的抵抗力，避免传染病发生的有效措施。常用的疫苗如下。

（1）Ⅱ号炭疽芽孢苗。皮下注射1毫升，免疫期1年。

（2）布氏杆菌2号疫苗。肌肉注射0.5毫升（含菌50亿），阳性羊、3月龄以下羔羊和怀孕羊均不能注射；饮水免疫时，用量按每只羊服200亿菌体计算，2天内分2次服用。免疫期2年。

（3）羔羊大肠杆菌病灭活疫苗。3月龄至1岁龄的羊，皮下注射2毫升；3月龄以下的羔羊，皮下注射0.5～1.0毫升。免疫期5个月。

（4）O型口蹄疫灭活疫苗。肌肉注射，成年羊每只2毫升，羔羊每只1毫升。免疫期4个月。

（5）羊肺炎支原体氢氧化铝灭活疫苗。用来预防肺炎支原体引起的传染性胸膜肺炎。颈侧皮下注射，成年羊3毫升，6月龄以下羔羊2毫升，免疫期1年半以上。

不同地区对羊只的免疫程序可根据当地疫病情况而定，切实作好综合防疫工作。

（七）商品羊出栏及羊肉加工

1. 商品羊出栏标准

商品羔羊应为二元或三元杂交生产的6～8月龄、体重40千克左右的羔羊。屠宰前应进行检疫，检验合格者方可屠宰。肉羊育肥后期使用药物治疗时，应根据所用药物执行休药期，达不到休药期的，不应作为无公害肉羊上市。发生疾病的成年羊在使用药物治疗时，在治疗期或达不到休药期的不应作为食用淘汰羊出售。

2. 屠宰加工要求

屠宰加工应符合《鲜、冻胴体羊肉》（GB 9961）的规定，羊肉的感官、理化、微生物指标应符合《无公害食品　羊肉》（NY 5147—2002）的有关规定。羊肉产品不应与有毒、有害、有异味、易挥发、易腐蚀的物品同处贮存。冷却羊肉在 -1 ~4℃下贮存，冻羊肉在 -18℃以下贮存。

三、主要核心技术

（一）肉羊经济杂交技术

充分利用杂交优势进行肉羊生产是发达国家生产羊肉的成功经验，也是华北片（华北农牧交错带）肉羊产业带高效肉羊生产的重要技术措施。以当地细毛羊、蒙古羊或小尾寒羊为母本，以国外优良的肉羊品种德国肉用美利奴、夏洛来、无角陶赛特为父本进行经济杂交均表现出良好的效果。

肉羊经济杂交可分为二元杂交和三元杂交，一般在饲料条件较好的地区大都采用三元杂交的方式，饲料条件较差的地区可采用二元杂交的方式。

1. 三元杂交模式（图 10 -1、图 10 -2）

（1）可选小尾寒羊为母本，以肉用品种无角陶赛特公羊为父本，进行杂交，杂种一代母羊（F_1♀）再与夏洛来公羊杂交，生产出的杂种二代（F_2）全部用于生产羔羊肉。另外，杂交一代除被选留的育成母羊，其余的羊（F_1）用于育肥屠宰。

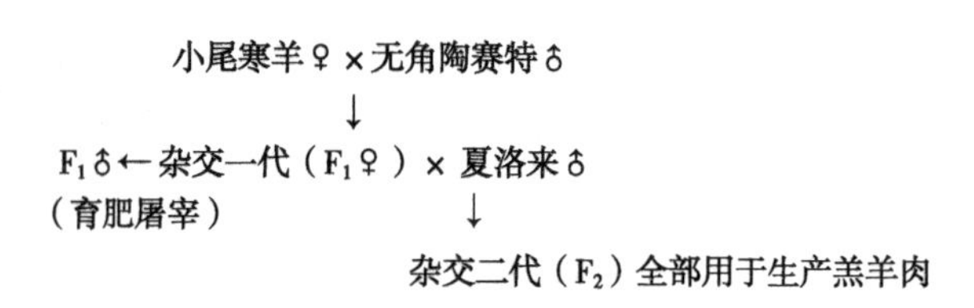

图 10 -1　三元杂交模式一

（2）以当地蒙古羊为母本，以无角陶赛特为父本，进行杂交，杂种一代母羊（F_1♀）再与德国肉用美利奴公羊杂交，生产出的杂种二代（F_2）全部用于生产羔羊肉。另外，杂交一代除被选留的育成母羊，其余的羊（F_1）用于育肥屠宰。

2. 二元杂交模式

一是以小尾寒羊、蒙古羊或其他当地绵羊为母本，以无角陶赛特、夏洛来、

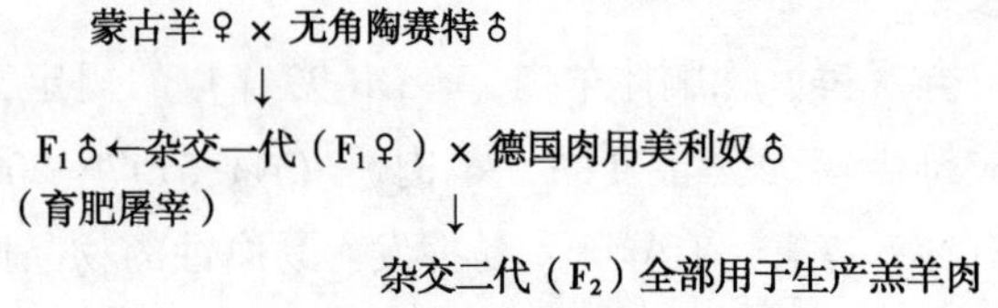

蒙古羊♀ × 无角陶赛特♂

↓

F_1♂←杂交一代（F_1♀）× 德国肉用美利奴♂

（育肥屠宰）

↓

杂交二代（F_2）全部用于生产羔羊肉

图 10－2　三元杂交模式二

德国肉用美利奴等品种的公羊为父本进行简单杂交，达到生产羔羊肉的目的。

二是如果当地母绵羊为杂种细毛羊，进行二元杂交时，父本应选择德国肉用美利奴，这样可使杂交后代在保持羊毛质量的基础上，提高繁殖率和产肉性能。

（二）羔羊快速出栏育肥生产技术

利用杂交优势及羔羊当年育肥出栏技术，变当地春季产羔为冬季产羔，每年秋初（8 月）开始配种，次年 1—2 月产羔，以足够的青贮料和优质干草饲喂怀孕母羊，暖棚越冬，保证母羊产羔顺利。羔羊断奶前结合合理的补饲技术，使羔羊在出生后的 3 个月内平均日增重达到 200 克；羔羊断奶后，利用先进的放牧技术在人工草地进行季节性快速育肥，羔羊在放牧期间（108 天）平均日增重达到 180 克，放牧结束后，羔羊平均体重达 40 千克以上，最高达 47 千克，羔羊平均胴体重为 20. 07 千克，屠宰率为 47. 5%。季节性快速育肥结束后，公羔全部出栏，母羔当年配种率达到 52%。

第十一章　常见农药化肥使用技术

第一节　农药基本概念

一、农药的定义

指用于预防、消灭或者控制危害农业、林业的病、虫、草和其他有害生物以及有目的地调节植物、昆虫生长的化学合成或者来源于生物、其他天然物质的一种物质或者几种物质的混合物及其制剂。

（一）为什么要进行剂型加工

（1）原药。由化工厂合成生产的农药有效成分称为原药。

（2）助剂。是农药加工中用于改善药剂理化性质的辅助物质。

（3）制剂。加工后的农药称为农药制剂。

（4）剂型。制剂的存在形状称为农药的剂型。

（5）农药加工的意义。原药在助剂的参与下加工成可以使用的制剂。农药加工的意义在于：提高药效；使高毒农药低毒化；扩大应用范围。

（二）农药分散度

（1）农药加工时被分散的程度，称为农药分散度。它是衡量制剂质量、喷药质量的指标。

（2）农药分散度与药剂性能的关系。增加覆盖面积；增强药剂颗粒在处理表面上的附着性；改变颗粒运动性能；提高药剂颗粒表面能；提高悬浮液的悬浮率、乳液的稳定性。

二、农药助剂

（一）农药助剂

农药助剂定义：是农药加工中用于改善药剂理化性质的辅助物质。本身无生物活性。主要包括乳化剂和润湿剂等10余种。

（二）农药助剂的种类

（1）填充剂。农药加工时，为调解成品含量和改善物理状态而配加的固态物质。高岭土、滑石粉。

（2）润湿剂。一类能使农药很快被水润湿的物质。属于表面活性剂。黏土、纸浆废液、拉开粉。

（3）乳化剂。能使原来不相溶的两相液体（水、油），是其中一相液体以极小的液珠稳定分散在另一相液体中，形成不透明的乳浊液，具有这种特性的助剂，称作乳化剂。

（4）溶剂。用于溶解农药原药的液体有机溶剂。如二甲苯、甲苯。

（5）其他农药助剂。分散剂、黏着剂、稳定剂、增效剂、防冻剂等。

三、主要农药剂型

（一）粉剂

（1）定义。是供喷粉使用的农药加工剂型。

（2）粉剂的组成。农药原药＋填料＋分散剂＋其他成分。

（3）粉剂加工方法。直接粉碎法；母粉法；浸渍法。

（4）粉粒细度用筛目号表示，如325号筛目。

（5）粉剂的质量标准。有效成分含量＞标明量；细度＞200号筛目；所含水分＜1.5%；pH值在5～9。

（二）可湿性粉剂（WP）

（1）定义。是易被水湿润、可分散和悬浮于水中供喷雾使用的粉状制剂。

（2）可湿性粉剂组成。农药原药＋填料＋润湿剂＋其他成分。

（3）可湿性粉剂的质量标准参数。

悬浮率：是指药粒在水介质中保持悬浮的时间。

润湿性：指制剂被水润湿的能力，用被润湿的时间来表示。

（三）乳油（EC）

（1）定义。乳油是一种入水后可以分散成乳状液的油状单相液体剂型。

（2）乳油的组成。农药原药＋溶剂＋乳化剂＋其他成分。

（3）乳油的加工方法。将可溶于有机溶剂的农药原药、有机溶剂、乳化剂、以及其他助剂，按照一定的投料顺序，混合、搅拌、溶解成为稳定的单相液体。

（4）乳油的质量标准参数。乳液稳定性：无乳油无沉淀物。

（四）微乳剂（ME）

（1）定义。微乳剂是由油溶性原药、乳化剂和水组成的感观透明的均相液体剂型。

（2）微乳剂的组成。原药＋溶剂＋乳化剂＋水＋其他助剂（稳定透明油状液体）。

（3）微乳剂的特点。乳油的环保化剂型，配方工艺较难，生产工艺稍复杂，药效比乳油更高，环境污染小。对水摇匀喷雾使用，是目前大力提倡的剂型。

（五）水悬浮剂（SC）

（1）定义。不容于水的固体原药与润湿分散剂、黏度调节剂及其他助剂和水经湿法研磨，在水中形成高度分散的黏稠、可流动的悬浮液体剂型。

（2）水悬浮剂的组成。原药＋填料＋分散悬浮剂＋增稠剂＋水＋其他助剂。

（3）水悬浮剂的特点。5 微米以下固体粒径悬浮在水中，不透明乳状液，允许有少量水析出，可湿性粉剂的改进剂型，配方工艺困难，生产工艺复杂，药效比可湿性粉剂提高，环境污染小。对水摇匀喷雾使用，是目前大力提倡的剂型。

（六）水分散粒剂

（1）定义。悬浮剂的固体颗粒化，10 微米以下固体物粒结成颗粒，在水中能自动分散，配方工艺困难，生产工艺复杂，药效和悬浮剂相近，环境污染小。对水摇匀喷雾使用，是新发展的剂型。

（2）水分散粒剂组成。原药＋填料＋分散悬浮剂＋崩解剂＋黏合剂＋其他助剂。

（七）烟剂

（1）定义。烟剂在引燃后，有效成分以烟状分散体系悬浮于空气中的农药剂型。

（2）烟雾剂的组成。原药＋燃料＋助燃剂＋阻燃剂＋其他成分。

（3）特点。点燃可以燃烧，但无明火，原药受热气 化而成烟，穿透性好。还具有工效高、劳动强度低等优点。

（八）种衣剂

（1）定义。种衣剂是含有成膜剂的专有种子包衣剂型，处理种子后可在种子表面形成牢固的药膜。

（2）种衣剂组成。多种有效成分＋成膜剂＋黏结剂＋染料＋其他成分。

（3）种衣剂的特。针对性强，高效、经济、安全、持效期长。

第二节 生产中常见农药

一、杀虫剂

（一）有机磷类杀虫剂

1. 有机磷杀虫剂的优缺点

优点：①药效高；②品种多；③防治对象多，应用范围广；④作用方式多；⑤残毒少，药害轻；⑥在环境中降解快，残毒低。

缺点：有的药物对温血动物的毒性高。

2. 有机磷杀虫剂的化学结构类型

①磷酸酯；②一硫代磷酸酯；③二硫代磷酸酯（phosphorodithoate）；④膦酸酯（phosphonate）；⑤磷酰胺、硫代磷酰胺。

3. 有机磷杀虫剂研究开发动向

（1）不对称有机磷杀虫剂。20 世纪 70 年代以来，为了对付害虫抗药性问题，更加注重以磷原子为中心的不对称有机磷杀虫剂的开发。这些不对称化合物较以往大多数对称型品种之间较少发生交互抗性，而且引入不对称因素后，其毒性与药效均有明显改变，如毒虫畏和灭虫畏。

（2）引入杂环。由于杂环往往具有很高的生物活性，因此近年来将杂环引入磷酸酯，合成了许多化合物，显示了优异的生物活性，如毒死蜱、嘧啶氧磷等。

4. 有机磷杀虫剂的分类

按作用方式分类：触杀剂、内吸剂、胃毒剂、熏蒸剂等。大部分有机磷都有触杀作用，有机磷的发展为内吸剂的发展奠定了基础。

5. 有机磷杀虫剂主要代表品种及性能

（1）敌敌畏（dichlorvos）。

①性质：纯品为无色液体，沸点、密度、溶解度。

②杀虫作用方式：触杀、胃毒、熏蒸作用。

③防治对象：多种害虫。高效、速效、广谱。

④使用注意事项：对高粱、玉米、苹果有药害。

（2）辛硫磷（phoxim，倍腈松，肟硫磷）。

①毒性：低毒。

②杀虫作用方式：有很强的触杀、胃毒作用。

③防治对象及使用：蔬菜、地下害虫。易光解。

（3）毒死蜱（chlorpyrifos，乐斯本，氯吡硫磷）。

①毒性：中等毒。

②杀虫作用方式：有触杀、胃毒和熏蒸作用。

③防治对象及使用：多种作物地上、地下害虫。

（4）三唑磷（triazophos）。

①毒性：中等毒。

②杀虫作用方式：广谱杀虫、杀螨剂，兼有一定的杀线虫作用。其杀卵作用明显。

③防治对象及使用：多种作物害虫，鳞翅目卵。

（5）敌百虫（dipterex）。

①毒性：低毒，可防治家畜肠道寄生虫，鱼塘寄生虫。

②杀虫作用方式：有很强的胃毒作用、微弱的触杀作用，对植物具有渗透性。转化成敌敌畏。

③防治对象及使用：多种害虫。400倍液洗刷。

（二）氨基甲酸酯类杀虫剂

1. 氨基甲酸酯类杀虫剂的性能特点

（1）大多数品种都是速效性的，持效期短，选择性强。

（2）大多数品种对高等动物毒性低，在生物体及环境中易降解，但少数品种为剧毒，只能加工成粒剂使用。

（3）不同结构类型的品种，其生物活性和防治对象差别很大。

（4）多数对拟除虫菊酯类杀虫剂表现增效作用的增效剂，对氨基甲酸酯有显著的增效作用。

（5）结构相对较简单，合成较容易。

2. 氨基甲酸酯类杀虫剂的中毒机制

氨基甲酸酯类杀虫剂的中毒机制与有机磷杀虫剂中毒机制相似，都是抑制乙酰胆碱酯酶的活性。

3. 氨基甲酸酯类杀虫剂的主要品种

（1）甲萘威（carbaryl；sevin；西维因，胺甲萘）。

①杀虫作用方式：主要是触杀、胃毒作用。

②防治对象：多种害虫。

（2）克百威（carbofuran，呋喃丹）。

①杀虫作用方式：强烈的内吸、触杀作用，还有一定的胃毒作用。

②防治对象：棉花地下害虫。

（3）硫双威（thiodicarb，拉维因，硫双灭多威）。

①杀虫作用方式：主要是胃毒作用，还有一些杀卵和杀成虫作用，几乎没有触杀性能。

②防治对象：水稻害虫。

（4）灭多威（methomyl，万灵）。

①杀虫作用方式：具有内吸性的接触杀虫剂，兼有胃毒作用。

②防治对象：蚜虫。

（三）拟除虫菊酯类杀虫剂

拟除虫菊酯类杀虫剂，是一类根据天然除虫菊素化学结构而仿生合成的杀虫剂。拟除虫菊酯类化合物的杀虫活性，有赖于菊酸和醇组成的结构，以及不同的光学异构体。

1. 拟除虫菊酯类杀虫剂的共同特点

（1）高效、速效，击倒速度快。

（2）杀虫谱广，也出现了兼治螨的新品种。

（3）毒性低，持效期短。

（4）低残留，对食品和环境污染轻。

（5）大多数品种具有强大的触杀和胃毒作用，没有内吸和熏蒸作用。

（6）害虫易产生抗药性，且抗性倍数高。

（7）为负温度系数药剂。

（8）发展方向。土壤杀虫剂的开发。

2. 拟除虫菊酯类杀虫剂使用的注意事项

（1）都是触杀剂，没有内吸性，喷洒必须均匀周到。

（2）防钻蛀性害虫，要在害虫蛀茎之前使用。

（3）在水生动物、蜂、蚕附近慎用。

（4）大部分品种不是杀螨剂，对螨无效。

（5）不能与碱性物质混用，与有机磷类和氨基甲酸酯类杀虫剂混用，增效，共毒系数大于1。

（6）不宜连续使用，避免害虫产生抗药性。

（7）菊酯类酯溶性强，包装时不宜用塑料包装。

3. 拟除虫菊酯类杀虫剂的代表品种

（1）顺式氯氰菊酯（alpha-cypermethrin，高效灭百可，高效安绿宝，奋斗呐）。是氯氰菊酯中两种杀虫效力高的顺式异构体1∶1的混合物。

①杀虫作用方式：有触杀和胃毒作用，无内吸熏蒸作用，对某些害虫的卵具有杀伤作用。

②防治对象：蚜虫。

（2）高效氯氰菊酯（High effect cypermethrin，高灭灵，三敌粉）。

①是氯氰菊酯中杀虫效力高的顺式和反式两对外消旋体的混合物。

② 杀虫作用方式：有触杀和胃毒作用，无内吸熏蒸作用，对某些害虫的卵具有杀伤作用。

③防治对象：蚜虫、小菜蛾。

（3）溴氰菊酯（deltamethrin，敌杀死，Decis）。

①杀虫作用方式：有触杀和胃毒作用，也有一定的驱避和拒食作用，无内吸熏蒸作用。

②防治对象：蚜虫。

（4）高效氯氟氰菊酯（lambda－cyhalothrin，功夫）。

①特点：它是氯氟氰菊酯的高效异构体。

②杀虫作用方式：对害虫和螨类有强烈的触杀和胃毒作用，也有驱避作用，无内吸熏蒸作用。具有击倒速度快、击倒力强，用药量少等优点。

（5）醚菊酯（etofenprox，多来宝）。

①特点：其结构中无菊酸，但其空间结构与菊酯相似。

②杀虫作用方式：有触杀和胃毒作用，杀虫活性高，广谱。

③使用：低毒。对鱼类低毒，可用于防治稻田害虫，对稻田蜘蛛等天敌，杀伤力较小，对农作物安全。

（四）沙蚕毒素类杀虫剂

1. 沙蚕毒素类杀虫剂的特点

（1）不但有触杀、胃毒作用，还有一定的内吸和熏蒸作用，并且对害虫的成虫、幼虫、卵均有杀伤作用。

（2）杀虫谱比较广，对捕食性天敌比较安全。

（3）在环境中很容易分解，不存在残留毒性和环境污染问题。

（4）作用机制独特，未发现和其他种类杀虫剂产生交互抗性现象。

（5）有些品种对某些作物比较敏感，容易造成药害。

2. 沙蚕毒素类杀虫剂的作用机制

主要作用靶标是突触后膜乙酰胆碱受体，使昆虫活动减少，失去取食能力，及而瘫痪死亡，作用缓慢。

3. 沙蚕毒素类杀虫剂的品种

（1）杀虫双（dimthypo）。杀虫作用方式：主要是胃毒、触杀作用，也有内吸作用，还有一定的杀卵作用。

防治对象：水稻二化螟。

（2）杀虫单（monosultap）。

（3）杀螟丹（cartap，巴丹）。

①杀虫作用方式：具有内吸、胃毒及触杀作用，持效期长。对螟虫和鳞翅目害虫高效。

②代谢：杀螟丹在昆虫体内转变为沙蚕毒素。

（五）杀螨剂

1. 定义

杀螨剂是指用于防治危害植物的螨类的化学药剂。螨类属于节肢动物门，蛛形纲，蜱螨目。

2. 杀螨剂的品种类型及应用

（1）苯丁锡（fenbutatin oxide，托尔克）。使用：主要用于柑橘、葡萄、观赏植物等浆果和核果类上的瘿螨科和叶螨科螨类，尤其对全爪螨属和叶螨属的害螨高效，对捕食性节肢动物无毒。

（2）三唑锡（azocyclotin，倍乐霸）。使用：触杀性杀螨剂，对植食性螨类的所有活动期虫态都有防效。

（3）浏阳霉素（多活菌素）抗生素类杀螨剂。使用：可用于防治蜂螨及桑树害螨。

（六）特异性昆虫生长调节剂

1. 定义

苯甲酰苯脲类和嗪类杀虫剂，这两类杀虫剂属于昆虫生长调节剂。其作用机理是，抑制昆虫表皮的几丁质合成。

2. 特点

这两类杀虫剂特点：杀虫力强、对哺乳动物毒性低，对昆虫天敌影响小、对环境无污染。是一类环境友好农药。

3. 特异性昆虫生长调节剂主要品种

（1）除虫脲。

①英文通用名：Diflubenzuron；商品名：敌灭灵、斯迪克。

②剂型：5%乳油、25%可湿性粉剂。

③作用特点：苯甲酰脲类杀昆虫调节剂，具有胃毒触杀作用。作用机理为抑制害虫几丁质合成，对鳞翅目害虫有特效。

④毒性：低毒。

⑤防治对象：苹果、玉米、水稻、十字花科蔬菜等作物上，食心虫、小菜蛾。

⑥使用方法：对水喷雾。

⑦安全使用注意事项：喷药均匀周到，无特殊解毒剂，不与碱性药剂混用。

⑧与其他药剂混用：可与高效氯氰菊酯混用。

⑨主要生产厂家：深圳诺普信公司、河北威远公司、安阳林药厂。

（2）灭幼脲。

①英文通用名：chlorbenzuron；商品名：灭幼脲三号、抑丁保、卡死特。

②剂型：15%烟雾剂、25%可湿性粉剂、20%悬浮剂。

③作用特点：苯甲酰脲类几丁质合成抑制杀虫剂，具有胃毒触杀作用。对鳞翅目幼虫具有极好的沙虫活性。

④毒性：低毒。

⑤防治对象：松毛虫、菜青虫、小菜蛾等森林、农作物害虫。

⑥使用方法：1 000～2 000倍液喷雾。

⑦安全使用注意事项：使用悬浮剂前，要摇匀后加水稀释；迟效型。

⑧与其他药剂混用：哒螨灵、吡虫啉、阿维菌素、高效氯氰。

⑨主要生产厂家：山东京博公司、济南绿霸公司、广东瑞德丰公司、天津施普乐公司、广东惠州中迅公司。

（3）氟铃脲。

①英文通用名：hexaflumuron；商品名：盖虫散、铲蛾、太宝、三功。

②剂型：5%乳油、2.5%高渗乳油。

③作用特点：苯甲酰脲类几丁质合成抑制杀虫剂，阻碍昆虫正常蜕皮，具有胃毒和触杀作用，击倒力强，作用迅速，具有很高的杀虫杀卵活性。

④毒性：低毒。

⑤防治对象：棉花、蔬菜、果树上的鳞翅目害虫。

⑥使用方法：对水喷雾。

⑦安全使用注意事项：钻蛀性害虫应在产卵末期、卵孵化盛期施药。

⑧与其他药剂混用：有机磷、菊酯类。

⑨主要生产厂家：美国陶氏益农公司、大连瑞泽农药公司、广东惠州中迅公司。

（4）氟虫脲。

①英文通用名：flufenoxuron；商品名：卡死克。

②剂型：5%可分散夜剂（重量/容量），50%乳油。

③作用特点：酰基脲类抑制几丁质合成杀虫杀螨剂，阻碍昆虫正常蜕皮，成虫接触药后，产的卵即使孵化成幼虫也会很快死亡，有很好的叶面滞留性，是目前酰基脲类杀虫剂能做到虫、螨兼杀，药效好，残效期长的品种。

④毒性：低毒杀虫杀螨剂。

⑤防治对象：苹果叶螨、卷叶蛾、食心虫，小菜蛾、菜青虫、豆荚螟，茄子红蜘蛛。

⑥使用方法：1 000～2 000 倍液喷雾。

⑦安全使用注意事项：不宜与碱性农药混用，与波尔多液间隔 10 天施药。

⑧与其他药剂混用：有机磷、菊酯类。

⑨主要生产厂家：德国巴斯夫公司、江苏龙灯公司、南京保丰农药厂。

（5）氟啶脲。

①英文通用名：chlorfluazuron；商品名：抑太保、杀铃脲、定虫脲、蔬好。

②剂型：5%乳油、20%悬浮剂。

③作用特点：苯基甲酰基脲类几丁质合成抑制杀虫剂，阻碍昆虫正常蜕皮，具有胃毒和触杀作用。

④毒性：低毒。

⑤防治对象：蔬菜害虫、棉花害虫、果树害虫。

⑥使用方法：对水喷雾。

⑦安全使用注意事项：不要与碱性农药如波尔多液等混用。

⑧与其他药剂混用：有机磷、菊酯类。

⑨主要生产厂家：德国巴斯夫公司、江苏龙灯公司、南京保丰农药厂。

（6）虫酰肼。

①英文通用名：tebufenozide；商品名：米满、博星、菜满、蛾罢。

②剂型：20%乳油、30%悬浮剂。

③作用特点：非甾族新型昆虫生长调节剂、促使幼虫蜕皮致死，对鳞翅目幼虫有极高的选择性和药效，对卵的效果差。

④毒性：低毒。

⑤防治对象：蔬菜害虫、棉花害虫、果树害虫。

⑥使用方法：对水喷雾。

⑦安全使用注意事项：在小菜蛾幼虫上慎用本剂。

⑧与其他药剂混用：高效氯氰菊酯、苏云金杆菌。

⑨主要生产厂家：美国陶氏益农公司、上海威敌生化公司、山东京博农化公司、青岛海利尔公司、江苏七洲绿色化工公司、湖北沙隆达公司。

（7）抑食肼。

①英文通用名：RH5849；商品名：佳蛙、锐丁、虫死净。

②剂型：20%可湿性粉剂、20%悬浮剂。

③作用特点：苯酰胺类新型昆虫生长调节剂，促使昆虫加速蜕皮，以胃毒为主，有强内吸性。沙虫普广，速效性差，持效期长，无残留。

④毒性：中等毒。

⑤防治对象：斜纹夜蛾、小菜蛾、稻纵卷叶螟。

⑥使用方法：对水喷雾。

⑦安全使用注意事项：施药后2~3天见效。

⑧与其他药剂混用：20%阿维—抑食可湿性粉剂。

⑨主要生产厂家：山东运盛公司、山东威海市农药厂、河南大地农化公司。

（8）噻嗪酮。

①英文通用名：buprofezin；商品名 优得乐、扑虱灵、蚧止、虱蚧灵。

②剂型：20%可湿性粉剂、8%乳油。

③作用特点：作用机制为抑制昆虫几丁质合成和干扰新陈代谢，致使若虫蜕皮畸形或翅畸形，进而缓慢死亡。对成虫没有直接杀伤力，药效期长达30天以上。虫口密度高时，应与速效药剂混用。

④毒性：低毒。

⑤防治对象：对半翅目的飞虱、叶蝉、粉虱及蚧壳虫类害虫有良好防效。

⑥使用方法：对水喷雾。

⑦安全使用注意事项：药液不应直接接触白菜、萝卜，否则出现绿叶白化等药害。

⑧与其他药剂混用：杀虫单、吡虫啉、敌敌畏、高效氯氰菊酯等。

⑨主要生产厂家：安徽池州新赛德公司、湖南东永农药厂、重庆嘉陵农药厂、北京华戎生物激素厂等。

（七）新型杀虫剂

1. 新型杀虫剂

主要包括：氯化烟酰类、酰胺类、阿维菌素类、吡咯类和吡啶类等。

2. 新型杀虫剂的常见品种

（1）吡虫啉。

①英文通用名：Imidacloprid。

②商品名：康福多、蚜虱净、高巧、一遍净、蚜克西、大功臣。

③剂型：10%可湿性粉剂、20%乳油、70%拌种剂。

④作用特点：新型高效内吸杀虫剂，作用于乙酰胆碱受体，干扰昆虫神经系统的刺激传导，从而导致昆虫麻痹、死亡。与传统的杀虫剂无交互抗性。

⑤毒性：低毒。

⑥防治对象：蚜虫、飞虱。

⑦使用方法：可通过土壤、种子处理及叶面喷施防治刺吸式口器害虫。

⑧安全使用注意事项：不宜在强阳光下喷雾使用，蔬菜收获前20天不可再用此药。

⑨与其他药剂混用：可与多种农药混用。

⑩主要生产厂家：德国拜尔公司、南京红太阳集团公司、浙江海正公司、河北威远公司、海南博士威公司。

（2）啶虫脒。

①英文通用名：acetamiprid。

②商品名：吡虫清、莫比朗、力杀死、乐百农、农盼、世纪丰。

③剂型：3%：5%乳油，3%微乳剂，20%可湿性粉剂。

④作用特点：属硝基亚甲基杂环类化合物，新型杀虫剂，作用于乙酰胆碱受

体，干扰昆虫神经系统的刺激传导，从而导致昆虫麻痹、死亡。与传统的杀虫剂无交互抗性。具有触杀、胃毒和强渗透作用，且毒杀作用迅速，残效期长，可达20天左右。

⑤毒性：中等毒。

⑥防治对象：蚜虫、粉虱、蓟马、潜叶蛾。

⑦使用方法：喷雾。

⑧安全使用注意事项：遵守通常农药使用防护规则。

⑨与其他药剂混用：高氯、阿维菌素、辛硫磷、敌敌畏、多菌灵。

⑩主要生产厂家：江苏杨州农化工公司、大连凯飞公司、上海东风农药厂、江苏苏化集团公司、河北宣化农药厂。

（3）阿维菌素。

①英文通用名：abamectin。

②商品名：齐螨素、害极灭、爱福丁、农哈哈、新科、蝇虫螨克。

③剂型：1%、1.8%、2%乳油。

④毒性：制剂低毒。

⑤防治对象：螨类、鳞翅目害虫、梨木虱、斑潜蝇、根结线虫。

⑥使用方法：喷雾、灌根。

⑦安全使用注意事项：遵守通常农药使用防护规则。

⑧与其他药剂混用：可与多种农药混用。

⑨主要生产厂家：海南博士威公司等。

（4）甲氨基阿维菌素苯甲酸盐。

①英文通用名：Emamectin benzoate。

②商品名：绿卡、京博保尔、成功、五星级。

③剂型：0.2%、0.5%、1%乳油。

④作用特点：从发酵产品阿维菌素 B_1 开始合成的一种半人工合成的高效杀虫、杀螨剂，属大环内酯双糖类化合物。具有胃毒、触杀作用。高效光谱，与母体阿维菌素相比对鳞翅目幼虫的活性普遍提高。作用机理是GABA受体激活剂，抑制昆虫神经系统活动，作用机理独特，不宜使害虫产生抗药性。作用迅速，持效期长。对人畜安全，不污染环境。

⑤毒性：原药中等毒性，制剂低毒。

⑥防治对象：对多种鳞翅目、同翅目害虫及螨类具有很高活性。小菜蛾、甜

菜夜蛾、棉铃虫。

⑦使用方法：喷雾。

⑧安全使用注意事项：遵守通常农药使用防护规则。

⑨与其他药剂混用：氯氰聚酯、辛硫磷、核型多角体病毒。

⑩主要生产厂家：山东京博农化公司、北京华戎生物激素厂、海南博士威公司、江苏克胜集团公司。

（5）灭蝇胺。

①英文通用名：cyromazine。

②商品名：潜克、钻皮净、斑蝇敌、灭蝇宝、潜力。

③剂型：30%、50%可湿性粉剂。

④作用特点：三嗪类昆虫生长调节剂，对双翅目幼虫有特殊活性，具有内吸传导作用，诱使幼虫畸变，抑制成虫羽化。

⑤毒性：低毒。

⑥防治对象：斑潜蝇。

⑦使用方法：喷雾，不要等见到潜叶虫道才防治，此时已失去防治适期。

⑧安全使用注意事项：暂无特效解毒剂。

⑨与其他药剂混用：不可与碱性药剂混用。

⑩主要生产厂家：浙江温州农药厂、辽宁沈阳化工研究院、青岛海利尔公司。

（6）氟虫腈。

①英文通用名：fipronil。

②商品名：锐劲特。

③剂型：5%悬浮剂、80%水分散粒剂。

④作用特点：广谱性有机杂环类杀虫剂，无内吸性，作用于昆虫神经的氯离子通道（GABA），对已对有机磷、菊酯类农药有抗性的害虫仍有高效。

⑤毒性：中等毒。

⑥防治对象：蚜虫、小菜蛾、二化螟、飞虱、甜菜象甲、氯盲蝽、蝗虫、地下害虫等。

⑦使用方法：喷雾。

⑧安全使用注意事项：对水生动物毒性高。

⑨与其他药剂混用：杀虫单、三唑磷、Bt。

⑩主要生产厂家：安徽华星化工公司、德国拜尔公司、杭州庆丰农化公司。

（7）溴虫腈（虫螨腈）。

①英文通用名：Chlorfenapyr。

②商品名：虫螨腈、除尽。

③剂型：10%悬浮剂。

④作用特点：溴虫腈是天然抗生素改造的合成芳基取代吡咯类化合物，它高效广谱，具有胃毒、触杀作用，持效期长，对钻蛀、刺吸和咀嚼式害虫、螨类的防效优异，具有新的作用方式，且与其他杀虫剂无交互抗性，对抗性害虫防效卓越，对作物安全，是极具特色的高效杀虫杀螨剂新品种。

⑤毒性：中等毒。

⑥防治对象：对抗性小菜蛾、甜菜夜蛾有特效。

⑦使用方法：喷雾。

⑧安全使用注意事项：无特殊解毒药剂，安全间隔期14天。

⑨与其他药剂混用：暂无混配药剂。

⑩主要生产厂家：德国BASF公司。

（8）多杀菌素。

①英文通用名：spinosad。

②商品名：菜喜、催杀。

③剂型：2.5%、48%悬浮剂。

④作用特点：从放线菌代谢物中提纯出的生物源杀虫素，杀虫速度与化学农药相似。

⑤毒性：低毒。

⑥防治对象：小菜蛾、甜菜夜蛾、蓟马。

⑦使用方法：1 500倍液喷雾。

⑧安全使用注意事项：暂无特效解毒剂。

⑨与其他药剂混用：无。

⑩主要生产厂家：美国陶氏益农公司。

（9）茚虫威。

①英文通用名：indoxacard。

②商品名：全垒打、安打、安美。

③剂型：30%水分散剂、15%悬浮剂。

④作用特点：含杂环的羧酸酯类杀虫剂，对鳞翅目高龄幼虫也有很好的仿效。作用机理使害虫神经肌肉麻痹，导致死亡。其作用机理与有机磷、氨基甲酸酯、拟除虫菊酯类杀虫剂不同，因此无交互抗性。它对天敌安全，有利于生态平衡。喷后2天即可采收。

⑤毒性：低毒。

⑥防治对象：多种鳞翅目害虫、叶甲。

⑦使用方法：喷雾。

⑧安全使用注意事项：配药时先配成母液。每个用药季节连续用药不要超过3次。

⑨与其他药剂混用：暂无混配药剂。

⑩主要生产厂家：美国杜帮公司。

（10）丁醚脲。

①英文通用名：diafenthiuron。

②商品名：保克螨、螨别1号、宝路。

③剂型：25%乳油、50%悬浮剂。

④作用特点：新型硫脲杀虫、杀螨剂，作用机制是抑制幼虫蜕皮致使其死亡。具有内吸、熏蒸作用。在紫外光下转化为杀虫活性物质，与有机磷、氨基甲酸酯、拟除虫菊酯类杀虫剂无交互抗性。

⑤毒性：低毒。

⑥防治对象：广泛用于棉花、水果、蔬菜、茶叶上的蚜虫、叶蝉、小菜蛾、甜菜夜蛾，柑橘红蜘蛛。

⑦使用方法：喷雾。

⑧安全使用注意事项：宜在晴天时使用。

⑨与其他药剂混用：可与大多数杀虫、杀菌剂混用。

⑩主要生产厂家：江苏常隆化工有限公司、瑞士诺华公司。

（11）5%氯虫苯甲酰胺悬浮剂（普尊）。

①作用特点：酰胺类新型内吸杀虫剂，胃毒为主，兼具触杀，害虫摄入后数分钟内即停止取食。使用方便，可喷雾或灌根使用。对鱼、虾及哺乳动物没有不良影响。

②毒性：微毒。

③防治对象：稻纵卷叶螟、小菜蛾。

④主要生产厂家：美国杜邦公司。

（12）棉铃虫核多角体病毒。

①英文通用名：NPV；商品名、奇劲。

②剂型：10 亿/ 克 NPV 可湿性粉剂

③作用特点：专对棉铃虫有效，病毒粒子侵入害虫体内繁殖，引起虫体化脓死亡。死亡速度缓慢。

④毒性：低毒。

⑤防治对象：棉铃虫。

⑥使用方法：500 ~ 1 000 倍液喷雾。

⑦与其他药剂混用：可与化学农药混用。

⑧主要生产厂家：河南焦作瑞宝丰生化农药有限公司。

（13）苏云金杆菌制剂。

①英文通用名：Bt（Bacillas：thuringiensis）。

②商品名：杀虫素、灭蛾灵。

③剂型：（以活孢子数计算）可湿性粉剂、悬浮剂。

④作用特点：它能产生伴孢晶体，其芽孢与伴孢晶体进入害虫体内，释放出毒素，引起害虫发病，软化腐烂。杀虫作用缓慢，5 天后达到死亡高峰期。

⑤毒性：对人畜无毒，对蜜蜂、天敌安全。

⑥防治对象：鳞翅目害虫。

⑦使用方法：喷雾。

⑧安全使用注意事项：不能与杀菌机混用。

⑨与其他药剂混用：可与多种杀虫剂混用。

⑩主要生产厂家：武汉生化农药厂。

二、杀菌剂

（一）什么是杀菌剂?

杀菌剂是指一类对真菌和细菌有毒的物质，有杀死病菌孢子、菌丝体获抑制其发育、生长的作用。

（二）杀菌剂的分类

（1）杀真菌剂（fungicide）和杀细菌剂（bacterieide）。

（2）保护性杀菌剂和内吸性杀菌剂。

(三)杀菌剂的发展趋势

药剂用量由多剂量向低剂量发展，毒力提高。

兼治多种病害，扩大杀菌谱。

许多研究机构已将各种抗药菌种列入筛选对象。

向低毒化发展，出现生物抑制剂。

对同一病原菌有效的杀菌剂的化学结构类型在增加。

(四)保护性杀菌剂常见品种

1. 无机杀菌剂

(1)种类。波尔多液、氧化亚铜、氢氧化铜、石硫合剂、硫黄制剂、汞制剂(赛力散)等。

(2)波尔多液。(bordeaux mixture)

①化学名称：碱式硫酸铜。

②组成及配制：(根据作用不同、病菌不同，配制比例有变化)。

硫酸铜：生石灰：水=1:1:100　1%等量式

硫酸铜：生石灰：水=0.5:0.5:100　0.5%等量式

硫酸铜：生石灰：水=1:0.5:100　半量式等量式

硫酸铜：生石灰：水=1:2:100　倍量式等量式

硫酸铜：生石灰：水=0.5:1:100　硫酸铜半量式

③应用：波尔多液为优良的保护性杀菌剂，在病菌侵入寄主前施药；对葡萄霜霉病防效好。但长期使用铜制剂会诱使螨类猖獗。

(3)石硫合剂。(lime sulphur)

①化学名称：多硫化钙。

②组成及配制：石灰：硫黄：水=1:2:100　加热熬煮。

③应用：防治多种作物的白粉病、锈病、杀螨。在果树休眠期使用，可以杀死越冬介壳虫、虫卵。

2. 有机硫杀菌剂

(1)有剂硫杀菌剂的特点。

①毒性基团，有剂硫杀菌剂是含有硫的有机合成杀菌剂。

②具有杀菌谱广，高效，低毒，药害少等特点。

③可代替铜、汞等无机杀菌剂防治多种植物病害。

④施药方法多样，可茎叶喷雾，种子(苗木)处理，土壤消毒。

⑤一般为非内吸性保护剂（敌磺钠有内吸性，代森铵有治疗作用除外）。

⑥代森系列药剂可降解为制畸、致癌物——乙撑硫脲（Etu）。

（2）有剂硫杀菌剂的分类。

①二硫代氨基甲酸盐类：

A. 乙二硫代氨基甲酸盐类（代森系）

代表品种：代森锰锌、大生

剂型：50%，70%，80%可湿性粉剂

使用方法：代森锰锌是广谱的保护性杀菌剂，防治真菌性叶病害。全球产量第一。

B. 二甲基二硫代氨基甲酸盐类（福美系）

代表品种：a 福美双

剂型：80%可湿性粉剂

使用方法：拌种防治药期立枯病、黑穗病；喷雾叶斑病。

b. 退菌特　为一种混配制剂，50%可湿性粉剂。可防治果树病害，苗立枯病等。

②三氯甲硫基类（cl3cs-）：代表品种：克菌丹和灭菌丹

③氨基硫酸类：代表品种：敌克松（fenaminosolf）［敌磺钠］

④硫代亚磺酸脂：代表品种——乙基大蒜素。用以防治棉花菌期病害、甘薯黑斑病。

3. 其他类型保护性杀菌剂

（1）取代苯类杀菌剂。

①五氯硝基苯（quintozene）：

A. 特性：是著名的拌种剂和土壤消毒剂。

B. 剂型：40%、70%可湿性粉剂。

②百菌清（chlorothalonil）［达克宁］：

特性：对多种作物的真菌病害具有预防作用。其化学性质稳定，在酸性和碱性条件下均不易分解，能同石硫合剂、波尔多液等碱性农药混用。

剂型：75%可湿性粉剂，5%粉尘剂，45%烟剂。

（2）二甲酰亚胺类杀菌剂。

其共同特点是对灰葡萄孢属和核盘菌属等引致的病害有特效。主要品种有：

①乙烯菌核利（vinclozolin）［农利灵］：

特性：低毒，为融杀性杀药剂，防治各种作物灰霉病、番茄早疫病和晚疫病，白菜黑斑病

剂型：50%可湿性粉剂

②腐霉利（procymidone）[速克灵、灰霉王]：

A. 特性：低毒，是一种接触型保护性杀菌剂，具弱内吸性。对苯并咪唑类杀菌剂有防治性的灰霉菌仍有效。

B. 剂型：50%可湿性粉剂，100%烟剂

③异菌脲（iprodione）[扑海因、唑唑霉、爱因思]：

A：特性：低毒，属广谱，触杀型保护性杀菌剂，具弱内吸性。防治多种作物的灰霉病、菌核病、果菜贮存期的防腐保鲜。不宜与乙烯菌核利、腐霉利等作用方式相同的药剂混用。

B. 剂型：50%可湿性粉剂、10%高渗乳油。

（五）内吸性杀菌剂常见品种

1. 内吸杀菌剂的防病作用特点

（1）药剂能渗透到植物体内或种子胚内，并且可传导至未施药的部位。

（2）内吸杀菌剂使用后，在新生的组织中相对较少。

（3）杀菌谱较窄，对病原菌的专化性较强。

（4）对植物较安全。

（5）内吸杀菌剂主要是抑制菌体的生长。

2. 内吸杀菌剂的发展趋势

（1）甾醇抑制剂类杀菌剂发展较快。

（2）在内吸输导方面，找到了向基性输导的品种。

（3）加强了针对鞭毛菌病害的新内吸剂的研究。

（4）对病原菌抗药性问题认识不断加深。

（5）加强了对菌无毒性化合物的研究。

3. 内吸性杀菌剂的分类

（1）有机磷类。

①稻瘟净（EBP）：对稻瘟病有良好的防治效果，具有保护和治疗双重作用。1970年有机汞杀菌剂被禁用后，稻瘟净成为我国突出的大品种（产量占杀菌剂的50%）。

②乙膦铝（Aliette）[疫霜灵]：

A. 特点：内吸输导作用可双向传导（即可以自下而上，也可自上而下）。

B. 剂型：80%可湿性粉剂。

C. 使用方法：300～400倍液喷雾，灌根。

（2）苯并咪唑类。

①多菌灵（carbendazim）和噻菌灵：

A. 特性：广谱内吸性杀菌剂，对所有半知菌类、子囊菌、担子菌病害均有效，防治40余种病害。

B. 剂型：25%、50%可湿性粉剂。

②甲基硫菌灵（thiophenate-M）[甲基托布津]：

A. 特性：与多菌灵一样都是广谱、高效、低毒的内吸性杀菌剂。易产生药害。

甲基托布津在代谢过程中转化成多菌灵（“关环”反应）。

B. 剂型：70%可湿性粉剂。

C. 使用方法：与多菌灵相同。

（3）羧酰替苯胺类（丙稀酰胺类）。

①萎锈灵（carboxin）：

特性：是最早出现的内吸杀菌剂（1966年，美国）。对麦类黑穗病，土壤中的立枯病菌有效。

②氟吗啉（flumorph）[施得益]：

特性：甾醇类抑制剂防治卵菌纲 病害：霜霉病、疫病等。

剂型：50%、60% WP。

（4）三唑类——麦角甾醇生物合成抑制剂（EBIS）。

①麦角甾醇是构成真菌和细菌细胞膜的主要成分。三唑类杀菌剂的作用机制是对麦角甾醇的生物合成起抑制作用，最终导致细胞死亡。

②三唑类化学结构的共同特点是有一个杂环。其防治对象：白粉病、锈病、果树黑星病等。

③甾醇抑制剂的特点：

A. 有强的向顶性传导活性和明显的熏蒸作用。

B. 杀菌谱广（除鞭毛菌和病毒外）：子囊菌、半知菌、担子菌。

C. 高效，使用的有效剂量低。

D. 药效期长，持效期为3周以上。

E. 一些品种（粉锈宁、丙环唑）等对双子叶作物有明显的抑制作用。

例如，粉锈宁抑制金银花、小麦生长（抗倒伏）。

F. 产生抗药性的可能性小。

④三唑类代表品种如下。

A. 三唑酮（triadimefon）［粉锈宁、百里通］

特性：防治谷物白粉病、锈病、黑粉病、水稻纹枯病。既有保护作用又有治疗作用，对病原菌孢子有熏蒸作用。

三唑酮一般代谢为三唑醇，对蔬菜、花卉尤其是花期有抑制作用。

剂型：25% WP、20% EC。

使用方法：喷雾或拌种。

B. 三唑醇（triadimenol）［百坦、抑菌净］

三唑醇比三唑酮的活性更高。

剂型：15% WP、25% 干拌种剂。

C. 烯唑醇（diniconazole）［速保利、特普唑、禾果利］

特性：麦类黑穗病的特效杀菌剂，有生长调节活性，具有保护、治疗双重作用。

剂型：2%、12.5% WP，5% 拌种剂。

D. 丙环唑（propiconazole）［脱力特］

特性：具有保护和治疗双重作用，对子囊菌、担子菌、半知菌引起的植物病害有效。

剂型：25% EC。

注意它对双子叶作物有明显的抑制作用。

E. 腈菌唑（myclobutanil）［灭菌强、生源］

特性：三唑类强内吸性杀菌剂，杀菌谱广、药效高、持效期长，具预防和治疗双重作用。可防治白粉病、黑星病、锈病、叶斑病等。

剂型：12% 乳油。

（5）咪唑类。

①咪鲜胺（prochloraz）［果鲜宝、疽止、施保功、使百功］：

A. 特性：咪唑类广谱杀菌剂，不具有内吸性，但有一定的传导性能。防治西瓜炭疽病。

B. 剂型：多种剂型。

②氟菌唑［特富灵］：

广谱内吸杀菌剂，主要用于麦类、瓜类、蔬菜、果树的白粉病、锈病、黑星病、胡麻叶斑病、蔬菜炭疽病。

（6）嘧啶类。

①氯苯嘧啶醇（fenarimlo）［乐必耕、异嘧菌醇］：

广谱性内吸杀菌剂：果树黑星病、白粉病、花生黑斑病。

②嘧霉胺（pyrimenthanil）［施佳乐、灰落］：

A. 特性：苯胺基嘧啶类内吸杀菌剂，具有内吸传导和熏蒸作用，能穿透叶片，具有保护和治疗双重作用。其作用机理独特，通过抑制病菌侵染酶的产生，从而阻止病菌的侵染并杀死病菌。对灰霉病有特效。

B. 剂型：25% WP、12. 5% EC、40% 悬浮剂。

（7）吗啉类。

①十三吗啉（tridemorph）［克啉菌］：具有保护、治疗作用的广谱内吸杀菌剂，防治核果类、花生的白粉病、锈病、叶斑病。可拌种用。

②烯酰吗啉（dimetjomorph）［安克］：

A. 特性：内吸性强；根部施药，可进入植物各个部位，具有预防和治疗双重作用。

对霉霜病、疫病、黑胫病特效。

B. 剂型：50% WP、60% 水分散粒剂。

（8）苯基酰胺类。

这类杀菌剂的特性：对霜霉病、疫病、晚疫病、猝倒病等卵菌纲真菌病害防效好。内吸渗透及传导比较快，有向顶性、自基性、侧向传导作用。具有保护与治疗双重作用。注意抗药性的产生。

①甲霜灵（metalaxyl）［瑞毒霉、雷多米尔］。

②恶霜灵（oxadixyl）［杀毒矾］。

（9）其他类型杀菌剂。

①恶霉灵（hymexazol）［土菌消、绿亨一号、康有力］：

A. 特性：内吸性杀菌剂，同时又是一种土壤消毒剂，对苗期猝倒病、立枯病等土传病害有效。

B. 剂型：15%、70% 可湿性粉剂。

C. 使用：喷雾、拌种、灌根。

②胺丙威（propomocarb）[霜霉威、普力克]：

A. 特性：内吸性氨基甲酸酯类杀菌剂，防治霜霉病、猝倒病。

B. 剂型：72%水剂。

③乙霉威（diethofencarb）[万霉灵]：

A. 特性：内吸性氨基甲酸酯类杀菌剂，防治灰霉菌、炭疽病特效；具有预防和治疗双重作用。

B. 剂型：65%甲霉灵WP、50%多霉灵WP。

④霜脲氰（cymoxanil）[克绝、克露]：

A. 特性：为取代脲类杀菌剂，局部内吸性，防治霜霉病、疫病。

B. 剂型：72%WP。

⑤嘧菌酯（azoxystrobin）[阿米西达、安灭达]：

A. 特性：杀菌作用独特，作用于真菌的线粒体，超广谱的内吸杀菌剂，对多种病害有效。

B. 剂型：50%水分散粒剂（先正达公司）。

⑥醚菌酯（kresoxim-methyl）[翠贝]：

A. 特性：杀菌作用独特，作用于真菌的线粒体，超广谱的内吸杀菌剂，对多种病害有效。

B. 剂型：30%悬浮剂（德国巴斯夫公司、山东京博农化公司）。

⑦盐酸吗啉胍[功毒、毒净]：

A. 特性：防治多种作物病毒病。

B. 剂型：20%WP。

⑧噻菌酮（thiediazole copper）[龙克菌]：

A. 特性：在植物体内对细菌有强抑制力，对细菌病害有效。

B. 剂型：20%悬浮剂（浙江龙湾化工有限公司）。

⑨富士一号（isoprothiolane）[稻瘟灵]：日本开发，属杂环类内吸杀菌剂，对稻瘟病有特效。

⑩三环唑（EL—291）：美国开发，属多唑类内吸杀菌剂，对稻瘟病防治效果好，用药量少，持效期长。

（六）农用抗生素类杀菌剂

1. 农用抗生素（antibiotics）

（1）定义。农用抗生素是一类由微生物产生的次生代谢物。它的作用对象包括植物病害、虫害，还用于除草、抗病毒等。

（2）来源。①由微生物产生；②人工模拟合成；③结构改造半人工合成。

（3）地位。农用抗生素作为化学农药，而归入生物防治的范畴。日本是研究和生产农抗较多的国家。

2. 农用抗生素的主要品种

（1）杀稻瘟素-S。1958 年，杀稻瘟素-S 的发现，是农抗的第一块里程碑。

（2）春雷霉素（kasugamycin，春日霉素）。1965 年由日本在春日神社的土壤样本中分离得到，对稻瘟病防效好。易产生抗药性。（吉林延边农药厂生产）

（3）农用链霉素（唯它灵）。主要用于防治细菌性病害。

（4）井冈霉素（vdlidamycin，有效霉素）。是一个多组分的弱碱性氨基肌醇类抗生素。对水稻纹枯病特效，是我国农抗产量最大的品种。

（七）杀线虫剂

1. 常见线虫病的种类

线虫属于无脊椎动物线形门，线虫纲。线虫引起植物的线虫病，如：小麦粒线虫，甘薯茎线虫，花生根结线虫，黄瓜根结线虫，大豆孢囊线虫，松树线虫等。其中土传的根结线虫和孢囊线虫危害最重。

2. 杀线虫剂的主要品种

（1）杀虫菌素类。2%阿维菌素、1 000倍液灌根。

（2）有机磷类。除线磷、氯唑磷（米乐尔）。

（3）二硫代氨基甲酸脂类。涕灭威（铁灭克）或威百亩等。

三、除草剂

（一）概述

1. 杂草的危害特点

田间杂草与作物争肥、争水、争阳光、争土地，造成农作物产量和品质下降，有些杂草还是病虫害的中间寄主，有利于病虫害的传播与蔓延。

2. 使用除草剂的意义

化学除草高效、彻底、省工、增产，提高劳动生产率，改革现有栽培制度（免耕法等）。

3. 除草剂的发展简况

除草剂的开发及应用只有近百年的历史。1895 年发现“硫酸铜”具有选择性除草作用；1932 年有机合成除草剂“二硝酚”“地乐酚”诞生；1942 年内吸选择性除草剂 2，4-D 出现。开始了除草剂的新纪元。

4. 除草剂应用现状

在发达国家，除草剂的产量、产值、使用量都超过了杀虫、杀菌剂。在我国除草剂的用量，仅占农药总量的 10% 左右。

（二）除草剂的选择性原理

1. 形态选择

植物的形态直接影响药液的附着和吸收量，从而形成了除草剂的形态选择。

2. 生理选择

由植物茎叶或根系对除草剂的吸收和传导的差异产生的选择性，称为生理选择性。

敏感型植物：吸收和传导除草剂快；安全性植物：不能吸收和传导除草剂。

3. 生化选择性

除草剂在不同植物体内发生的生物化学反应（活化、钝化）不同，因而使除草剂对不同植物有明显的选择性（即生化选择性）。

4. 人为选择

是根据除草剂的性质、土壤环境条件、作物和杂草的生物学特性三者的差异，选择适当药剂和使用方法而形成的选择性。

（1）位差选择。利用作物、杂草（种子根系）在土壤中的位置差异，或在地面的分布差异，使除草剂与杂草同位（接触多），而与作物异位（接触很少）。

（2）时差选择。利用杂草、作物发芽出土的时间差异，而形成的选择性。

（3）利用安全剂选择。

（三）除草剂的科学使用

1. 影响药效（和药害）的环境因素

（1）土壤因素。

①土壤质地与有机质含量：影响吸附性、淋溶性。

②土壤微生物：降解失活；活化作用。

③土壤含水量：除草剂只有在土壤中处于溶解状态，才能被吸收而发挥药效。

（2）气象因素。

①温度：温度高，药效好。不同温度地区用药量不同。

②湿度：湿度大、药效好。

③光照：光照强、药效好。但敌稗，氟乐灵除外。

④风雨：风雨大、药效差（小雨时除外）。

2. 除草剂在环境中的降解与消失

（1）物理消失。

①光解：二硝基苯胺类（氟乐灵）易光解。

②挥发：温度高、湿度大易挥发。二硝基苯胺类、硫代氨基甲酸酯类挥发性强。

③土壤吸附：可逆吸附（土壤胶粒）；不可逆吸附（有机质胶粒）。脲类、三氮苯类、硫代氨基甲酸酯类除草剂易被吸附。

④淋溶。

（2）化学分解。氧化、还原、水解、形成非溶性盐类。

（3）生物降解。

①土壤微生物降解：是最普遍最重要的降解途径（真菌、细菌、放线菌）。

②在植物体内降解：氧化、还原、水解、轭合。

3. 除草剂的使用方法

除草剂杀死的是植物（杂草），保护的也是植物（作物），而且除草剂的药效受环境因素影响很大，故使用方法比杀虫、杀菌剂严格。

（1）茎叶处理法。

将除草剂直接喷洒到杂草植株上。

①作物播前茎叶处理。

②作物生育期茎叶处理：

A. 直接喷雾（药剂选择性好），如2，4-滴防除麦田的阔叶杂草。

B. 定向喷雾（药剂选择性差），可用保护罩。

③涂抹法

（2）土壤处理法。

①播前土壤处理：

A. 土表处理：如稻田，用五氯酚钠，喷于农田表面。

B. 混土处理：先将除草剂喷与土壤表层，再用耙与表土混伴均匀，药层4～6厘米。(对易挥发和光解的农药更有效)，如氟乐灵。

②播后苗前土壤处理：可利用位差选择。

(四) 常用除草剂主要类型及品种

1. 酚类

是最早应用的有机合成选择性除草剂。如二硝酚，五氯酚纳。

2. 苯氧羧酸类

(1) 特性。

①杀草谱广，选择性强，用量少，使用安全。

②茎叶处理，防除阔叶杂草；土壤处理防除禾本科杂草的幼芽。

③植物的根、茎、叶可吸收，具有内吸传导性。

④用于水稻、玉米、小麦等多种作物田，防除一年生、多年生阔叶杂草和部分莎草科杂草。

(2) 代表品种。

① 2，4-D：

A. 特性：常以其钠盐，或酯的形式使用，如 2，4-D 丁酯。

B. 作用机制：为典型的植物激素型除草剂，干扰植物体内激素平衡。

C. 使用方法：苗后茎叶处理，小麦田好。

D. 注意：药效发挥与温度正相关；晴天中午使用。棉花、葡萄、瓜类、豆类、苹果树对其敏感，注意漂移。

②2 甲 4 氯（MCPA）。

③禾草灵。

④喹禾灵（盖草灵）：防除阔叶作物田一年生禾本科杂草。

⑤吡氟禾草灵（精稳杀得）：防除一年生禾本科杂草。

⑥氟吡甲禾灵（高盖）：防除一年生杂草，杂草 3 ~ 5 叶期，茎叶处理。

3. 苯甲酸类

(1) 特性。

①既有除草活性，也有植物激素作用。

②既有叶面处理活性，也有土壤处理活性。

③能被植物根、茎、叶吸收并传导，选择性好。

(2) 代表品种。

①草灭平（chloramben，豆科威）：

使用：大豆田，播后苗前土壤处理。防除一年生阔叶杂草和禾本科杂草。不能防除已出苗的杂草。

②麦草畏（dicamba，百草敌）：

使用：芽后除草剂，在植物体内吸收传导性强，防除禾本科作物田一年生宿根阔叶杂草。小麦田慎用。

4. 二苯醚类

（1）特性。

①多为土壤处理剂，苗前处理，防除一年生杂草；对阔叶杂草防效高于禾本科杂草。

②为触杀型除草剂，在植物体内传导性差。

③作用机理是干扰植物呼吸作用、光合作用，作用部位是幼芽。水稻、大豆等作物能使其分解失效。

（2）代表品种。

①除草醚：对动物有潜在毒性，已被禁用。

②乙氧氟草醚（oxyfluorfen，果尔）。

使用：喷雾土壤处理，在杂草萌发出土前施药，主要用于水稻、大豆、森林苗圃等防除一年生阔叶杂草、莎草科、禾本科杂草。也可用于洋葱 3 叶 1 心期茎叶处理。

③虎威。

④克阔乐。

⑤杂草焚。

5. 二硝基苯胺类

（1）特性。

①饱和蒸汽压高，易挥发和光解，喷药后立即耙地拌土。

②土壤处理剂，播前使用，防除一年生禾本科杂草的幼芽，对阔叶杂草防效较差。

③除草效果稳定，在土壤中挥发的气体也有杀草作用，在干旱条件下也能发挥较好的除草效果。

④水溶性较低，吸附性强，淋溶性差，在土壤中不移动，多次重复使用不积累，对后茬作物无影响。

⑤使用范围广，主要在旱田、蔬菜田除草（豆科、十字花科、棉花、向日葵、茄科、胡萝卜、百合科蔬菜）。

⑥有机质含量高的土壤，应适当提高用药量。

(2) 代表品种。

①氟乐灵（trifluralin，特福力，茄科宁）。

A. 特点：旱田除草剂骨干品种，能与大多数农药混用，选择性芽前土壤处理剂，对已出土杂草无效。持效期长，能控制整个生育期的杂草。

B. 使用：整地→喷药→混土→播种→盖膜。

打药后必须进行混土，深度为3～5厘米，随喷随混。亩用量125～150毫升。河北主要用于棉田、菜田等。

②丁乐灵（地乐安）。

③二甲戊乐灵（pendimethalin，除草通、施田补）。

6. 酰胺类

(1) 特性。

①几乎所有品种都是防除一年生禾本科杂草，对阔叶杂草防效较差。

②多数品种为土壤处理剂，幼芽吸收，残效期1～3个月。

③作用机制：抑制植物淀粉酶和蛋白酶活性，破坏蛋白质合成，使杂草死亡。

④大多数品种水溶性中等，不挥发，不能混土。

(2) 应用。

①不同品种适用作物不同：防除一年生禾本科杂草：甲草胺、乙草胺、异丙甲草胺（都尔）。麦田的野燕麦：新燕灵。水稻田的稗草：敌稗。

②土壤干旱，不利于药效的发挥，适当进行浅混土，有利于药效发挥。有机质含量高、黏性土壤适当加大药量。

③各品种杀草活性：旱田除草：乙草胺 > 异丙甲草胺 > 甲草胺。

稻田除草：丁草胺 > 丙草胺。

(3) 代表品种。

①敌稗（propanil，斯达姆）：敌稗是触杀性除草剂，喷雾做茎叶处理，不能做土壤处理剂使用，一般在稗草二叶一心期，落水喷药。不能与有机磷、氨基甲酸酯类杀虫剂混用，否则敌稗对水稻有药害。

②甲草胺（alachlor，拉索，草不绿）：为选择性芽前土壤处理剂，对已出土的杂草无效，防除玉米、大豆、棉花田、一年生禾本科杂草。

③乙草胺（acetochlor，禾耐斯）：酰胺类除草剂里生产量最大，是我国北方旱田当家品种，防除玉米、大豆、花生、棉花田一年生禾本科杂草，对阔叶杂草

防效差。

④丙草胺。

⑤丁草胺（butachlor，灭草特、马歇特）：水田中重要除草剂，防除一年生禾本科杂草，对稗草也有效。在北方稻田使用有隐性药害；中后期水稻抽穗不正常，可减产 10%。与阿特拉津混用，可减少丁草胺的用药量。

⑥异丙甲草胺（metolachlor，都尔）：可防除大豆、花生、豆角、向日葵、甜菜、十字花科作物、西瓜、以及玉米、甘蔗田里的一年生禾本科杂草。对作物安全性较好。播后苗前施药。在白菜、萝卜田慎重用药。

⑦扑草胺（普乐宝）：新开发品种。不能在西瓜田使用。

7. 氨基甲酸脂类和硫代氨基甲酸脂类

（1）特性。脂类除草剂

（2）代表品种。

①燕麦灵。

②甜菜宁：作用机制，是抑制光合作用中希尔反应的电子传递。

③禾草丹。

④禾草特（molinate，禾大壮）：稻田专用除草剂，对大龄稗草有特效。

8. 脲类

（1）特性。

①水溶性低，土壤处理剂，根部吸收，具有内吸传导性。

②光合作用抑制剂，抑制希尔反应，使杂草饥饿死亡。

③苗前土壤处理，对阔叶杂草的防效大于禾本科杂草。

④典型的药害症状：叶片失绿、坏死、黄化、白化。

（2）代表品种。

①敌草隆。

②利谷隆：在潮湿的土壤中可缓慢分解，雨水多的地区不宜使用。

③绿麦隆。

9. 磺酰脲类

（1）特性。

①超高效除草剂，（主要用于麦田），发展最快。

②杀草谱广：绝大多数阔叶杂草，一部分禾本科杂草。

③选择性强，对作物安全，使用方便，土壤、茎叶处理均可。

④作用机制：抑制乙酰乳酸合成酶，影响细胞分裂。

（2）代表品种。

①苯磺隆（tribenuron-methyl，巨星、阔叶净）。内吸、传导、选择、高效麦田除草剂。

②甲磺隆：麦田高效除草剂，对后茬作物安全。

③苄嘧磺隆（农得时、稻无草）。稻田高效除草剂，防除阔叶草及莎草。

④氯磺隆（绿磺隆）。最早开发的磺酰脲类除草剂，防除麦田、亚麻田阔叶杂草。持效期长，对后茬甜菜、蔬菜有药害。

10. 三氮苯类

（1）特性。

①现代除草剂中最主要的一类，为各类除草剂之首。

②杀草谱广，对防除阔叶杂草效果优于禾本科杂草。

③作用机制是抑制光合作用过程中的希尔反应；属于典型的光合作用抑制剂。

④分为津系、通系、净系；不同品种特征不同。

（2）代表品种。

①西玛津（simazine）：内吸选择性除草剂，用于玉米田，杂草处于萌发高峰时作土壤处理。生化选择原理是玉米体内的玉米铜，可使西玛津羟基化而失去活性。

②莠去津（atrazine，阿特拉津）：内吸选择性土壤兼茎叶处理除草剂，主要用于玉米田，以播后苗前土壤处理为主。在水中的溶解度大，可通过淋溶污染地下水，限制使用。

③扑草净（prometryne）：内吸选择性除草剂，在棉田播后苗前土壤处理，防除一年生禾本科杂草和阔叶杂草。

11. 季胺盐类（联吡啶类）

（1）特性。

①是触杀性除草剂，作用特别迅速，杀伤植物绿色部分。

②灭生性除草剂，在作物出苗前作茎叶处理，在作物出苗后作定向处理。

③接触土壤后迅速被土壤吸附而失去活性。

④水溶性盐类，加工成水剂使用。

⑤作用机制：干扰光合作用中的电子传导系统。

（2）代表品种。

①百草枯（paraquat，克芜踪）：为触杀型灭生性除草剂，茎叶处理杀死杂草绿色部分（地上部分），不杀根。

②敌草快：对禾本科杂草效果差。

12. 有机磷类

（1）草甘膦（glyphosate，农达，镇草宁）。是内吸传导型灭生性除草剂，通过茎叶吸收传到杂草全株，对多年生深根杂草的地下组织破坏力极强；杀草机理是干扰蛋白质的合成。加工成水剂作茎叶处理，主要用于非耕地、果园。

（2）莎草磷。选择性内吸传导型除草剂，通过根部吸收传至植株全身，用于防除水稻田稗草、莎草等。

四、常见植物生长调节剂

（一）概述

1. 什么是植物激素？其作用如何？

植物体内存在着一种对植物生长发育影响很大，但含量很少的物质，这就是植物激素。它对植物的发芽、生根、开花、结果等主要生命活动起调控作用。

2. 六大植物激素：赤霉素、细胞分裂素、脱落酸、乙烯、2，4-D、芸薹内酯素

3. 什么是植物生长调节剂？

人们模拟植物激素的分子结构，人工合成出能够调控植物生长的化学物质，统称为植物生长调节剂。

（二）分类

植物生长调节剂品种多，可按生理效应和用途、化学结构、植物激素类型三种方法分类。

1. 按照生理效应和用途分类

（1）矮化剂。作用机理是抑制体内赤霉素的生物合成，如矮壮素、多效唑、调节啶、缩节安、比久。

（2）生根剂。如吲哚乙酸、萘乙酸、生根粉。

（3）摘心剂。能使植物顶端停止生长的一类植物生产调节剂。如抑芽敏。

（4）催熟剂。如乙烯利、增甘膦。

（5）杀雄剂。可使自花授粉的植物实现异花授粉。如2，4-D丁酸。

2. 按化学结构分类

（1）吲哚类。如吲哚乙酸（IAA）。

（2）奈类。如萘乙酸（NAA）、抑芽醚。

（3）苯氧乙酸类。如2，4-D（大棚番茄沾花，防止落花）。

（4）嘌呤衍生物。如玉米素、激动素、（年年乐、喷旺）。

（5）季胺盐类。如矮壮素。

（6）三唑类。如多效唑、稀效唑。

（7）内脂类。如油菜内脂、香豆素。

3. 按植物激素类型分类

（1）生长素类。

作用特点：是促进细胞增长或加速细胞分裂。如萘乙酸、2，4-D、吲哚丁酸、防落素等。

（2）赤霉素类。

作用特点：是刺激茎叶生长，有利于代谢产物在韧皮部内积累。

作用机制：促进DNA、RNA的合成，加快同化物的流动。如九二〇。

（3）细胞分裂素类。

作用特点：促进细胞分裂和扩大，延缓衰老。如玉米奈、异戊烯基腺嘌呤（IPA）。（年年乐、喷旺）。

（4）乙烯类。

作用特点：果实早熟，培育壮苗。如乙烯利、乙二膦酸。

（水果后熟分泌物），打开包装袋，以防香橙烂。

（5）脱落酸类。

作用特点：促进离层形成，导致器官脱落。如赛苯隆（可使棉花提前10天收获）。

（6）生长抑制剂类。

作用特点：一类抑制顶端生长；一类抑制茎生长，使节间缩短。如抑芽敏：烟草；调节啶：棉花（缩节胺）；多效唑：水稻壮秧；比久：果树、蔬菜；抑芽丹（青鲜素）：防止磷茎和块茎在贮藏期发芽。

（三）使用注意事项

植物生长调节剂具有促进生长和抑制生长两种效应；其生物活性很强，使用浓度都比较低，不同作物、不同时期使用浓度不一样，注意避免出现药害。另外，它不是植物营养物质，不能代替植物生长必需的水、肥条件。

五、杀鼠剂和熏蒸剂

（一）杀鼠剂

1. 概述

（1）鼠类，属哺乳动物，啮齿目（Rodentia）。全世界有1 867种，一般分为家鼠和田鼠两大类。其特性：杂食、色盲、无呕吐中心、爱修饰、繁殖力强。一只田鼠一生要消耗9 千克粮食。

（2）对鼠类综合防治措施。

①改变鼠类的生存环境。

②生物防治，养猫驯狗、利用致病菌、寄生虫。

③化学绝育。

④器械灭鼠。

⑤化学药剂灭鼠。

（3）化学灭鼠的缺点。人、畜中毒；二次中毒。

2. 急性杀鼠剂

（1）安妥（Antu）。作用机理，引起动物肺水肿。

（2）磷化锌。无机杀鼠剂，适口性好，引诱力强。作用机理是在动物胃内可释放出磷化氰，中毒。

（3）灭鼠优。

（4）灭鼠安。

3. 抗凝血杀鼠剂

（1）定义。抗凝血剂是指一类慢性或多剂量杀鼠剂。其作用机理是：一为降低血液的凝固能力，一为损害毛细血管；使动物死于内出血。

（2）特点。作用缓慢，须使鼠类连续几天，多次取食，才能累计中毒死亡。因此，不会引起鼠类拒食，灭鼠效果优于急性杀鼠剂。

（3）分类：香豆素类和茚满二酮类。

①香豆素类：

A. 杀鼠灵（Warfain）：优点是慢性毒力比急性毒力大。

B. 比猫灵（Coumachlor　氯杀鼠灵）。

C. 杀鼠迷（Cumatetralyl）：适口性优于杀鼠灵，对产生抗药性的鼠也有效。

D. 克灭鼠（Cumafuryl）。

E. 大隆（Talon）：毒力大，又有累积毒性，是最理想的杀鼠剂。既有急性毒性，又有慢性毒性。

F. 溴敌隆（Bromadiolone）。

G. 鼠得克（Difenacum）。

②茚满二酮类：

A. 敌鼠钠盐。

B. 鼠完。

C. 杀鼠酮。

4. 杀鼠剂的使用方法

（1）毒饵：由杀鼠剂、诱饵、添加剂组成。添加剂包括：增效剂、黏着剂、警戒剂、吐酒石。急性杀鼠剂毒饵投放方法，需先投放“前饵”。

（2）毒水：褐家鼠每天饮水 25 毫升。

（3）毒粉。

（二）熏蒸剂

1. 概述

（1）定义。利用有毒的气体、液体或固体所挥发出来的蒸汽毒杀害虫或病菌称为熏蒸。用于熏蒸的药剂称为熏蒸剂。

（2）熏蒸剂的特点。更有效的防治相对集中而隐蔽的害虫和病菌。如储粮害虫、土壤中的病虫、温室内病虫和植物检疫。

2. 常用熏蒸剂的品种

（1）氯化苦。催泪性毒气。

（2）溴甲烷。对人无警戒性，常加入一些氯化苦。

（3）硫酰氟。低温条件下仍能表现良好效果，大量用于港口产品的熏蒸。为优良熏蒸剂。

（4）磷化氢（磷化铝）。无色气体，有电石和大蒜气味。

（5）四氯化碳。

第三节　肥料基本知识

一、肥料的性质和分类

肥料是指以提供植物养分为其主要功效的物料，其作用不仅是供给作物以养分，提高产量和品质，还可以培肥地力，改良土壤，是农业生产的物质基础。

肥料按化学成分分：无机肥料、有机肥料；按元素种类分：氮肥、磷肥、钾肥等；按养分多少分：单质肥料、复合肥料等；按养分有效性分：速效肥料、缓效肥料、长效肥料；按肥料状态分：固体肥料、液体肥料、气态肥料；按化学性质分：生理碱性肥料、生理酸性肥料、生理中性肥料。

（一）有机肥料

一般由动物、植物残体或排泄物组成，含有较多的有机质，需经分解后才能被植物利用，肥效迟缓但持久；所含养分元素的种类齐全而浓度低，具有明显的改善土壤的物理、化学以及生物学性质；体积大，有机质、无害化处理以及运输与施用方面需要大量劳动力。

（二）无机肥料

无机肥料又名化学肥料，其生产是应用煤、石油、天然气等能源，以地壳中埋藏的矿物态养分元素或大气中的气态养分元素（如 N_2）作为原料，通过现代的化学生产工艺转变成简单形态的肥料。化学肥料多数是水溶性或弱酸性，能为植物直接吸收利用；能够改变或调控土壤中某种或数种营养元素的浓度；施入土壤后其养分形态也可能发生变化，而导致养分的有效性下降；化学肥料的加工、运输储藏和施用等有一定的要求。

（三）生物肥料

生物肥料是含有益微生物的菌剂，主要作用在于促进所接种微生物的繁殖，调整作物与微生物相互间关系，利用后者的活动或代谢产物，改善作物营养状况或抑制病害，从而获得增产。生物肥料含有高效活性菌株，要求有适宜的土壤环境；施用方法和时间等有严格要求。

二、主要化肥品种和性质

（一）氮肥

氮肥生产是我国化肥工业的重点，氮肥产量占化肥总产量的绝大部分。氮肥种类很多，大致可分为铵态氮肥、硝态氮肥、酰胺态氮肥和长效氮肥，其中尿素和碳酸氢铵为最常用品种。

1. 尿素

含 N42% ~46%，含氮较高，是固态肥料含 N 最高的单质氮肥。尿素结构为 $H_2N-CO-NH_2$，是化学合成的有机小分子化合物。尿素为白色针状或棱柱状结晶，易溶于水，易吸湿，特别是在温度大于20℃、相对湿度80%时吸湿性更大。目前在尿素生产中加入疏水物质制成颗粒状肥料，以降低其吸湿性。尿素制造过程中，温度过高，会产生缩二脲，尿素中缩二脲含量应小于2.0%。

2. 碳酸氢铵

碳酸氢铵含氮17%左右，是在氨水中通入 CO_2，离心、干燥而成，其制造流程简单，能量消耗低，投资省，建设速度快。碳酸氢铵为白色细小的结晶，易溶于水，属速效性肥料；肥料水溶液 pH 值为8.2~8.4，呈碱性反应；碳酸氢铵化学性质不稳定，易分解挥发损失氨，尤其对热的稳定性差，高温下更易引起分解，所以应密封、阴凉干燥处保存。

施入土壤后，碳酸氢铵很快发生解离为均能被作物吸收利用的 NH_4 + 和 HCO_3^-，不残留任何副成分，因此长期施用不会给土壤带来任何影响。

（二）磷肥

磷肥按磷的有效性或溶解度不同分为水溶性磷肥，即肥料中的磷能被水溶解出来的磷肥，如过磷酸钙、重过磷酸钙等；弱酸溶（枸溶）性磷肥，即肥料中的磷素能被2%的柠檬酸或中性柠檬酸铵溶解出来，如钙镁磷肥；难溶性磷肥即肥料中的磷只能被强酸所溶解的磷肥，如磷矿粉。所有磷肥中过磷酸钙为最常用品种。

过磷酸钙

过磷酸钙，简称普钙。是酸制法磷肥的一种，是用硫酸分解磷灰石或磷矿石而制成的肥料。

(1) 成分。过磷酸钙成品中含有效磷（以 P_2O_5 计）12% ~20%。主要含磷化合物是水溶性磷酸一钙 [$Ca(H_2PO_4)^2 \cdot 2H_2O$]，占肥料总量的30% ~50%；难溶性硫酸钙 [$CaSO_4 \cdot 2H_2O$]，占肥料总量的40% ~45%；此外还含有3% ~5%游离磷酸和硫酸。

(2) 性质。过磷酸钙为灰白色、粉末状；呈酸性反应，有一定的吸湿性和腐蚀性；潮湿的条件下易吸湿、结块；过磷酸钙易发生磷酸的退化作用即过磷酸钙吸湿或遇到潮湿条件、放置过长，会引起多种化学反应，主要是指其中的硫酸铁、铝杂质与水溶性的磷酸一钙发生反应生成难溶性的磷酸铁、铝盐，降低了磷肥肥效的现象，因此，过磷酸钙含水量、游离酸含量都不宜超标，并且在贮存和运输过程中注意防潮，贮存时间也不宜过长。

（三）钾肥

1. 硫酸钾

硫酸钾主要是明矾石、钾镁矾为原料经煅烧加工而成的，为白色或淡黄色结晶；K_2O 含量为50%～52%，易溶于水，对作物是速效的，吸湿性较小，不易结块，属化学中性、生理酸性肥料。

2. 氯化钾

氯化钾主要由光卤石（$KCl \cdot MgCl_2 \cdot H_2O$）、钾石矿、盐卤（$NaCl \cdot KCl$）加工而制成的，为白色或淡黄色、紫红色结晶，$K_2O$ 含量为60%，易溶于水，对作物是速效的，有一定吸湿性，长久贮存会结块，属化学中性、生理酸性肥料。

（四）复合（混）肥料

复合（混）肥料系指含有氮、磷、钾三要素中两种或两种以上养分的化学肥料，有的国家也叫综合肥料或多养分肥料，有时在复合（混）肥料中除 N、P、K 以外亦可以含有一种或几种可标明含量的中微量营养元素。

含两种养分的复混肥料称为二元复混肥料，含三种养分的复混肥料称为三元复混肥料；除三种养分外，还含有微量元素的叫多元复混肥料；除养分外，还含有农药或生长素类物质叫多功能复混肥料。

复混肥料按养分浓度的不同又分为低浓度复混肥、中浓度复混肥、高浓度复混肥。

（五）微量元素肥料

微量元素肥料，简称微肥，是指含有微量元素养分的肥料，如硼肥、锰肥、铜肥、锌肥、钼肥、铁肥、氯肥等。微量元素肥料可以是含有一种微量元素的单纯化合物，也可以是含有多种微量和大量营养元素的复合肥料和混合肥料。微量元素肥料可用作基肥、种肥或喷施等。

三、如何鉴别化肥的真与假

作为农资消费的主体，农民分辨假冒伪劣农资的能力很有限，使不法营销商有机可乘，因此整顿农资市场固然重要，而教农民掌握分辨假冒伪劣农资渠道，让农资打假成为农民主动、自觉的行为，形成长效机制，以堵住农资造假售假的渠道。针对化肥真与假的鉴别，消费者需要了解目前市场常见化肥的主要性质和特点；各种化肥产品的质量标准（部标或国标）；化肥的商品特征；简易的真伪鉴别方法。

（一）化肥包装

根据国家规定化肥包装袋分为多层袋和复合袋两种，多层袋外袋为塑料编织袋，内袋为高密度聚乙烯薄膜袋；复合袋为二合一或三合一袋（塑料编织袋/膜、塑料编织布/膜、塑料编织布/膜/牛皮纸、塑料编织布/牛皮纸等）。另外，口袋上缝口必须折边（卷边）缝合。

商标和肥料名称，一般都是大家比较熟悉的和国家规定的名称，如果有特殊用途如专用肥，在产品名称下标出。

养分含量，如尿素、碳酸氢铵等要标明单一养分的百分含量，如果肥料中加中量养分或微量元素元素，应单独标出，且不可计入总养分含量。当中量元素含量低于2%或微量元素低于0.02%时不得标出。复合肥料如16-20-8表示含N 16%、P_2O_5 含量为20%、含 K_2O 18%，如果没有特殊规定不能随意标上其他养分。

肥料标准：GB代表国标、QB代表企业标准、HB行业标准。

生产商信息，包括生产企业或经销商名称、生产地、联系电话等以便有问题直接联络。

除以上外，还有产品质量合格证、生产许可证号、生产日期及其批号等一般都在肥料袋内。

（二）常用定性鉴别方法

1. 从形状和颜色上鉴别

（1）尿素。为白色或淡黄色，呈颗粒状、针状或棱柱状结晶。

（2）硫酸铵。为白色晶体。

（3）碳酸氢铵。呈白色或其他杂色粉末状或颗粒状结晶，个别厂家生产大颗粒球状碳酸氢铵。

（4）氯化铵。为白色或淡黄色结晶。

（5）硝酸铵。为白色粉状结晶或白色、淡黄色球状颗粒。

（6）过磷酸钙。为灰白色或浅肤色粉末。

（7）重过磷酸钙。为深灰色、灰白色颗粒或粉末状。

（8）钙镁磷肥。为灰褐色或暗绿色粉末。

（9）磷矿粉。为灰色、褐色或黄色细粉。

（10）硝酸磷肥。为灰白色颗粒。

（11）硫酸钾。为白色晶体或粉末。

（12）氯化钾。为白色或淡红色颗粒。

（13）磷酸一铵。为灰白色或深灰色颗粒。

（14）磷酸二铵。为白色或淡黄色颗粒。

2. 从气味上鉴别

有明显刺鼻氨味的细粒是碳酸氢铵；有酸味的细粉是重过磷酸钙。如果过磷酸钙有很刺鼻的怪酸味，则说明生产过程中很可能使用了废硫酸，这种劣质化肥有很大的毒性，极易损伤或烧死作物。

3. 加水溶解鉴别法

取化肥 1 克，放于干净的玻璃管（或玻璃杯，白瓷碗中），加入 10 毫克蒸馏水（或干净的凉开水），充分摇动，看其溶解的情况，全部溶解的是氮肥或钾肥；溶于水但有残渣的是过磷酸钙；溶于水无残渣或残渣很少的是重过磷酸钙；溶于水但有较大氨味的是碳酸氢铵。

4. 灼烧鉴别法

取一小勺化肥放在烧红的木炭上，剧烈地燃烧，仔细观察情况，冒烟起火，有氨味的是硝酸铵；爆响，无氨味的是氯化钾；无剧烈反应，有氨味的是尿素和氯化铵。

5. 化验定性鉴定

鉴别过磷酸钙和钙镁磷肥时，将两种肥料取出少许，溶于少量蒸馏水中，用 pH 广泛试纸鉴别，呈酸性的是过磷酸钙，呈中性的是钙镁磷肥。鉴别氯化钾或硫酸钾时，可加入 5% 氯化钡溶液，产生白色沉淀的为硫酸钾；加入 1% 硝酸银时，产生白色絮状物的为氯化钾。

四、怎样购买放心肥

（一）选择合法的经销商

（1）到合法的、正规的营销点购买（不买临时的、地滩的、串户的），购买时还要查看“证”和“照”。一般化肥销售商都会有工商局正规营业执照，没有营业执照的千万不能购买。

（2）货比三家（选择守信誉、重质量、有诚信的销售商作为自己选购肥料的主要渠道，避免上造假窝点的当)。

(二) 选择合法的产品

(1) 查看产品质量合格证书。

(2) 选择经常使用的品牌，或大品牌产品（未听说过也没有使用过的品牌要慎重，如有条件可以上网查验产品和企业登记情况，一是上大型公司的网站查询或者拨打电话查询，如国家化肥质量监督检验中心，电话为010－68975796或010－68975628，查询网址为http：//www. fernet. cn/socfis/home/index. jsp，中国氮肥工业协会：http：//www. cnfia. com. cn/default. asp，中国磷肥工业协会：http：//www. china-npk. com/)

(三) 检查包装和标识

(1) 检查包装袋外观（如果包装袋已经破损或者字迹不清，建议不要购买，要提防旧袋子装假货)。

(2) 认真查看包装袋上的各种标识是否完整。

(四) 检查使用说明和注意事项

对于没用过的产品一定要向经销商索要产品使用说明和注意事项（尤其是第一次购买新品种时一定要索要，要问清用量和用法)。

(五) 如何维护自己的权益

(1) 农民朋友应组织起来，统一到可靠的经销点购买、统一检测（这样可以分摊费用以降低质量检测的平均成本，可以避免上当受骗)。

(2) 最好整袋购买（如果散装购买需要记录购买的品牌和厂家联系电话)。

(3) 千万不要忘记索要购货凭证。

(4) 买回家以后应保留样品（保留的样品要包好，与原来的袋子放于一处，以保证纠纷时双方公认)。

(5) 如果发现购买了假化肥要及时举报（若发现所购肥料使用后有损害作物生长等异常现象，同时保护好现场并请技术人员调查分析，并整理好向肥料供应者索赔的有效证据，要及时向国家相关部门举报，举报部门和电话如下：中国消费者协会：网址为http：//www. cca. org. cn/，电话：010－63281315。

五、购买化肥中一些值得注意的问题

(一) 片面根据颜色判断化肥质量

上边我们介绍了主要化肥产品的颜色，但是仅凭颜色也不能判断化肥真假和质量好坏，目前很多生产商为了增加卖点，在产品上专门添加了着色剂，产品出现了各种各样的颜色。所以，购买化肥时不能简单依据颜色来判断，既不要专门购买好看的，也不要因为有的产品颜色特殊而不买，要以产品的质量证书为判断标准。

（二）过分强调溶解性判断化肥质量

“溶解越快质量越好”这是很多人判断化肥质量的关键依据。但这句话并不完全正确，要视不同化肥品种区别对待，单质氮肥和钾肥，例如尿素、碳酸氢铵、硝酸铵、氯化钾和硫酸钾等产品容易溶解，一般在水中浸泡就可以全部溶解，但是单质磷肥中的过磷酸钙和钙镁磷肥却很难完全溶解。而复合肥是最复杂的产品，由于很多复合肥在造粒过程中喷加了一层防结剂，因此也不会完全溶解，往往会有留下一个难以溶解的外壳。高质量的复合肥一般具有缓效作用，溶解太快反而说明质量不好。

（三）习惯使用火烧法判断化肥质量

用烟头或者在炭火上烧，能跳动、熔化或者冒烟的就是好肥料吗？由于氮肥中含有铵，火烧溶解会放出气体就像冒烟，而过磷酸钙、钙镁磷肥、氯化钾和硫酸钾就不会冒烟。由于氯化钾和硫酸钾中含有水分，火烧以后水分蒸发会使化肥颗粒跳动，但要看到化肥颗粒跳动必须用铁板来烧，用烟头是不容易看到的。有的复合肥中含有氮、磷、钾三种元素，由于含量不同，工艺不同，所以有的复合肥烧过以后会冒烟、跳动、溶解，而有的就不会，因为复合肥还有其他添加物。也有人认为二铵烧过以后会有汽油味，其实这是不对的。因此化肥质量鉴别必须查证生产企业资格、产品检验证书，如果还有疑问需要到专门的检测机构如质量技术监督局、土肥站、农技推广站等部门检测才能知道化肥的真假。

（四）微生物肥料不能够替代化肥

很多肥料厂商宣称使用微生物肥料可以不用化肥，这是不对的。首先，微生物肥料不含有作物必需的氮、磷、钾等养分，大多是借助于肥料中微生物的生命活动活化土壤中有机态养分而把其中的氮、磷、钾元素释放出来。其次，微生物肥料中的微生物需要和当地土壤中的微生物互补才能发挥作用，否则根本不能存活，更不容易发挥作用，并不是所有类型的土壤和作物都适合使用微生物肥料，而化肥只要保证合适的使用时期和施用量一般都会得到好的效果。

（五）正确认识 BB 肥

BB 肥是散装掺混肥料的英文缩写，它是将几种颗粒大小相近的单质肥料或复合肥料按一定的比例掺混而成的一种复混肥料。其最大特点是根据农户的土壤、作物特点就地配制和施用，针对性强。常用的基础肥料有磷酸一铵、磷酸二铵、重过磷酸钙、尿素、聚磷酸盐和氯化钾等高浓度肥料，一般不用硝酸铵、硫酸钾、普钙等。因溶解性好，做基肥宜表施，不宜施于过深土层；果、茶、菜等施用 BB 肥不宜撒施，宜条施和穴施。

六、化肥施用中的常见问题分析

（一）化肥施入土壤是否都会使土地板结

化肥施用造成土壤板结是针对我国 20 世纪 50 年代一些地区大量使用硫酸铵而说的。目前我国常用的肥料如碳酸氢铵、尿素等单质氮肥施入土壤以后由于溶解速度块，作物吸收也快，基本无残留，再加上有机肥和化肥配合使用，不会造成土壤板结，可以放心使用。

（二）“化肥施多了，地变‘馋’了”说法是否正确

有些农民朋友反映，化肥施多了，土地为什么变“馋”了。其实不是地变“馋”了，而是施肥过程中养分不平衡的缘故。例如，在供磷不足的情况下，偏施氮肥，氮磷养分不平衡，作物不能充分吸收氮素，因而出现增氮不增产的局面。正确的做法是找出土壤缺乏的主要养分，及时补充这些养分，走平衡施肥的道路。

（三）一般复混肥是否能作冲施肥

冲施肥是最近新兴的一种肥料品种，一般将肥料溶解后随灌溉施用于土壤中，常用于设施栽培蔬菜、瓜果等。但选择复合肥作为冲施肥要注意两点：①必须保证肥料养分基本上全部是水溶性的。②冲施肥养分必须是高氮、高钾、低磷或无磷型的。一般复混肥中常常含有大量的磷养分，这些养分在冲施后常常由于溶解度低而存留于土壤表面，由于磷在土壤中的移动性很差，导致作物很难吸收利用，既污染了环境又造成的浪费。

（四）如何防治烧苗

肥料烧苗事故是经常发生的，出苗慢、苗弱、甚至不出苗等现象让农民以为使用了假肥料，掌握正确的使用方法就可以避免这些情况的发生。第一，要避免种肥选用不当造成的烧苗，一般硫酸铵和磷酸二铵可以作为种肥，尿素、碳酸氢铵和高塔复合肥等不宜作为种肥，因为这些化肥的氮素养分含量较高，容易烧苗。第二，使用种肥的时候应该考虑施肥的深度和与种子的距离，一般机播要掌

握肥与种分管施下的原则，人工播种时应将化肥施种子以下 5 ~6 厘米。

第四节　植株缺素症状和快速诊断

一、植物营养诊断原理

（一）养分缺乏、适宜和毒害范围

在植物营养元素含量达到临界浓度之前是缺乏范围。

元素含量超过临界水平后，作物产量不在随元素含量的提高而上升，而在一定范围内维持最高水平，这一段称为适宜（或称丰富）范围。

随营养元素含量继续提高，超过适宜范围，就进入过剩（或毒害）范围。

（二）植物营养诊断中的一些概念

缺乏—有缺素症，施用该养分反应明显。

低量—无明显缺素症，施用该养分一般有反应。

足量—养分供应合适。

高量—养分富裕。

临界浓度—植株生长最早开始受到阻碍时的浓度。

二、作物大量元素缺乏症状

（一）缺氮症状

氮不足时植株生长矮小，分枝分蘖少，叶色变淡，呈浅绿或黄绿，尤其是基部叶片。因氮易从较老组织运输到幼嫩组织中再利用，缺氮首先从下部叶片开始黄化，逐渐扩展到上部叶片，黄叶脱落提早。缺氮株型也发生改变，瘦小、直立，茎杆细瘦，根量少、细长而色白。缺氮侧芽呈休眠状态或枯萎，花和果实少，成熟提早，产量、品质下降。

（二）缺磷症状

磷不足植株生长缓慢、矮小、苍老、茎细直立，分枝或分蘖较少，叶小，呈暗绿或灰绿色而无光泽，茎叶常因积累花青苷而带紫红色，根系发育差，易老化。由于磷易从较老组织运输到幼嫩组织中再利用，故缺磷症状从较老叶片开始向上扩展。缺磷植物的果实和种子少而小，成熟延迟产量和品质降低。轻度缺磷外表形态不易表现，不同作物症状表现有所差异。

（三）缺钾症状

钾不足纤维素等细胞壁组成物质减少，厚壁细胞木质化程度较低，影响茎的强度，易倒伏。缺钾蛋白质合成受阻，氮代谢的正常进行被破坏，常引起腐胺积累，使叶片出现坏死斑点。因为钾在植株体中容易被再利用，所以新叶上症状后出现，症状首先从较老叶片上出现。缺钾一般表现为最初老叶叶尖及叶缘发黄，以后黄化部逐步向内伸展同时叶缘变褐、焦枯、似灼烧，叶片出现褐斑。

（四）缺钙症状

钙直接与果实硬度有关，增加果实中的钙和磷可提高果实硬度。随着果实的膨大，如果钙的供应未增加，果实中的钙就被稀释了，大果中的钙减少了，这导致果肉中钙减少，果实硬度降低。因此缺钙果实内部腐烂，病害多，裂果多，保鲜期短。

三、作物微量元素缺乏症状

（一）缺锌症状

植物缺锌时，生长受抑制，尤其是节间生长严重受阻，并表现出叶片的脉间失绿或白化。生长素浓度降低，赤酶素含量明显减少。缺锌时叶绿体内膜系统易遭破坏，叶绿素形成受阻，因而植物常出现叶脉间失绿现象。典型症状：果树“小叶病”“簇叶病”。

（二）缺铁症状

植物缺铁总是从幼叶开始，典型症状是叶片的叶脉间和细网组织中出现失绿症，叶片上叶脉深绿而脉间黄化，黄绿相间明显；严重缺铁时，叶片出现坏死斑点，并且逐渐枯死。植物的根系形态会出现明显的变化，如根的生长受阻，产生大量根毛等。

（三）缺钼症状

作物缺钼的共同特征是：生长不良，矮小，叶脉间失绿，或叶片扭曲。缺钼主要发生在对钼敏感的作物上。因为钼在作物体内不容易转移，缺钼首先发生在幼嫩部分。

（四）缺硼症状

植物缺硼症状茎尖生长点生长受抑制，严重时枯萎，甚至死亡。老叶叶片变厚变脆、畸形，枝条节间短，出现木栓化现象。根的生长发育明显受阻，根短粗兼有褐色。生殖器官发育受阻，结实率低，果实小、畸形，导致种子和果实减产。

四、作物养分过量症状

作物氮素养分过量贪青晚熟，生长期延长，细胞壁薄，植株柔软，易受机械损伤（倒伏）和病害侵袭（大麦褐锈病、小麦赤霉病、水稻褐斑病）。大量施用氮肥还会降低果蔬品质和耐贮存性；棉花蕾铃稀少易脱落；甜菜块根产糖率下降；纤维作物产量减少，纤维品质降低。

供磷过多，植物呼吸作用加强，消耗大量糖分和能量，对植株生长产生不良影响；地上部与根系生长比例失调，在地上部生长受抑制的同时，根系非常发达，根量极多而粗短；施用磷肥过多还会诱发缺铁、锌、镁等养分。

微量元素中毒的症状多表现在成熟叶片的尖端和边缘，如铁中毒的症状表现为老叶上有褐色斑点。微量元素中毒隐蔽性很强。如植株含钼高达几百毫克/千克也不一定表现中毒，但超过 15 毫克/千克时，如用作饲料可使牲畜中毒。

五、植物 N 营养快速诊断法

（一）二苯胺法

随机采 30 个样株（玉米取功能叶 0.5 厘米叶脉），每 10 个为 1 组放在玻璃板上，加 2 滴二苯胺硫酸溶液，压上另一块玻璃板，挤压出汁并与试剂反应显蓝色，参照标准比色色阶得出植株体内 NO_3^- 含量的级别。取 30 个样本的色级加权平均值。

（二）反射仪法

反射仪是德国生产的一种适合田间条件下应用的仪器，该仪器体积小（19 厘米 ×8 厘米 ×2 厘米），携带方便。电池驱动。它利用光线反射原理来进行测定，仪器发射出的光线照在经过反应的试纸上，根据发射光和反射光的差异来确定硝酸盐的含量。

用该仪器配套的试纸，仪器直接显示测试结果。

（三）土壤 NO_3^- 田间快速测定诊断（美国玉米带采用）

反应剂类似硝酸试粉，比色用一个比色盘，颜色是连续的。浸提、过滤、显色、比色都在田间进行，所有设备都在一个小工作箱中。

（四）无损测试技术在植物营养诊断中的应用

肥料窗口法（Fertilizer Window）是大田中留出一块或几块微区，微区中的施肥水平比大田整体微少，当微区中出现缺氮，叶色变浅时，表明大田作物正处于缺氮的边缘，此时应及时追肥。

第十二章　农产品贮存加工技术

第一节　概述

张家口市地质地貌和环境气候差异很大，农产品品种多，质量好，比如坝上地区的莜麦、油菜、胡麻、土豆、错季蔬菜、牛羊肉制品及乳制品；坝下地区的水果、蔬菜、鲜食玉米、各种杂粮杂豆等。由于交通、人文、政策、地理环境等种种因素，张家口地区食品加工业非常落后，众多的食品原料主要以原料形式出售，附加值很低，严重影响了农业生产的整体收入。目前，在大力发展地方特色产业、扶持提高农产品深加工、推进农业产业化等政策的引导下，张家口市食品加工业有了一定的发展，但仍然处于起步阶段，主要体现在生产规模小，生产技术落后，产品以初级工为主，技术含量高的深加工产品所占比例很少，产品的附加值业也很低等方面。

张家口是优质水果产地，因昼夜温差较大，水果的糖分含量比其他地区高很多。近年来，张家口市水果贮藏保鲜技术和设施发展很快，尤其在宣化和怀涿两地，到处可见恒温冷库，在采收季节，大批的水果经过预处理后存于冷库，大大减少了采收旺季水果的损失，同时也延长了水果的市场流通期，丰富了市场供应，农民已从水果贮藏中尝到了甜头。但是，张家口市水果产业仍然处于起步阶段，主要体现在以下几个方面：一是贮藏技术水平低。张家口市现在水果贮藏以简单的控温为主，很少见到气调保鲜；包装形式业非常简单，精致的小包装很少见到。除葡萄和苹果等传统的、适宜贮藏的水果之外，张家口市很多特色优质水果很少能够进行贮藏，比如，怀涿两地的牛奶枣、万全的杏、崇礼的栗子等，主要的原因就是贮藏技术问题。二是贮藏技术普及程度低，农民没有真正掌握贮藏技术。农民虽然看到了贮藏的利益，但是，真正掌握贮藏技术的农民数量很少，造成贮藏过程中出现很多不必要的损失，甚至对产品的品质造成伤害。比如，水果的贮藏性能与采收前的品质关系很大，提高水果的贮藏能力，必须在采前控产、控水，产前的病虫害是贮藏水果腐烂的重要原因之一。2010 年，因怀涿两地雨水大，农民对葡萄病虫害预防不及时，霜霉上果，使得葡萄田间病害流行，大批的贮藏产品在冷库中腐烂，葡萄贮藏出现严重亏损；贮藏期的温度波动对葡萄保鲜非常重要，但是冷库管理者为了省电，长时间关闭电源，造成冷凝水大量凝结，贮藏的缩短，贮藏水果品质下降。诸如这样的技术问题，在水果贮藏业中屡见不鲜。三是水果深加工行业几近空白。张家口市葡萄加工在长城葡萄酒有限公司的引领下发展很快，但是其他水果加工行业数量少、规模小、效益低，毫无疑问，水果的深加工不仅可以扩展产品的食用品质，同时也可以延长水果产业链，大幅度提高产品附加值和土地增益，对于改善张家口市农业经营环境的意义是不言而喻的。

其他农产品产业也同样存在以上的 3 个问题。比如杂粮杂豆。张家口种植杂粮历史悠久，坝上有燕麦和红芸豆；坝下张杂谷和鹦哥绿豆；万全、怀安的鲜食玉米。因气候冷凉，昼夜温差大，所产杂粮杂豆不仅外观漂亮、色泽好、风味浓郁，而且营养丰富，有着良好的市场口碑，销售网络不仅辐射国内 10 多个省市，同时出口到日本、加拿大等地。但是，张家口市杂粮的销售都是以原粮形式销售。燕麦加工业在杂粮中属于比较大的产业，但也仅限于销售面粉和麦片，加工产品品种少、规模小。如何充分利用我们的资源优势，培植我们自己的加工业，或者引进外来的资金和技术，使国内外大品牌、大公司入住张家口市，全方位改善张家口市的农业产业化环境，是进一步提升我市农业产值的一个有效途径。

本章节介绍几种张家口地区特色农作物的加工贮藏方法

第二节　葡萄贮藏

葡萄是我国四大水果之一，几乎 70% 以上用于鲜食。近年来鲜食葡萄的产量和贮存量逐年增加。但在常温下鲜食葡萄采后容易失水、脱粒、腐烂变质，目前采用机械冷库进行冷藏，是延长葡萄贮藏期的一个主要手段。

一、影响葡萄贮藏保鲜的因素

1. 葡萄品种

鲜食葡萄品种很多，但耐贮藏性能差异较大。就葡萄种群来说，欧亚种较美洲种耐贮藏，欧亚种里东方品种群尤耐贮藏，如我国原产的龙眼、新疆牛奶葡萄和日本的甲露路，以及玫瑰香、新玫瑰等都较耐贮藏。其次还有欧美杂交种白香蕉、吉香、意斯林和巨峰等。这些品种果皮厚韧，果面及果轴覆盖着一层较厚的蜡质层和果粉层，含糖量也较高，故耐贮藏。从成熟期看，早熟品种耐贮藏性能差，中熟品种次之，晚熟品种最耐贮。耐贮藏的品种果皮厚韧，果肉致密，着色好、果皮及穗轴含蜡质，不易脱粒，穗轴木质化程度高，果粒含糖量高。同一品种不同结果次数，耐贮藏性能也有较大差异，如巨峰葡萄的2、3次果就比1次果耐贮。近年来用冷库贮存的品种多为龙眼、玫瑰香、保尔加尔（波利加尔）、新疆马奶葡萄、巨峰2次果、红地球、秋黑、瑞必尔等。它们在适宜的贮藏条件下可贮藏3~6个月。

2. 果实成熟度

葡萄成熟的标志是糖分大量增加并达到最高点，总酸度相应减少，果皮的芳香物质形成，果皮色泽鲜艳，白色品种果皮透明，有弹性，种子外皮变得坚硬并全部呈现棕褐色，穗轴和果梗部分呈现木质化组织。成熟的判断除了观察果实颜色、质地和种子特征外，还可依靠定期（每2天测定1次）对含糖量的测定来判断。当果实含糖量增加到不再增加时即到达完全成熟期（完熟期），完熟期才是最佳采收时期。过早采收的葡萄糖分积累少，着色差，抗性亦差，品种固有品质未充分形成，贮藏期间也易失水和感染病害。而过分延迟采收，果粒或因过熟而脱落，或水分通过果皮的散失，浆果开始萎缩，果汁内糖分浓度也由于水分蒸发而产生被动的提高，这样的葡萄也不易贮藏。一些地方为了使加工原料有更高的含糖量，也常常有意延迟到过熟期以后才采收，但鲜食品种不能过熟采收。

葡萄的品种特征呈现以后（色泽、果香、风味）即可进行采收。对于鲜食早熟品种，为了提早供应市场，往往在保证充分成熟的前提下适当早收，对用于贮藏的晚熟品种则可适当延迟采收，这样糖分含量更高更适于贮藏。

3. 产地地理条件

果实成熟后的品质与外界环境条件有关，沙质土壤和坡地出产的葡萄因土壤含水量较低而比灌溉大田葡萄耐贮藏；成熟时天气晴朗，昼夜温差大，有色品种色泽更加艳丽，有香味品种香味更浓，含糖量较高，酸味减少，相对耐贮藏；相反，采收时阴雨天多，气温较低，果实成熟期延迟，着色不佳，香味不浓，品质降低，也不耐贮藏。

晚霜、冰雹、日灼及高温常造成浆果伤害，使葡萄贮藏品质下降。

北方葡萄在霜降前后成熟，有效积温长，果穗营养积累多，气温又明显偏低，不利于病菌繁衍入侵，有利于长期贮藏。相反，南方葡萄和温室葡萄成熟时处于高温或多雨季节，生长发育期短，养分积累相对少，气候条件又适于病菌生存蔓延，这些都不利于贮藏。

4. 肥水管理

在灌排畅通的沙壤土栽培，而且以有机肥为基肥并进行追肥，果实着色早，含糖量高，耐贮藏。灌水过多或排水不畅，追施无机氮肥的果实，着色晚，含糖量低，不耐贮藏。

钾元素能使果肉致密、色艳芳香；钙及硼元素能保护细胞膜完整、抑制呼吸作用和防止某些生理病害；氮肥过多，将造成果粒着色差、质地软、含糖量低和抗性差。近年来的报道，喷施农乐（又称稀土元素）有提高葡萄含糖量0.58%～1.5%的效果，耐贮藏性能也明显提高。另外在着色期，叶面喷施2～3次磷酸二氢钾，也可以提高果实耐贮藏性能。采前喷施硝酸钙也有助于提高龙眼和粉红太妃的耐贮藏性能。

采前土壤含水量高，易导致浆果含水量增高，含糖量降低，着色差，易感病。因此在采前10～15天内要严格控水，停止灌溉。一般雨后不宜采摘。

采用生长调节剂诱导无核和膨大的果实耐藏性能较差，对要进行贮藏的葡萄不宜进行无核和促进果粒膨大处理。

5. 产量控制

通过疏花疏果，控制葡萄产量，可以提高果实的品质和耐贮藏性能。以每亩产量控制在1 500～2 000千克为佳，保持稳产高产。如产量过高超过亩产2 500千克，尽管大肥大水，也易出现大小年结果现象，而且大年的果实色泽不佳，含糖量低，不耐贮藏。

除控制产量外，保持树势中庸健壮，架面通风通光，进行合理修剪，及时防治病虫害，进行套袋等对葡萄贮藏均十分重要。

6. 适时采收

贮藏用葡萄要选自园地清洁、病虫害发生少、果穗发育正常、成熟充分的果园。采收时间应在一天中温度较低的早、晚和露水干后进行。葡萄是没有后熟过程的水果，用于贮藏的葡萄，必须充分成熟才能采收。一般成熟后不落粒的品种，采收愈晚耐贮藏愈强，如龙眼、牛奶、甲露路等品种都是如此。其采收指标，除看色泽、香气、风味外，还要测定果实含糖量，一般果实含糖16%～

19%，含酸0.6%～0.8%。

采收质量对贮藏效果有很大影响。必须予以重视。

7. 预冷状况

葡萄采收后要进行预冷，以尽快散发果实中保存的田间热，从而降低果实内的呼吸消耗。一般将温度降至9.5℃时，采下的葡萄呼吸率可降低一半，贮藏期可延长一倍，温度降至4.4℃时真菌发育受到强烈抑制，果穗的“田间热”得以迅速释放，这样能有效抑制果穗穗轴干枯变褐、果粒软化脱落，延长保鲜贮藏时间。

一般预冷温度应在10℃以下，以0～1℃为宜。预冷状况对贮藏效果有直接影响，贮藏前必须进行预冷工作。

8. 适宜贮藏条件

包括温度、湿度和适宜的环境气体含量条件。大多数葡萄品种的适宜贮温为-1～0℃。环境相对湿度为90%～98%。保持适宜湿度，是防止葡萄失水、干缩和脱粒的关键。高湿度有利于葡萄保水、保绿，但却易引起霉菌滋生，导致果实腐烂；低湿可抑制霉菌，但易引起果皮皱缩、穗轴和果梗干枯。采用低温、高湿、结合防腐剂处理，是葡萄贮藏保鲜的主要措施。

适宜的环境气体含量可有效降低葡萄的呼吸强度，延长贮藏期，葡萄贮藏的适宜气体含量为：（2%～5%）O_2+（3%～5%）CO_2。

二、贮藏方式

冷库贮藏是目前葡萄产区普遍采用的方法，利用冷库与保鲜袋、保鲜剂结合进行葡萄贮藏，该方法贮藏量大、管理方便、贮藏效果好。冷库可以新建，也可用防空洞、窑洞及普通房屋改建。它由贮藏室、机房和缓冲间3部分构成，配备冷风机通风致冷，48小时能使葡萄果实温度降至0℃左右，使库温稳定维持在0～（-1±0.5）℃的条件下。

采用冷库与保鲜袋、保鲜剂结合进行葡萄保鲜贮藏的工作流程是：选择优质葡萄采收→进行果穗整理→装入内衬0.03～0.05毫米厚聚乙烯保鲜袋的果箱→预冷→加葡萄保鲜剂，扎紧袋口→封箱、码垛→0～（-1±0.5）℃贮藏。

冷库贮藏常结合气调技术提高贮藏效果，有简易气调（小包装袋）和人工气调（气调库或气调帐）两种。简易气调就是采用0.02～0.04毫米后的聚乙烯塑料膜做内包装袋，通过膜对O_2和CO_2的通透性不同，对袋中气体含量进行自发调控。人工气调借助气调库或气调帐，通过对库内或帐内气体进行人为调节，控制贮藏环境中的气体含量。

三、贮藏技术要点

1. 采前管理

包括疏花疏果、肥水管理、套袋和病虫害防治等。

2. 采收、分级、装箱

采收是葡萄生产中一个重要环节，适时采收是决定果品质好坏的一个关键环节。

用于贮藏的葡萄应在充分成熟时采收，在不发生冻害的前提下可适当晚采。因为晚采的葡萄，含糖量高，果皮较厚，韧性强，着色好，果粉多，耐贮藏。采摘时最好在晴天的上午露水干后进行，若在阴雨、大雾天或有露水的时候采收，果实带水容易腐烂，烈日暴晒的中午，葡萄会带有大量的田间热，也不宜采收。

采收方法：采收时果穗梗一般剪留 3 ~ 4 厘米，以便于提取和放置。但果穗梗不宜留得过长，防止刺伤别的果穗。采收时要轻拿、轻放，用剪刀剪取后，对果穗进行修剪，首先去软尖，剪去果穗最下端 1/4 ~ 1/3 部分的甜度低、味酸、多汁、柔软和易失水的果粒。其次疏掉未成熟、品质差、糖度低的青粒、小粒，同时把破裂损伤粒和病粒疏掉。然后将果穗放在衬有塑料袋或 3 ~ 4 层衬纸的箱中，尽量按自然生长状态装箱。葡萄极不耐挤压，因此包装容器不宜过深、过大，要浅而小，鲜食品种多用 2 ~ 5 千克的小包装。果穗装满后运往冷库中预冷。

采收装箱时按照果穗大小和紧密度，果粒大小、整齐程度、果粉情况、色泽情况、可溶性固形物和风味等进行分级装箱。可参照 NY/T 470—2001 或 GH/T 1022—2000 进行分级。

为了适应旅游并便于销售，可根据当地具体情况，用纸板、塑料等包装材料制成具有地方特色的实用美观的小包装。比如，每 1 千克或 2 千克装入一个硬质小盒，然后将 20 ~ 40 个小盒装入大的硬质运输周转箱。小盒上可以贴有葡萄品种、重量和产地的标志。

3. 预冷

葡萄采后带有大量的田间热，不经预冷就放入保鲜剂封袋，袋内会出现大量的结露使袋底积水，加速葡萄腐烂，因此封袋前要进行预冷。快速预冷对贮藏任何品种的葡萄均有好处，为实现快速预冷，应在葡萄入库前 3 天开机，使库温降

至 -3 ~ -1℃。此外，葡萄入库时应分批入库，以防库温骤然上升或降温缓慢。

4. 加入葡萄保鲜剂

用于葡萄保鲜的药剂按其作用机理可分为两类，一类是防腐，另一类是抑制呼吸。

(1) 二氧化硫制剂。二氧化硫不仅能抑制真菌病害，同时也可以降低葡萄的呼吸速率。有以下几种使用形式。

①重亚硫酸盐释放法：按葡萄重量的 0.3% 和 0.6% 分别称取亚硫酸氢钠和无水硅胶，二者充分混合后，分装成 5 包，按对角线法放在箱内的果穗上，利用其吸湿反应时生成的二氧化硫保鲜贮藏。1.5 个月换一次药袋，在 0℃ 的条件下即可贮藏到春节以后。

②硫黄燃烧法：把包装好的葡萄堆成垛，罩上塑料薄膜罩，每 1 立方米的空间使用 2 ~ 3 克硫黄充分燃烧，熏蒸 20 ~ 30 分，然后开罩通风。在熏后 15 天后再熏 1 次，以后每隔 1 ~ 2 个月熏 1 次。适合人工气调。

③葡萄专用保鲜片剂：保鲜片是用几种化学药剂制作的保鲜剂。有很多品牌，天津化工研究院研制的葡萄 8251 保鲜片剂是其中的一种。实践证明，每 7.5 千克葡萄的纸箱，加入 0.2% ~ 0.5% 的药量为宜，超过 0.5%，虽然能有效控制霉菌病害，但药片周围的葡萄会出现漂白现象，低于 0.2% 时，起不到杀菌及抑制霉菌生长的作用。药片应放在表层，因 SO_2 的比重比空气比重大，可以自动下沉。

现介绍一种保鲜剂片的制作方法：焦亚琉酸钾加 1% 硬脂酸钙和 1% 硬脂酸，共同混合研碎成末，与 1% 淀粉或明胶混合溶解后，压制成 0.5 克的片剂即可。使用时用纸将保鲜剂片包好，均匀放于贮藏容器内，每千克葡萄用 8 ~ 10 片，然后封袋、封箱，进行贮藏。

使用二氧化硫制剂要注意：一是保鲜剂袋应放在箱的中上层，严格控制袋上孔眼的大小和数量，使 SO_2 缓慢释放，SO_2 释放过快易使葡萄中毒（果实腿色漂白，果粒表面形成瘢痕）。释放过慢达不到防腐保鲜目的。二是不要随意增减防腐剂的用量，用药少起不到防腐保鲜作用，用药过多又会造成 SO_2 中毒。另外过量的 SO_2 残留会对人体造成危害，一般葡萄中 SO_2 残留量应不超过 10 ~ 20 微克/克。三是及时检查药剂释放状况，发现问题立即处理。

SO_2 溶于水生成 H_2SO_3，易对库内的金属器具产生腐蚀，故应在每年葡萄出库后检查清洗。此外 SO_2 对呼吸道和眼睛粘膜有强烈刺激作用，工作人员要注意防护。

(2) 过氧化钙保鲜剂。据日本特公 78－2582 号专利：将巨峰葡萄 20 串(穗)，分别放入宽 25 厘米和长 50 厘米的塑料袋内，把 5 克过氧化钙夹在长 10 厘米、宽 20 厘米、厚 1 毫米的吸收纸中间，包好放入塑料袋后密封，置于 5℃条件下，贮藏 76 天，损耗率为 2.1%，而对照处理的为 10.3%；浆果脱粒率 4.3%，而对照为 82.2%。过氧化钙遇湿后分解出氧气与乙烯反应，生成环氧乙烷，再遇水又生成乙二醇，剩下的是消石灰。可以消除葡萄贮藏过程中释放的乙烯，从而延长贮藏期。

5. 贮藏和贮期管理

主要是库房卫生和库房温、湿度管理，采用人工气调方法还应注意气体比例。

葡萄入库前 3 天，对开启冷库降温系统。入库前 12 小时对冷库进行消毒。可采用 10% 的漂白粉溶液喷洒消毒，注意漂白粉溶液配后放置一昼夜。或者用硫黄熏蒸消毒：每 1 立方米的空间使用 2～3 克硫黄充分燃烧，熏蒸 20～30 分，然后通风一昼夜。也可以采用二氧化氯或臭氧消毒。

葡萄采后要及时入库、快速预冷降温，以降低其呼吸强度。

贮藏期间要经常检查冷库的温、湿度和葡萄贮藏情况，库温变幅控制在 1℃之内，严禁波动过大。有的保鲜药剂需要定期进行换药，贮藏期间发现葡萄有发霉现象时要及时加工处理或销售。气调库或气调帐要注意气体含量显示，没有自动气调设施的，要定期抽取帐内气体进行测定，并根据测定结果进行调节，保证适宜的气体比例。

在贮藏期间，穗轴尤其是果梗的呼吸强度比果粒高 10 倍以上，是采后生理活跃部位，也是营养消耗的主要部位，故葡萄贮藏保鲜的关键在于推迟果梗和穗轴的衰老，控制果梗和穗轴的失水及腐烂。气调贮藏可明显降低其呼吸强度，但不同品种对低 O_2、高 CO_2 的敏感性差异很大，如巨峰，当 $CO_2 > 3\%$ 时即产生果梗伤害。

第三节　燕麦的加工利用

一、燕麦的营养成分

燕麦是世界公认的营养价值很高的粮种之一，其营养价值居谷类粮食之首。

燕麦中的营养成分涉及燕麦蛋白质、燕麦脂肪、燕麦淀粉、燕麦膳食纤维、燕麦抗氧化物、燕麦维生素和矿物质。燕麦的品种、产地以及气候环境的变化均会对燕麦的营养乃至功能成分产生影响。

1. 燕麦蛋白质

燕麦蛋白被认为是谷类的最佳平衡蛋白，燕麦的蛋白质在谷类粮食中含量最高，其蛋白含量可达15%～20%甚至更高。另外，燕麦所含蛋白质由二十余种氨基酸组成，其中人体必需的八种氨基酸的含量比大米、小麦都高得多，其中必需氨基酸组成与每日摄取量的标准基本相同，可有效的促进人体生长发育，尤其是有增智和健骨功能的赖氨酸是大米、小麦的两倍以上；有防止贫血、改善睡眠，预防皮肤粗糙与毛发脱落功能的色氨酸含量也很高，而且燕麦蛋白种类齐全，配比合理、人体利用率高，其蛋白质营养价值可与鸡蛋媲美。因此，燕麦（莜麦）是很好的蛋白质和氨基酸的来源。燕麦蛋白质不足之处是缺乏面筋质，不具备黏弹性，不能直接制作面包、面条、馒头等制品。鉴于燕麦缺乏面筋，可通过挤压膨化和超微粉碎等增加其膨松性能，再与小麦粉合理混合可生产出高质量的新型高营养新风味面包、饼干等焙烤类制品。

2. 燕麦脂质

燕麦油脂平均含量为6%～7%，明显高于其他谷物，主要存在于糊粉层和胚乳中。对燕麦油脂的理化研究表明，燕麦油脂无明显异味。燕麦油中80%为不饱和脂肪酸，主要为油酸、亚油酸、α-亚麻二烯酸等不饱和脂肪酸。燕麦油脂中还含有内源性的维生素E前体，它们可以维持燕麦油脂的稳定性，清除人体内的自由基。燕麦中的卵磷脂具有预防脂肪肝、保护心脏、促进大脑发育、提高记忆力、消除青春痘、预防老年痴呆症等功效。因此，燕麦亦称得上是营养和保健价值优良的新型油脂资源。

3. 燕麦淀粉

燕麦中的淀粉含量为30.9%～32.3%，直链淀粉占总淀粉含量的10.6%～24.5%。燕麦淀粉颗粒表面光滑，无明显裂缝，呈多角形或不规则形状，颗粒较小，可形成稳定又富有延伸性的凝胶体。燕麦淀粉能使食品呈现致密、滑润和奶油般质构。燕麦淀粉中脂肪含量较高，脂肪含量为0.85%～1.31%，使淀粉的溶胀能力较差。燕麦淀粉比其他淀粉更容易糊化，糊化温度56.0～74.0℃。与玉米和小麦淀粉相比，燕麦淀粉更不容易老化。燕麦淀粉能够为人生命活动提供充分的能量，是重要的能源物质。燕麦淀粉由于受原料、成本及人们消费水平等多方面的制约，起步较晚且发展缓慢，在淀粉行业中所占的比重非常小。但是近年来，随着国民经济的发展，人民生活水平的不断提高及燕麦淀粉所具有的独特功能，已引起了越来越广泛的重视。

4. 燕麦膳食纤维

燕麦膳食纤维主要存在于燕麦麸皮中，燕麦总纤维素含量为17%～21%，其中可溶性膳食纤维（主要由β-葡聚糖组成）约占总膳食纤维的1/3。燕麦膳食纤维具有提高人体的免疫力、吸收毒素、保护皮肤、减低血脂、预防结肠癌、结石、心血管疾病和减肥等功能。

近年来，由于人们在膳食结构中对高热量、高蛋白、高脂肪食品和精细食品摄入量大大增加，而膳食纤维的摄入量显著减少，忽略了膳食营养的平衡性，致使高血脂、肥胖症、胆结石、脂肪肝、糖尿病及肠癌等“文明病”发生增多。随着对疾病成因的研究和防治措施的不断提高，人们在重视药物治疗的同时，已开始从合理调整膳食结构入手，进而达到防治并举的目的。研究开发兼具营养和保健功效的燕麦膳食纤维食品，顺应了这一巨大的市场需求，其市场前景十分看好。

5. 燕麦β-葡聚糖

葡聚糖是一类以葡萄糖为基本构成单位的多糖类物质，分为α、β型两种。自然界中的葡聚糖普遍是β型的。β-葡聚糖是燕麦可溶性膳食纤维的主要成分，也是燕麦膳食纤维的主要功能成分。燕麦β-葡聚糖是一种分子量较小的非淀粉多糖，具有很高的黏度，存在于燕麦胚乳细胞壁和糊粉层细胞壁，故常从燕麦麸中提取，提取后以燕麦胶的形式存在。燕麦胶在肠胃中吸水膨胀并形成高黏度的溶胶或凝胶，能吸附胆汁酸、胆固醇等有机分子，可以明显降低人体血浆和肝脏胆固醇水平。燕麦胶有较强的阳离子交换功能，降低血液中的Na/K比，从而产生减低血压的作用。燕麦胶可以间接地促成纤维细胞间胶原蛋白的产生，从而导致皮肤的重组。燕麦胶还具有增稠、乳化和亲水等性质，可作为性能良好的食品添加剂。

6. 燕麦抗氧化物

燕麦中含有酚类物质、植酸、甾醇和维生素E等多种抗氧化的活性成分，其中含量最多的是阿魏酸、对香豆酸和儿茶酚等酚类物质，它们不规则地分布在燕麦籽粒中。燕麦产品中的抗氧化物具有清除自由基、降低血清胆固醇和抑制低密度脂蛋白氧化等功能，目前已成为国内外燕麦营养、医疗和保健功能等新的研究热点。

7. 燕麦维生素和矿物质

燕麦中B族维生素十分丰富，包括维生素B_1、维生素B_2、维生素B_3和维生素B_6，燕麦中的核黄素含量居谷类粮食之首，核黄素可参与细胞的生长代谢，肌体组织代谢和修复的必须营养素。燕麦中硫铵素和维生素E的含量也很丰富，尤其是维生素E，除具有一定的生理功能外，还具有很好的美容功效，被称为青春长存的营养素，因此，燕麦是良好的维生素食物来源。燕麦维生素B_1和维生素B_2受热不稳定，经加工后损失较多，维生素B_2和维生素B_6受热较稳定，经加工后损失较少。可以采用高温短时的挤压膨化技术生产燕麦食品，从而减少B族维生素的损失。

燕麦中的矿物质主要包括钙、镁、铁、锰、锌、钾和磷，这些矿物质对人体新陈代谢的调节起重要的作用。但是，燕麦膳食纤维与这些矿物质结合紧密，在小肠内形成不溶性的复合物，影响这些矿物质的生物利用率。可以通过添加植酸酶和天然络合物如柠檬酸来增加矿物质的溶解性，提高它们在人体内的利用率。

二、燕麦的加工利用

燕麦作为世界性重要禾谷类作物，其营养丰富，具有很高的保健功能。但是，由于人们对燕麦的营养、保健功能的认识、宣传力度不够，造成燕麦资源的研究和开发欠缺；燕麦加工技术落后，无成熟的加工工艺和加工设备，与当代中国面粉加工、大米加工相比要落后几十年，未能在工业化制成品上求得突破，长期延续了“三熟”（炒熟、烫熟和蒸熟）的传统手工做法，品种单一；燕麦中纤维素含量较高，存在一定的适口性问题等因素，严重制约了燕麦的加工利用价值,，严重地挫伤了农民种植燕麦的积极性。

解决燕麦主产区粮食的出路问题，努力提高燕麦的产业化加工水平，是实现特色农业与深加工产业发展的当务之急。充分开发燕麦资源，利用现代食品加工技术，生产燕麦深加工系列产品，对支持粮食主产区发展农业生产，促进种粮农民增加收入；实现传统燕麦营养食品的优化升级与产业化、规模化生产；加速产业结构调整，培育特色农业与食品深加工业新的经济增长点，具有重要的战略意义与现实意义。

近几年来，在发达国家，燕麦加工仅次于面粉加工业和饲料加工业，成为第三大粮食食品加工业，已具有成套的加工工艺和先进设备，燕麦食品身价倍增，已成为最流行的、最受欢迎的天然保健食品。国外燕麦初级加工产品主要包括精选燕麦粒、切割燕麦、燕麦片系列、燕麦粉和燕麦麸，燕麦精细产品主要包括燕麦淀粉、燕麦可溶性纤维素、燕麦抗氧化活性成分等。我国也开始对燕麦食品进行开发利用，开发的产品主要有高纤维燕麦片、燕麦精粉、燕麦全粉、燕麦米、燕麦方便面、燕麦饮料、高纤维麸皮、燕麦葡萄糖、燕麦淀粉、燕麦蛋白质和燕麦油等。高温短时挤压技术、红外线灭酶技术、微波提取技术、超微粉碎技术和 CO_2 超临界流体萃取技术等食品高新技术逐渐应用到燕麦产品的加工中。

1. 燕麦片

燕麦片种类很多，根据加工工艺和使用方法的不同，有即冲燕麦片、快熟燕麦片和煮制燕麦片。即冲燕麦片直接用开水冲泡就可以食用；快熟燕麦片要重新煮开 3～5 分钟再食用；煮制燕麦片在食用前需要在沸水中煮 20～30 分钟。燕麦片主要加工工序如下；清理、切粒（或不切粒）、灭酶、压片成型、干燥、筛分、包装。

另外根据原料和风味的不同，有原味燕麦片和复合燕麦片（以混合型为主）。原味燕麦片只由燕麦一种原料制成，不外加糖、盐、脂类物质，保留了燕麦中的大部分营养，适合老年人、糖尿病人、血脂及血糖偏高的人食用。复合燕麦片则是在燕麦片生产时添加奶粉、豆粉、大枣、核桃、杏仁、蔗糖、植脂粉等原辅料，可使燕麦片具有不同的口味，并能达到速溶的目的。

燕麦→清理→切粒（或不切粒）→灭酶→压片成型二→干燥→筛选→冷却→包装。

2. 燕麦粉及其制品

燕麦粉的产品形式包括去掉麸皮的燕麦精粉和含有麸皮的燕麦全粉，挤压膨化工艺的引进又产生了一种新型的产品——膨化燕麦粉。燕麦粉可以作为保健食品、功能性食品、休闲食品和饮料等食品的原料，由纯莜麦粉，或者莜麦粉和其他谷物粉混合后加工成各种食品，受到消费者的欢迎，如燕麦面包、燕麦饼干、燕麦方便面和燕麦发酵饮料等。

燕麦粒比小麦粒软且脂肪含量高，所以燕麦制粉比较困难。下面是生燕麦粉和熟燕麦粉的一般加工工艺。

（1）皮燕麦（带壳）→脱壳→燕麦粒→磨粉→筛理→去麸皮→生燕麦粉。

（2）裸麦清理→洗麦甩干→凉麦或烘麦（鼓风机干燥）→调质（水分含量为 15%）→磨粉→筛理→去麸皮→生燕麦粉。

(3) 燕麦→煮制（炒制）→冷却→磨粉→筛理→去麸皮→熟燕麦粉。

微波技术被用于生产速溶燕麦粉和燕麦全粉，其工艺要点包括清除燕麦中的杂质、洗麦、润麦、微波处理、脱皮、抛光、磨粉。微波处理的主要优点是使燕麦籽粒中被束缚的可溶性活性成分得以释放和活化，而且对不溶性的活性成分实现了多功能转化，同时具有预熟化、膨化、控制脂肪酸值升高和杀菌灭酶等多种功效，解决了传统工艺中火炒、蒸炒口感粗糙和生理活性低等问题，使燕麦粉的加工特性和食用品质均得到明显提高。

将熟燕麦粉、红枣粉、山楂粉、枸杞子粉和炒熟磨成颗粒的花生仁、核桃仁、芝麻等按照应营养要求的比例混合，再加上糖（或盐）、活性钙及少许桂圆精，生产燕麦糊，也叫燕麦复合营养粉。燕麦糊食用很方便，用开水调和即可，营养价值更高，适用于早餐、夜餐，也是野外工作者和旅游者的良好食品。

3. 燕麦米

燕麦米以皮燕麦或裸燕麦为原料，经脱壳、去杂、打毛、水洗、烘干等加工工序的精加工裸燕麦粒。燕麦米是一种主要的燕麦食品。燕麦米几乎完整保存了燕麦中的所有营养成分，可以直接蒸煮食用，又可做为燕麦片的加工原料应用。由于莜麦胚乳质地松脆、易碎，制米时为了降低碎米率，简化脱皮进程，并能使产品增进风味、提高蒸煮性、提高营养成分和产品的耐藏性，在脱皮前先经蒸制一次。莜麦在蒸制后经干燥，其胚乳的变化是增强了黏结力。

一般裸燕麦米的主要加工工艺：燕麦颗粒→风力振动筛→比重分离筛→去石机→打毛机→窝眼分离机→巴基分离机→蒸煮烘干→成品。

该工艺主要是采用多种物理的方法去除裸燕麦中的野生苦荞和带壳燕麦，利用蒸煮烘干的方法灭菌、杀虫并使酶钝化，提高产品的保质期。生产燕麦米也可以采用高压水蒸气或红外高温瞬时灭菌等新技术。

4. 燕麦方便面

燕麦方便面属于非油炸挤压产品，是一种新型产品。国内燕麦方便面以裸燕麦（莜麦）粉为主要原料，添加小麦面粉、其他谷物淀粉和适量食品添加剂，经压延、成型、熟化和烘干等工艺，达到一定熟化度，复水后即可食用的方便食品。燕麦方便面目前产品类型主要有两种，直条冷食产品和团状热食产品，且以直条冷食产品为主。有些燕麦方便面的包装上标注的是纯燕麦粉生产的，然而实际是掺有小麦粉、其他谷物淀粉等添加物。

另外，燕麦方便面品质上存在的主要问题是不耐蒸煮，煮后易化汤、发黏，复水时间较长，且不能用开水，否则汤中出现较多的干物质溶解物，营养流失严重。这些问题影响了燕麦方便面的销售量，我们应重点从此方面进行研究解决，以提高产品质量。

5. 燕麦饮料

燕麦饮料有发酵型饮料，如燕麦生物乳；非发酵型饮料，如燕麦纤维饮料和燕麦茶等。其生产工艺如下。

燕麦生物乳：

燕麦→浸泡→去皮→粉碎→液化→灭酶→糖化→灭酶→过滤→加脱脂奶粉调配→均质→灭菌→接种→发酵→成品。

燕麦纤维乳饮料：

燕麦麸皮→高温挤压膨化→粉碎过滤→脱脂过滤→滤渣加水，加热搅拌糊化→酶解→离心→取上清液过滤→加入脱脂奶粉→均质→罐装→灭菌→成品。

欧美等国生产的燕麦饮料市场售价较高，消费者认知程度高。国内虽有此类产品，但市场占有率相当低，仅处于起步阶段，但是开发燕麦保健饮料仍大有可为。

6. 燕麦功能食品

燕麦功能食品主要指含有燕麦膳食纤维、燕麦 β-葡聚糖和燕麦油等燕麦功能原料或因子的产品。燕麦膳食纤维、燕麦 β-葡聚糖和燕麦油在国内外均已实现工业化生产。燕麦油可直接制成胶丸，燕麦膳食纤维作为食品基料可添加到西式香肠和汉堡肉饼等肉制品中，增加肉制品的持水性。也有用燕麦膳食纤维作为基料制作咀嚼片。现介绍一下燕麦膳食纤维基料和燕麦膳食纤维咀嚼片的工艺。

燕麦膳食纤维基料工艺：

原料预选→挤压膨化→冷却干燥→脱脂处理→超微粉碎→燕麦膳食纤维基料。

燕麦膳食纤维咀嚼片的工艺：

麦芽糖醇、山梨糖醇、低聚异麦芽糖、乳酸钙、柠檬酸→粉碎→过筛→加入基料混合→加湿润剂制软材→造粒→干燥→压片→灭菌→包装。

7. 燕麦其他用途

燕麦还被广泛地应用在其他行业，如化妆品和药品行业。β-葡聚糖因具有很好的保湿作用，美国已经将燕麦葡聚糖替代化妆品中常用的透明质酸。燕麦淀粉具有不寻常的凝胶特性和细腻柔和的粉体特性，已被用于生产用于扑粉、洗浴液、眼影粉。燕麦蛋白质可替代动物蛋白，是很好的疫苗培养基和农药缓释剂。

三、存在的问题与建议

我国燕麦食品存在的主要问题是新产品少，产品品质相对较差，缺乏高端产品。这也与我国燕麦加工企业生产规模小，产品研发能力差，创新意识不强等因素有关。尽管不少科研单位的研究已与国际接轨，但成果的转化率太低。因此，目前我国燕麦产品总体发展水平与国外还有较大差距。

针对我国燕麦产业的发展现状，我们认为应该在燕麦优质品种的选育，加工工艺的改进，新产品的研发，消费者教育等方面开展更多的工作。育种工作者应该努力培育产量高、适合燕麦食品加工的燕麦品种。食品工作者应该重视燕麦品质和加工工艺的研究，一方面改进我国传统燕麦产品的生产工艺，另一方面还应该加强对新产品的研发。营养学家则应加强燕麦营养与保健知识的教育，提高人们的保健意识，倡导健康合理的饮食方式。多方合力，共同存进我国燕麦产业的发展。

在世界各国对燕麦研究都十分重视的情况下，我国需要加大对燕麦资源、医疗和保健价值、加工品质、功能特性的研究力度和支持。应在国外研究的基础上，对我国燕麦资源β-葡聚糖和抗氧化成分的含量、分布、结构和生理功能进行深入研究，为燕麦开发提供重要实验数据和理论参考。目前，对于活性多糖构效关系的研究还远远不够，这也是一个值得重视的研究方向。燕麦传统食品的工业化也值得进行深入研究。开发高附加值的以燕麦为基本原料的保健食品及医药产品，是我国人民饮食结构由温饱型向保健型转变的需要，也是社会经济发展的需要。

第四节　马铃薯贮藏和深加工技术

马铃薯，俗称土豆，原产于南美洲的秘鲁和玻利维亚等地，17 世纪初（明末）传入中国，又称为洋芋、荷兰薯等。马铃薯的食用部分为块茎，含有大量碳水化合物和丰富的矿质元素，是一种粮菜饲兼用作物，具有产量高、用途广和经济价值高的优点。马铃薯耐贮运，可以周年供应，是一种调剂市场淡旺和受欢迎的鲜食蔬菜及加工品原料。

一、马铃薯贮藏保鲜技术

（一）贮藏特性

马铃薯收获后一般有 2 ~ 4 个月的休眠期，休眠期的长短因品种不同而异。

晚熟品种休眠期短，早熟品种休眠期长。成熟度不同对休眠期的长短也有影响，尚未成熟的马铃薯茎的休眠期比成熟的长。贮藏温度也影响休眠期长，特别是贮藏初期的低温对延长休眠期十分有利。

马铃薯富含淀粉和糖，在贮藏中淀粉与糖能相互转化。当温度降至0℃时，淀粉水解活性增高，薯块内单糖积累，薯块变甜，食用品质不佳，加工品褐变。如果贮藏温度升高，单糖又会合成淀粉。当温度高于30℃和低于0℃时，薯心容易变黑。

（二）影响马铃薯贮藏的因素

影响马铃薯贮藏的因素可分为内因和外因两个方面，外因主要包括贮藏环境的温湿度、气体成分、光照条件以及机械伤和病虫害等，内因主要包括贮藏马铃薯品种的耐贮性和块茎的成熟度。

马铃薯贮藏期间的温度调节最为关键。因为贮藏温度是块茎贮藏寿命的主要因素之一。环境温度过低，块茎会受冻；环境温度过高会使薯堆伤热，导致烂薯。一般情况下，当环境温度在 -3 ~ -1℃时，9个小时块茎就冻硬；-5℃时2个小时块茎就受冻。长期在0℃左右环境中贮藏块茎，芽的生长和萌发受到抑制，生命力减弱。高温下贮藏，块茎打破休眠的时间较短，也易引起烂薯。最适宜的贮存温度是，商品薯4 ~5℃，种薯1 ~3℃，加工用的块茎以7 ~8℃为宜。

环境湿度是影响马铃薯贮藏的又一重要因素。保持贮藏环境内的适宜湿度，有利于减少块茎失水损耗；但是库（窖）内过于潮湿，块茎上会凝结小水滴，也叫“出汗”现象。一方面会促使块茎在贮藏中后期发芽并长出须根，另一方面由于湿度大，还会为一些病原菌和腐生茵的侵染创造条件，导致发病和腐烂。相反，如果贮藏环境过于干燥，虽可减少腐烂，但极易导致薯块失水皱缩，同样降低块茎的商品性和种用性。马铃薯无论商品薯还是种薯，最适宜的贮藏湿度应为空气相对湿度的85% ~90%。

商品薯贮藏应避免见光，光可使薯皮变绿，龙葵素含量增加，降低食用品质。种薯在贮藏期间见光，可抑制幼芽的生长，防止出现徒长芽。此外，种薯变绿后有抑制病菌侵染的作用，避免烂薯。另外，贮藏期间要注意适量通风，保证块茎有足够氧气进行呼吸，同时排除多余二氧化碳。

影响马铃薯块茎贮藏的内部因素有两个，一是品种的耐贮性，二是在同样的贮藏条件下，有的品种耐贮性强，有的品种耐贮性差。因此应选择适于当地贮藏条件的品种。另外成熟度好的块茎，表皮木栓化程度高，收获和运输过程中不易擦伤，贮藏期间失水少，不易皱缩。此外，成熟度好的块茎，其内部淀粉等干物质积累充足，大大增强了耐贮性。末成熟的块茎，由于表皮幼嫩，未形成木柱层，收获和运输过程中易受擦伤，为病菌侵入创造了条件。由于幼嫩块茎含水量高，干物质积累少，缺乏对不良环境的抵抗能力，因此贮藏过程中易失水皱缩和发生腐烂。

（三）马铃薯的科学贮藏方法

1. 搞好田间管理，提高块茎耐贮能力

块茎入窖质量的高低，关系到马铃薯能否贮藏成功，而块茎耐贮能力的强弱，又对入窖有直接的影响。要保证贮藏质量，首先要从夏秋田间管理抓起。

（1）搞好田间病害防治。入窖块茎的病斑和烂薯是贮藏的最大隐患，而病薯和烂薯都来自田间。搞好夏季田间病害的防治，是减少块茎病斑的最有效方法。

（2）不过多施用氮肥。大力推行施用氮、磷、钾配比复合肥料或马铃薯专用化肥，使茎叶生长与块茎生长相协调，增加干物质积累，增强耐贮能力。

（3）提前杀秧促进薯皮老化。薯皮老化程度是决定薯块是否耐贮的重要条件。收获前一周要停止浇水，以减少含水量。促进薯皮老化。以利于及早进入休眠和减少病害。另外在收获前10～15天杀秧，可用机械杀秧或用灭杀性除草剂进行药剂杀秧。

2. 入窖前进行薯窖清理和消毒

首先是把薯窖地表的土和一些残存的杂物清理出窖外，窖内不留死角。同时，要运进新从山上或河滩取来的沙土，均匀铺垫到地面上。然后是对墙壁等全方位的消毒。具体做法是75%百菌清可湿性粉剂500倍液，对墙壁、地面、通风道喷雾。也可以用百菌清烟剂熏蒸消毒，施药用密闭36小时以上，然后通风，也可用硫黄或甲醛溶液熏蒸。

3. 不同用途的块茎要分窖贮藏

分窖贮藏，便于按不同用途进行相应的管理。要分品种、分级别、分用途单窖（室）贮藏。

（1）种薯贮藏必须“一窖一品（种）一级”，真正做到没有机械混杂，确保品种纯度和级别一致。注意贮藏的温、湿度，最适宜温度保持在3～4℃，最适宜的湿度保持在90%左右。

（2）食用薯及商品薯的贮藏条件，可以比种薯的贮藏条件宽松一些，只要做到不冻、不烂、不黑心、少损耗、保持新鲜即可。窖内温、湿度按种薯贮藏标准调节。

（3）加工薯，特别是油炸薯条、薯片用的原料薯，对贮藏条件要求比较严格。它们要求一定的薯形，干物质含量要高，还原糖含量低，是专用的品种。对它们必须分品种贮藏，并使贮藏温度不低于7℃，最好是8～10℃，以使还原糖不增加，才能保证油炸颜色和炸出成品的质量。

4. 贮藏方法及管理

（1）沟藏。沟深1～1.2米，宽1～1.5米，沟长不限。薯块厚度40～50厘米，寒冷地区可达70～80厘米，上面覆土保温，要随气温下降分次覆盖。沟内堆薯不能过高。否则沟底及中部温度易偏高，薯块受热会引起腐烂。

（2）窖藏。用井窖或窑窖贮藏马铃薯，每窖可贮3 000～3 500千克，由于只利用窖口通风调节温度，所以保温效果较好。但入窖初期不易降温，因此马铃薯不能装得太满，并注意窖口的启闭。只要管理得当，薯类贮藏效果很好。使用棚窖贮藏时，窖顶覆盖层要增厚，窖身加深，以免冻害。窖内薯堆高度不超过1.5米，否则入窖初期易受热引起萌芽及腐烂。

（3）通风库贮藏。将马铃薯装筐堆码于库内，每筐约25千克。垛高以5～6筐为宜。此外还可散堆在库内．堆高1.3～1.7米，薯堆与库存顶之间至少要留60～80厘米的空间。薯堆中每隔2～3米放一个通气筒，还可在薯堆底部设通风道与通气筒连接。并用鼓风机吹入冷风。秋季和初冬，夜间打开通风系统．让冷空气进入，白天则关闭，阻止热空气进入。冬季注意保温，必要时还要加强。春季气温回升后，则采用夜间短时间放风、白天关闭的方法以缓和库温的上升。

（4）冷藏。出休眠期后的马铃薯转入冷库中贮藏可以较好地控制发芽和失水，在冷库中可以进行堆藏，也可以装箱堆码。将温度控制在3～5℃，相对湿度85%～90%。

（5）药物处理。氯苯胺灵（CIPC）是一种采后使用的抑芽剂，粉剂的使用剂量为1.4～2.8克/千克，将粉剂撒入马铃薯堆中，上面扣上塑料薄膜或帆布等覆盖物，24～48小时后打开，经处理后的马铃薯在常温下也不会发芽。该抑芽剂必须在马铃薯愈伤后使用，否则，它会干扰马铃薯的愈伤，造成马铃薯贮藏中腐烂。出休眠期前的马铃薯使用该药抑芽效果好，出休眠期后再使用，抑芽效果明显减弱。用α-萘乙酸甲酯或α-萘乙酸乙酯处理马铃薯抑芽效果也好，每10吨薯块用药量为0.4～0.5千克，与15～30千克细土制成粉剂在薯堆中。应在休眠中期进行，不能过晚，否则会降低药效。MH（青鲜素）对马铃薯也有抑芽作用，但需在薯块采收前3～4周进行田间喷洒，用药浓度为3%～5%，遇雨时应重喷。

（6）辐射处理。用8～15kRr-射线辐照马铃薯，有明显的抑芽作用，经照射的马铃薯在常温下能够良好地贮藏几个月。

二、马铃薯深加工综合利用技术

马铃薯的用途十分广泛，可以说全身都是宝，被称为“金豆豆”。马铃薯以其营养丰富和养分平衡，被欧美国家当作“减肥食品’，或保健食品。美国农业部门高度评价马铃薯的营养价值，研究报告称：每餐只吃全脂奶粉和马铃薯，便可以得到人体所需要的一切营养素。

马铃薯也是轻工业原料，可制淀粉、糊精、葡萄糖、酒精、柠檬酸、变性淀粉、涂料等，加工淀粉的废水废渔可制作酒、酱油、醋、麦芽糖和饲料酵母等多种产品。还可用于加工食品，如冷冻食品（速冻薯条、马铃薯饼、丸子等）、油炸食品（油炸薯条、薯片、酥脆马铃薯等）、脱水制品、膨化制品、强化制品等。另外，还可加工制成果酱、饴糖、饮料和罐头等。

（一）马铃薯的营养成分

1. 糠类

马铃薯的糖类物质主要是淀粉和少量糖分，马铃薯淀粉由直链淀粉和支链淀粉组成。支链淀粉占淀粉总量的80%左右。糖分占马铃薯块茎总质量的1.5%左右，主要为葡萄糖、果糖、蔗糖等。

2. 蛋白质

马铃薯块茎中的蛋白质占含氮物的40%～70%，马铃薯块茎中所含的蛋白质主要由盐溶性球蛋白和水溶性蛋白组成，其中球蛋白约占2/3，是全价蛋白质，几乎含有所有的必需氨基酸。

3. 脂肪

马铃薯块茎的脂肪含量为0.04%～0.94%，平均为0.2%。马铃薯中的脂肪主要是由棕榈酸、豆蔻酸及少量的亚油酸和亚麻酸等组成的。

4. 有机酸

马铃薯块茎中的有机酸含量为0.09%～0.3%，主要有柠檬酸、草酸、乳酸、苹果酸，其中大部分是柠檬酸。

5. 维生素

马铃薯中含有多种维生素，它们主要分布在块茎的外层和顶部，目前在马铃薯中已发现的维生素有维生素 A、维生素 B_1、维生素 B_2、维生素 B_6、维生素 E_2、维生素 PP 和维生素 C，其中以维生素 C 为最多。

6. 酶类

马铃薯中含有淀粉酶、蛋白酶、氧化酶等。这些酶主要分布在马铃薯能发芽的部位，并参与生化反应。马铃薯在空气中的褐变就是氧化酶作用的结果。通常防止马铃薯褐变的方法是破坏酶类或将其与氧隔绝。

7. 茄素

茄素是一种含氮配糖体，有剧毒。茄素的含量以未成熟的块茎为多，占鲜薯质量的 0.56% ~1.08%。其含量以外皮为最多。如果每 100g 鲜薯中的茄素含量达到 20mg，食用后人体就会出现中毒症状。

8. 灰分

马铃薯块茎中的灰分占干物质质量的 2.12% ~7.48%，马铃薯的灰分呈碱性，对平衡食物的酸碱度具有显著的作用。

（二）马铃薯淀粉生产

1. 工艺流程

马铃薯→粉碎→分离→精制→脱水干燥→成品。

2. 操作要点

（1）清洗。根据生产能力设置相应的原料仓，马铃薯从原料仓出来通过流水槽、去石机和清洗机，除去石块和表面粘附的泥灰、杂质等。在水力输送槽中，1 吨马铃薯清洗的耗水量约为 $6m^3$。水和马铃薯的混合物的流动速度应不低于 0.75 米/秒。经清洗后，马铃薯的杂质含量不应高于 0.1%。马铃薯在清洗过程中的时间约为 12min。

（2）粉碎。将经清洗的马铃薯送入净料仓，从净料仓底卸出，落到螺旋输送机上，并均匀连续地喂入刨丝机中。在加工鲜马铃薯时，刨丝机上的挫齿突出量应不大于 1.5 毫米，刨丝机把马铃薯挫磨成细碎的丝条状并打成糊浆，在糊浆中，不允许含有粉碎的马铃薯小块。然后用水将糊浆稀释。在粉碎挫磨过程中，应尽量破坏和打开淀粉的细胞，使它能释放出更多的淀粉。马铃薯含有酪氨酸酶易使淀粉变色，粉碎时要通入二氧化硫，在分离工序还要通入 1 ~2 次，以抑制酪氨酸酶的作用。

原料喂入刨丝机时所采用的螺旋输送机，应调节到额定喂入量。挫磨滚筒的转速关系到淀粉的游离程度，转速为50米/秒时，淀粉的游离程度最佳。为便于浆渣的分离，挫磨的薯浆要加水稀释后再进行分离，加水量不大于马铃薯质量的50%。从细渣中洗涤得到的淀粉乳约占70%，其含量为3.5%～5%。洗涤得到的细渣还要进行2次磨碎。为提高第二次粉碎的效果，应尽量使细渣脱水，使渣中的干物质含量不少于10%。在进行第二次粉碎时，挫磨滚筒上的挫齿不应高于1毫米。

（3）分离。经稀释后的糊浆被送到组合筛中进行筛分。在筛选过程中，稀糊浆由下层带刷的回转筛进行筛理，淀粉和水穿过筛孔，而细渣被排出，再加水进行第二次粉碎，渣液送入振动筛筛分。这时淀粉颗粒通过该筛的筛面，而大部分极细的渣被排出筛外，再送到带刷的回转筛筛分，同时用喷淋水进行洗涤。部分细小纤维与淀粉通过该筛面而到振动筛再筛。将淀粉乳汇合在一起。经几次筛理的细渣和来自回转筛筛上物即粗渣混合，成为废渣，排入废料罐。

（4）精制。从组合筛中得到的淀粉乳，还需进行精制。在精制过程中，先要除去含有可溶性蛋白质与水的混合物，即汁，然后进一步除去极细的纤维渣。近年来，马铃薯淀粉的精制采用旋液分离器。

（5）脱水干燥。精制后的湿淀粉乳的含水量约为50%，不易储存，应将其干燥成粉，或直接用作生产淀粉精或其他变性淀粉。湿淀粉储存时可将其沉淀于特制的储存池内，并使淀粉表面留下一层清水，每日更换水，或将湿淀粉置于冷冻状态下储存。

（三）马铃薯全粉的制作

马铃薯除含9%～25%的淀粉外，还含有较丰富的维生素，其中，维生素C含量与同等量的苹果中维生素C相当。除此之外，马铃薯中还有人体所需的矿物质和多种氨基酸。马铃薯全粉和马铃薯淀粉是两种截然不同的制品，其根本区别在于：全粉加工没有破坏植物细胞，虽然干燥脱水，但一经用适当比例复水，即可重新获得新鲜的马铃薯泥，制品仍然保持了马铃薯天然的风味及应有的营养价值。而淀粉却是破坏了马铃薯的植物细胞后提取出来的。制品不再具有马铃薯的风味和其他营养价值。马铃薯全粉实际上就是将鲜薯熟化加工制成的干粉。它保持了马铃薯的天然风味和营养物质。它是食品加工的中间原料，可制成多种食品。马铃薯全粉主要包括颗粒全粉和雪花全粉。颗粒全粉是以新鲜马铃薯为原料，经清洗、去皮、挑选、切片、漂洗、漂烫、蒸煮、捣泥、制粉、热风干燥等工序处理而得的粉末状产品。其成分主要以马铃薯细胞单体或几个细胞的聚合体的形态存在，因此称之为马铃薯“颗粒”全粉。雪花全粉是以滚（辊）筒干燥的方式获得，其成品形体像“雪花”片状，所以称铃薯雪花全粉。被广泛用于加工复合薯片（条）等方便食品，极富营养价值，已长时期风靡欧、美和东南亚各国，具有较好的开发应用前景。

1. 工艺流程

马铃薯→清洗→去皮→切片→蒸煮→搅拌→调质→干燥→包装→成品。

2. 操作要点

（1）原料选择。马铃薯在仓库内按规定的仓储工艺，即干燥、愈合、冷却后在设定的温度 5～7℃和相对湿度下，进行保管，为了防止发芽，必要时要按计划喷洒发芽抑制剂。出仓前 3～4 周要使马铃薯升温达 12～18℃，以减少保管期增加的还原糖量并预防运输过程中发生的碰伤。用出仓机将马铃薯装上皮带输送机后，应在输送过程中对马铃薯进行初捡。挑除个别有病、已腐烂的马铃薯，然后进入清洗工段。

（2）清选。由第一清筒中翻滚，同时被由上面下来的水注喷淋，初步除去了粘结于表面的尘土和杂物后，进入由泵形成自下而上水流的去石机使马铃薯被水浮起，石子及泥土等重物下沉从出口排出。然后马铃薯随回旋水流进入第二清洗机，以同第一清洗机同样方式翻滚和喷淋，使马铃薯得以清洗洁净。

（3）去皮。带式输送机将洗过的马铃薯送到蒸煮器，在蒸煮机内，马铃薯皮在 5～6 个大气压，时间 20 秒，使马铃薯表面生出水泡，将蒸煮过的马铃薯用螺旋输送机运到去皮机，在去皮机内有粗糙且适宜的辊去除松散的马铃薯皮，被渣皮泵打到专设的渣皮罐去供再加工付产品或做饲料用。已脱皮的马铃薯再经一次清洗机水流喷淋后，掉落于宽而慢速移动的皮带上接受检查和整修。

（4）切片。带式提升机将经整修后的马铃薯送至装有清水的均流料斗。在料斗中浸泡在水中的马铃薯等待电子皮带秤按已设定输送量均匀地输送到切片机去，通过切片机马铃薯被切成厚度为 12～20 毫米的片状。在使用的马铃薯品种含糖量较高（大于 0.5%），或对酶促褐变反应强烈时，有可能要增加使用预煮—冷却工艺段，即将马铃薯片送入预煮机后温度为 70～75℃，时间 20 分钟，然后再进入冷却机进行冷却，时间 20～40 分钟，温度不大于 20℃。一般情况不必使用此工艺段，因为也可以使用添加剂来加以控制，使用预煮工艺不仅增加昂贵的设备投资，而且又增加不必要的能耗和生产成本。

（5）蒸煮。水力输送系统直接将马铃薯片运进湿料斗，水被振动筛分离并流回冷却器，马铃薯片通过湿料斗的闸门，由带式输送机送进螺旋蒸煮机，以水蒸气的形式进行蒸煮，正常条件30～40分钟，温度95～98℃。

（6）搅拌。煮过的马铃薯片直接从蒸煮机落入搅拌机：此时干燥工段分级后产生的中粒度马铃薯全粉同时由定量螺旋输送机送入搅拌机；硬脂酸钠、单甘油酸脂、磷酸氢二钠、亚硫酸氢钠、抗氧化剂等添加剂，也添入搅拌机。混合是将部分经沸腾干燥过程后的马铃薯颗粒粉以及部分经筛分过程后的马铃薯颗粒粉回填，与经蒸煮工序软化的薯片进一步混合。同时也均化减低了水分，吸附了起不同作用的添加剂。

（7）调质。来自搅拌器的产品进入配有特殊的通风底的冷却管，产品被过滤的空气吹成流动状，水蒸气被回收，使产品温度下降到25℃左右，然后进入分散器，使产品中的团块分散开，并均匀进入两个特殊的带式输送机，在输送带上保留25～35分钟移去水分，筛子最后将其分成8毫米以下的颗粒。

（8）干燥。调节之后，产品通过特殊的十字嘴，以很高的速度与热空气流垂直的方向进入气流干燥机，然后减速、分散，在颗粒与热空气之间形成急速相对运动，使产品快速干燥，然后通过旋风式分离机将干物分离出来。此时产品的水分为12%～15%。如果工艺设计水分为12%～13%，可直接进入筛选分级系统。如果设计水分为15%或以上，则需要进行第二次干燥，一般使用流化床干燥机使水分达到12%。

（9）称重包装。颗粒全粉成品被气流输送机送至包装机，经称重后灌入包装袋，包装袋分两层，内层是聚乙烯食品塑料膜制成，电热封口或用皮筋扎口，保证密封不透气。外层为玻璃纤维纺织袋，用缝口机缝合，最后在托盘上码垛，用叉车入库。

（四）油炸马铃薯条加工工艺

工艺流程

原料贮藏→原料选择→清洗→去皮→清洗→切条→漂洗→烫漂→护色→脱水→第一次油炸→脱油→冷冻→第二次油炸→成品。

操作要点

1. 原料贮藏

用于加工的马铃薯的贮藏条件为：温度6～10℃，相对湿度大于95%，有良好的通风条件，并用适当的化学药剂防治病害、害虫的发生。

2. 原料选择

选适合加工的马铃薯品种。薯块大，呈圆形或椭圆形，没有疮痂病害其他病害虫害的疖疣，表皮要薄，芽眼浅而少，肉质呈均一的白色或浅黄色，干物质含量大于21%，还原糖含量小于0.5%，淀粉则应大于18%，在去皮修整时的废料不得超过30%。

3. 清洗

用自来水冲洗原料表面。

4. 去皮

去皮的方法有碱液去皮、蒸汽去皮、干碱去皮、机械摩擦去皮等。根据报道，经过洗涤分级后的马铃薯，以13%～15%的NaOH溶液，液温为80～85℃浸渍3～4分钟后滴出余碱，在配合红外线加热，可使马铃薯表层组织软化，马铃薯表面与红外线加热管的距离为67厘米时，管温在843～871℃，照射2～2.5分钟较为适宜。如碱液浓度、温度、浸渍处理和红外线照射时间一定，则比表面积越大，重量损失率越高。

5. 切条

用于制作法式马铃薯条的大小，长度为10厘米，宽度和厚度为6.35～12.7毫米。

6. 漂洗

用清水漂洗去表面的淀粉。

7. 烫漂

其主要作用是钝化酶的活性，防止加工过程中酶促褐变导致品质不良；排除原料中的空气，避免氧化；同时起软化组织和灭菌的作用。烫漂温度的选择主要依据多酚氧化酶的热稳定性而定。

8. 护色

褐变是马铃薯加工过程中存在的不利因素。它包括加工期间的酶促褐变和贮藏期间非酶促褐变。酶促褐变是由多酚氧化酶引起的，非酶促褐变受温度和还原糖含量影响，随着食品化学的发展，从这两方面入手，人们找到诸多方法抑制褐变。护色处理即用亚硫酸氢盐、抗坏血酸，柠檬酸及氯化钙等对褐变抑制作用的一定浓度的混合浸泡薯条；另外用烫漂来杀酶。

9. 脱水

已利用的加工设备为加热箱。马铃薯条的加热可完全由一热交换气加热的高速气流来进行，或者空气加热加上辅助热源，如红外线加热器或微波加热器。蒸煮和脱水同时进行，并人为地分为3个阶段：干燥—蒸煮—脱水。

第一阶段：去除马铃薯表面的水分，用88～138℃热空气，以122～138℃为最佳，热空气含水量低于空气重量比的15%，时间以薯条内部水分不明显蒸发掉为宜。

第二阶段：94～122℃加热，以110～122℃为最佳。加热时间足以部分的蒸煮，使马铃薯条胶凝并部分脱水，时间约3～6分钟，薯条蒸煮应达到接近条中心的温度，但外部应在较大程度上得到蒸煮。空气含水量最好在重量比的15%～40%，以得到“粉状”质地。

第三阶段：加热处理，最终使马铃薯条脱水率达到20%～25%，干热空气含水量低于空气重量比的10%，时间为2～4分钟，马铃薯条外部的水分比内部水分去掉的多，薯条表面干，边角部完全脱水分。此脱水过程将会使马铃薯条在最后油炸时，外表形成一硬壳。这样马铃薯条脆而软，但不坚韧。

10. 第一次油炸

将经过蒸煮和脱水的马铃薯条略为冷却一下，而后立即进行油炸，时间为1/3分钟至2分钟，这要根据油的温度和马铃薯固体物含量而定，油温在163～199℃范围内为好，初次油炸过程去掉了马铃薯表面的多余水分，去掉水分的水分的数量取决于马铃薯条的大小形状，油温和初次油炸时间。

11. 脱油

将油炸后的马铃薯条至于离心脱油机中，在离心力的作用下将多余的油甩出。

12. 冷冻

将马铃薯条用传统方法冷冻起来，直至食用时进行最后的油炸程序。

13. 第二次油炸

油炸可在薯条不解冻的情况下完成，并且油温在171～193℃。时间可为1.5～3分钟为宜，如此生产的马铃薯条外皮脆而不韧，内部绵而均匀，为消费者亲睐。

人们从法式冷冻的油炸马铃薯条的各步工艺出发，不断进行改进，以获得味美、营养丰富、食用方便的产品。

(五) 马铃薯香脆片

工艺流程

原料处理→水烫→腌制→油炸→包装→成品。

操作要点

（1）原料处理。选大小均匀、无病虫害的薯块，用清水洗净，沥干去皮，切成1～2毫米厚的薄片，投入清水中浸泡，洗去薯片表面的淀粉，以免发霉。

（2）水烫。在沸水中将薯片烫至半透明状、熟而不软时捞出，放入凉水中冷却，沥干表面水分，备用。

（3）腌制。将八角、花椒、桂皮、小茴香等调料放入布包中水煮30～40分钟，置凉后加适量的食糖、食盐，把薯片投入其中浸泡2h，捞出，晒干。

（4）油炸。将食用植物油入锅煮沸，放入干薯片，边炸边翻动。当炸至薯片膨胀、色呈微黄时出锅，冷却后包装。

（六）马铃薯果脯

工艺流程

选料→造型制坯→灰浸、水漂→煮坯、水漂→糖渍→糖煮→上糖衣→成品。

操作要点

（1）选料。选用个大均匀、薯块饱满、外表光滑、无病虫害、无绿斑的马铃薯。

（2）造型制坯。薯块洗净，去皮，冲净，制坯（根据美观需要制成各种形状）。

（3）灰浸、水漂。将薯坯置入容器，倒入0.25%～0.6%的石灰水浸泡16小时，取出，投入清水漂洗4次，每次2小时，洗去石灰残液。本工序可增强果肉紧密度和半成品耐煮性。

（4）煮坯、水漂。将薯坯放入沸水煮20分钟，投入清水漂洗2次，每次2小时。转入沸水中煮10分钟，捞起，投入清水冲洗1小时。

（5）糖渍。将薯坯置入缸内，注入浓糖液，以薯坯能翻动为宜。4小时后上下翻动1次，浸渍16小时。

（6）糖煮。需煮2次。第一次将薯坯与糖液舀入锅内，煮沸10分钟，使糖液温度达104℃，蜜制6小时；第二次煮沸30分钟，使糖液温度达108℃，蜜制成半成品。

（7）上糖衣。将半成品煮约30分钟，使糖温达112℃，起锅滤干晾到60℃，即可上糖衣，以糖坯粘满糖为宜，不可过多或过少，然后干制即为成品。

第五节　油脂加工

一、葵花籽油

油用型葵花籽的外壳多呈黑色或暗红色。含壳率为29%～30%，籽仁含油率约50%，含蛋白质约18%。葵花籽油饱和脂肪酸只占10%左右，不饱和脂肪酸高达90%，富含亚油酸（占总脂肪酸含量54%～70%）和油酸（约占39%），还含有维生素，因此，葵花籽油是一种营养价值很高的植物油。但粗油中含有微量蜡质（约0.10%）和含氧酸，影响品质和储存稳定性。在精炼过程中将其除去。

（一）葵花籽油的制取工艺

葵花籽油的制取多采用预榨—浸出工艺（图12－1）。

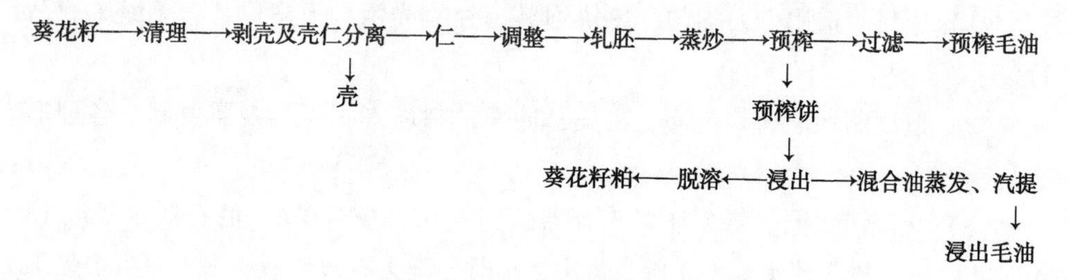

图12－1　葵花籽油制取工艺

操作要点：

葵花籽原料经振动筛筛选，风力分选箱风选后，进入立式离心剥壳机剥壳，然后于壳仁分离筛中分离。分离后葵花籽仁中含壳率低于10%，壳中含仁率小于1%。仁经软化锅调整水分至8%～9%，温度60℃。采用立式轧胚机将仁轧成厚度0.5毫米的生胚，经辅助蒸炒锅和榨机蒸炒锅蒸炒后，进入ZY-24型预榨机的熟胚水分为2%，温度为110℃。预榨出的油经过滤后得预榨毛油送去精炼。预榨饼进行浸出，混合油经蒸发，汽提得到浸出毛油送去精炼。浸出湿粕脱溶后得到葵花籽粕。

（二）葵花籽油的精炼工艺

市售葵花籽油分粗炼和精制食用油两种品级。

1. 粗炼葵花籽油工艺流程（图 12－2）

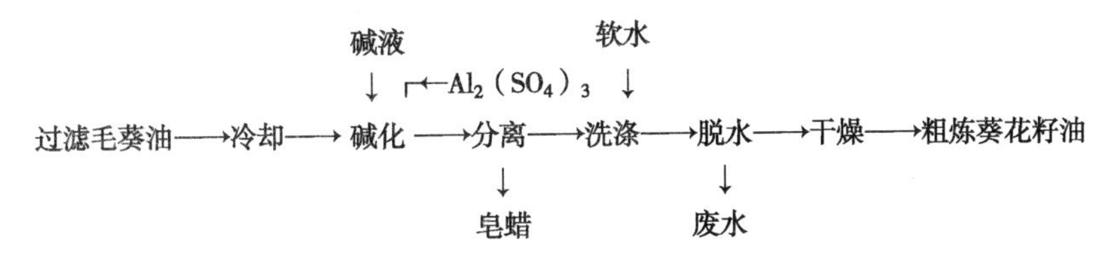

图 12－2　粗炼葵花籽油工艺流程

操作要点：

滤后毛油含杂不大于 0.2%，碱化操作温度为 9℃左右，碱液浓度为 15°Bé，添加量占油量的 1.36% 左右，$Al_2(SO_4)_3$（水溶液浓度为 14%～24%），添加量占油量的 0.25%～0.5%，碱化反应时间为 70min 左右，脱蜡分离温度为 16～18℃。碱炼油经水洗，脱水或真空脱溶得到粗炼葵花籽油。

2. 精制葵花籽油工艺流程（图 12－3）

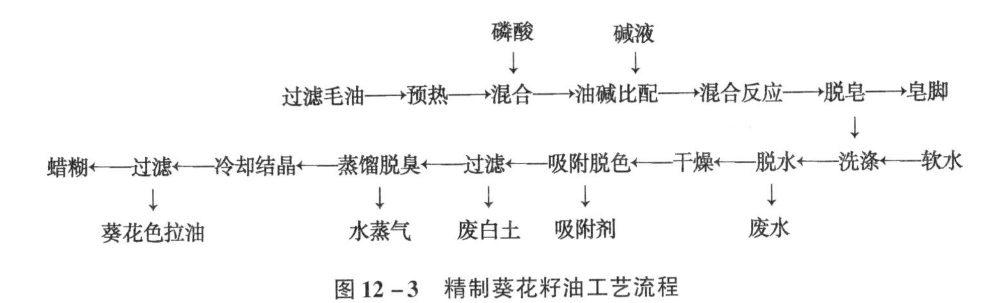

图 12－3　精制葵花籽油工艺流程

操作要点：

过滤毛油含杂不大于 0.2%，碱液浓度 18～22°Bé，超量碱添加量为理论碱量的 10%～25%，有时还先添加油量的 0.05%～0.20% 的磷酸（浓度为 85%），脱皂温度 70～82℃，洗涤温度 95℃左右，软水添加量为油量的 10%～20%。连续真空干燥脱水，温度 90～95℃，操作绝对压力为 2.5～4.0 千帕。吸附脱色温度为 100～105℃，操作绝对压力为 2.5～4.0 千帕，脱色温度下的操作时间为 30 分钟左右，活性白土添加量为油量的 1%～4%。利用立式叶片过滤机分离白土时的过滤温度不低于 100℃。脱色油中 P≤5 毫克/千克、Fe≤0.1 毫克/千克、Cu≤0.01 毫克/千克。脱臭温度 240～260℃，操作绝对压力 260～650 帕，汽提蒸气通入量油量的 0.5%～2%，脱臭时间 40～120 分钟，柠檬酸（浓度 5%）添加量为油量的 0.02%～0.04%，安全过滤温度不高于 70℃。

（三）葵花籽油的质量指标

1. 特征指标

折光指数（20℃）1.461～1.468

相对密度（d）0.9164～0.9214

碘值（Ig/100g）118～141

皂化值（KOHmg/g）188～194

2. 质量指标（表12－1）

表12－1　葵花籽油质量指标

项目		一级	二级
色泽（罗维朋比色计25.4mm槽）		Y35　R≤3.0	Y35　R≤5.0
气味、滋味、透明度		具有葵花油固有气味和滋味，无异味，透明	
酸价（mgKOH/g）	≤	1.0	4.0
水分及挥发物/%	≤	0.10	0.20
杂质/%	≤	0.05	0.05
加热试验（280℃）		油色不变，无析出物	油色允许变深，但不得变黑，允许有微量析出物
含皂量/%	≤	0.03	—

二、胡麻籽油

胡麻是亚麻的别名，是一种重要的油料作物，籽含油量29%～44%，含壳量20%～45%，壳中约含油量17%～20%，所以胡麻籽制油时一般不剥壳。胡麻籽油中含饱和脂肪酸9%～11%，油酸13%～29%，亚油酸12%～30%，亚麻酸40%～60%。不饱和脂肪酸含量丰富，对人体有重要的保健作用。

（一）胡麻籽油的制取（图12－4）

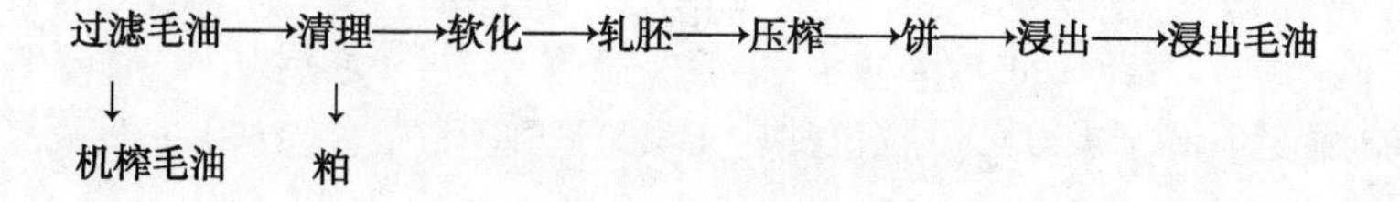

图12－4　胡麻籽油的制取

操作要点：

胡麻籽原料采用振动筛或平面回转筛筛选除杂。清理后的胡麻籽含杂质质量应低于0.5%。对含水量低的胡麻籽采用层式软化锅于水分9%，温度50~60℃条件下软化12min. 然后采用立式轧胚机把胡麻籽轧成厚度0.35mm的胚片，胡麻籽生胚经辅助蒸炒锅和榨机蒸炒锅蒸炒后，进入ZY-24型预榨机的熟胚含水量4%~5%，温度110℃。预榨出油经过滤后得到预榨胡麻籽油送去精炼。预榨饼送去浸出车间进行浸出，混合油经预处理、蒸发、汽提得浸出胡麻籽毛油送去精炼。

（二）胡麻籽油的精炼工艺（图12-5）

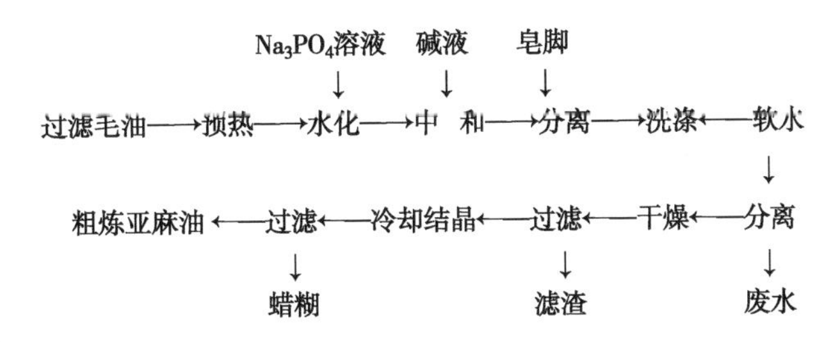

图12-5　胡麻籽油的精炼工艺

操作要点：

水化操作温度为25~30℃，磷酸三钠添加量为油量的0.28%~0.3%（配制成1.3%水溶液），搅拌30分钟后添加碱液中和脱酸，碱液浓度为20°Bé，超量碱占油量的0.06%~0.1%，中和反应时间约1小时，终温控制在60~65℃，沉降分离时间不低于4小时。洗涤操作温度为85℃左右，洗涤水添加量占油量的10%~15%，沉降分离废水的时间不小于2小时。真空脱水温度为120℃左右，操作压力低于5千帕，干燥后将油温冷却至30~35℃，进行第一次过滤，滤压不大于0.2兆帕，滤后油冷却至20~25℃结晶32小时左右，再过滤脱除蜡质，滤压不大于0.1兆帕。

（三）胡麻籽油质量指标

根据亚麻籽油的用途分为两类，工业用亚麻籽油和食用亚麻籽油。

1. 技术要求

直射率（20℃）1.4785~1.4740

相对密度（d）0.9260~0.9365

碘价（韦氏法）188~195

皂化值（mgKOH/g）188~195

2. 质量指标（表12－2）

表12－2　亚麻籽油质量指标

项目	工业用油		食用油
	1	2	
气味、滋味	具有亚麻籽油固有的气味、滋味，无异味		
酸价 mgKOH/g≤	1.0	3.0	4.0
水分及挥发物%≤	0.10	0.10	0.20
杂质%　≤	0.10	0.15	0.15
透明度	透明	允许微浊	允许微浊
色泽（罗维朋比色计　1英寸槽）	黄35红≤3.0	黄35红≤5.0	黄35红≤7.0
含皂量%　≤	0.03		—
加热试验（289℃）	—	—	油色允许变深，但不得变黑，允许有微量析出物
破裂试验（289℃）	无析出物	允许有微量析出物	—

三、杏仁油

杏仁中含有50%左右的油脂，由于杏仁有甜杏仁、苦杏仁之别，故尚有甜杏仁油。杏仁油，微黄透明，味道清香，其中，90%为不饱和脂肪酸，油酸含量占70%左右，其脂肪酸组成与橄榄油和油茶籽油非常相似。同时富含蛋白质、维生素、无机盐、膳食纤维及人体所需的微量元素，具有润肺、健胃、补充体力的作用。

（一）液压榨油机压榨杏仁油的制油工艺（图12－6）

杏仁⟶浸泡⟶脱皮⟶烘干⟶冷榨⟶毛油⟶精炼
↓
杏仁粕⟶饼边复榨

图12－6　杏仁油制油工艺

操作要点：

杏仁在浸泡缸内加入添加剂浸泡一段时间后进行搓皮，洗净后，低温烘干。烘干后水分含量4%～6%，整粒放入液压榨油机中，调整冷榨装置的压力45MPa左右，开动设备，当压力达到最大时，保持最大压力直到压榨结束。压榨时间约

90 分钟左右。压榨完毕，即行卸下杏仁饼，打下铁圈，并刮下有较多的饼边送去复榨。

（二）杏仁油的精炼（图 12－7）

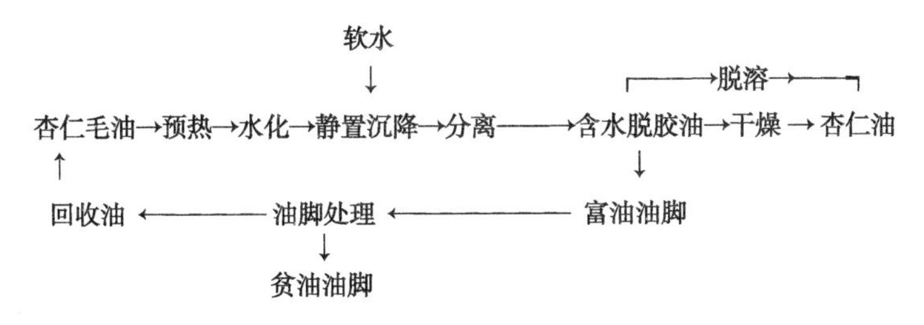

图 12－7　杏仁油的精炼

操作条件：滤后毛油含杂不大于 0.2%，水化温度 90～95℃，加水量为毛油胶质含量的 3～3.5 倍，水化时间 30～40 分钟，沉降分离时间 4 小时，干燥温度不低于 90℃，操作绝对压力 4.0 千帕，若精炼浸出毛油时，脱溶温度 160℃左右，操作压力不大于 4.0 千帕，脱溶时间 1～3 小时。

（三）杏仁油的质量指标（ge 12－3）

表 12－3　杏仁油质量指标

项目		一级	二级
色泽（罗维朋比色计 25.4mm 槽）		Y10　R≤1.0	Y25　R≤2.5
气味、滋味、透明度		具有杏仁油固有气味和滋味，口感较好，无异味，透明	
酸价（mgKOH/g）	≤	1.0	3.0
水分及挥发物/%	≤	0.10	0.10
杂质/%	≤	0.10	0.10
加热试验（280℃）		油色不变，无析出物	油色允许变深，但不得变黑
加热试验（280℃）		油色不变，无析出物	油色允许变深，但不得变黑，允许有微量析出物
过氧化值（mmol/千克）	≤	2.5	2.5

第六节　怀安卤水豆腐皮

豆腐皮，是人们喜食的一种豆制品。加工方便，销路好，经济效益高。一般每10千克黄豆，可加工豆腐皮15千克左右。

1. 工艺流程

原料处理→泡豆→磨浆→煮浆→过滤去渣→点浆→浇浆→压制→剥皮→煨汤→成品豆腐皮。

2. 操作要点

（1）原料处理。取原料黄豆，筛净，洗净后放进水缸内等待浸泡。

（2）泡豆。浸泡黄豆的用水量大概是黄豆重量的3倍。一般情况下，浸泡去皮黄豆和带皮黄豆的时间不同。

去皮黄豆：室温15℃以下时浸泡6～8小时，20℃左右浸泡5～6小时，夏季气温高浸泡3小时左右。

带皮黄豆：夏季浸泡4～5小时，春、秋季浸泡8～10小时，冬季浸泡24小时左右。陈黄豆可以相应延长一些时间。

直至能用手指将豆瓣捻碎为止。

（3）磨浆。将浸泡好的黄豆用石磨磨浆。石磨磨齿要均匀，磨出的豆浆才会既均匀又细。为了使黄豆充分释放蛋白质，要磨两遍。磨第一遍时，边磨边加凉水。磨完第一遍后，将豆浆再上磨磨第二遍，同样边磨边加凉水。两次磨浆加水的量为黄豆量的4倍。但不能磨太细，以用手指能捻成小颗粒为宜。磨完后，将豆浆用木桶、铁桶、橡胶桶或瓦缸装好。

（4）煮浆。将磨好的生豆浆倒入锅中加热，不必盖锅盖，边煮边撇去面上的泡沫。加热过程中，蛋白质泡沫太多会造成“扑锅”外溢，可以加一些消泡剂，约占黄豆量的1%。豆浆煮到温度达90～110℃时即可。温度不够或时间太长，都影响豆浆质量。

（5）过滤。将煮好的豆浆用纱布进行过滤。纱布一般为80～90目。

（6）点浆。把过滤好的熟豆浆再次倒入锅中，不盖锅盖加热。这次加热温度不能太高，保持豆浆在60℃左右即可，边加卤水边搅拌，一直加到有絮状沉淀为止。停止加热，停止加卤水，盖锅盖焖制一段时间，直到豆腐花沉淀和锅中的卤水分层，并且从卤水中能清楚地看到豆腐花。

（7）浇浆。将作豆腐皮的木质或铁质模型方框放在底板上，把长条包布的一端平铺在模型内，四角摊平，不折、不皱，用大勺把豆腐花均匀的舀在包布上，豆腐花尽量摊薄，再把包布轻轻覆盖在上面，再浇一层，再盖包布。如此反复折叠，一层包布一层豆腐花，依次浇下去。每个模型大约浇制30张。

(8) 压制。把浇制好的模型搬到闸架上，并移动压制，逐步收紧撬棍加压，大概压制15分钟后松撬棍脱模，把压制过的豆腐皮连同包布底朝上倒置，再放进模型里，二次上闸架10分钟。

(9) 剥皮。将压制后的模型搬下，揭一层包布，剥一张豆腐皮，再揭一层包布，再剥一张豆腐皮。如此反复。

(10) 煨汤。剥下的豆腐皮必须放在锅里加料煮煸。料汤配料各有不同。一般为：每一百张豆腐皮用食盐、花椒、茴香各为50克，约煮制半小时。

怀安豆腐皮色泽淡黄，质地柔软，滋味鲜香，最大的优点薄如纸张。

第十三章　现代农业信息化服务技术

第一节　农业信息化概述

一、农业信息的基本涵义

（一）农业信息的涵义

广义上讲，信息就是任何一个事物的运动状态以及运动状态形式的变化。信息可以界定为由信息源（自然界、人类社会等）发出的，被使用者接受和理解的各种信息号。作为一个社会概念，信息可以理解为人类共享的一切知识，或社会发展趋势以及客观现象中提炼出来的各种消息之和。

农业信息是指农业及农业相关领域的信息集合。在信息技术飞速发展的今天，农业信息的收集、整理、传播、更新、维护等，对农业信息化进程尤为重要。

（二）农业信息的特点和分类

1. 农业信息的特点

农业信息作为国民经济信息的重要组成部分，除具有其他行业信息共有的特点外，还具有它自己的特点，有别于其他信息。

（1）广泛性（社会性）。

（2）连锁性（延展性）。

（3）滞后性。

（4）突发性。

（5）周期性。

（6）准确性。

（7）时效性。

2. 农业信息的分类

农业信息按不同分法可以分为不同类型，按信息的来源、作用分为以下几种类型。

（1）宏观信息。指调控和指导农业和农村经济运行的信息。

（2）生产信息。指农业（种植业、养殖业、加工业等）生产动态信息。

（3）流通信息。指农产品销售、运输、储藏、供求、价格等信息。农产品、农用生产资料供求数量、价格变化，供应地点，供货渠道，流通方向及运输能力，农产品的质量及加工需求等。

（4）综合信息。指由多个因素引起的农业和农村经济变化信息。

（5）技术信息。指农业种、养、加、包装、运输和经营过程中新方法、新工艺、新发现等信息。

二、农业信息化发展现状及特点

（一）农业信息化定义

农业信息化是指人类在农业生产活动和社会实践中，借助现代计算机技术、网络通讯技术以及物联网技术，开发和利用农业信息资源，以推动现代农业经济可持续发展和农村社会进步的过程。具体内容包括：农民生活消费信息化，农业生产管理信息化，农业科学技术信息化，农业经营管理信息化，农业市场流通信息化，农业资源环境信息化，农业管理决策信息化等。

（二）农业信息化发展现状及特点

1. 国外农业信息化发展现状及特点

目前，在农业信息化方面处于世界领先地位的国家有美国、德国、日本等。美国是农业信息技术的领头羊；日本、德国等发达国家紧随其后；印度、韩国等发展中国家虽然起步较晚，但发展较快。

（1）美国。

①发展现状：以政府为主体五大信息机构为主线，形成国家、地区、州三级农业信息网。同时构建了庞大、完整、规范的农业信息网络体系，形成了完整、健全、规范的信息体系和信息制度。在农业信息技术方面，以3S技术（即遥感技术、地理信息系统和全球定位系统）、计算机技术、自动化技术、网络技术等打造“精准农业”。在农业信息技术应用方面，农业公司、专业协会、合作社和农场都在普遍使用计算机及网络技术。

②发展特点：一是以市场化推动信息化发展。信息化靠市场运作，资本来源是政府投入和资本市场运营相结合。

二是以政策体系推动信息化发展。政府构建诸如政府辅助、税收优惠、政府担保等一系列优惠政策体系，刺激了资本市场的运作，推动了信息化的快速发展。

三是以科技创新推动信息化发展。政府加大科技创新和新技术研发投入，构建政府、企业、科研机构的合作创新体系。同时，建立了产权激励和合法收益的创新激励机制。

(2) 日本。

①发展现状：建立了农业技术信息服务全国联机网络，形成了国家、县、乡镇农业信息网络。农业信息服务主要由市场销售信息服务系统和“日本农协”两个系统组成。尤其乡镇级以及地方综合农协在信息通讯设施建设方面发展迅速。凭借着两个系统提供的准确的市场信息，每一个农户都对国内市场乃至世界市场每种农产品的价格和生产数量有比较全面准确的了解，由此调整生产品种及产量。但日本农业信息技术应用比工业落后，“精确农业”发展空间较大。

②发展特点：一是由政府投资，灵活运用计算机网络、有线电视、传真机等多种信息技术传播手段，建立不同地域特征的农业信息服务网络。

二是由企业运作，构建农产品电子商务服务网络。建立大型综合网上交易市场和综合性网上超市、网上商店等，加快农产品流通方式的变革。

三是采取产、官、学合作方式，引进和改造精确农业。注重在作物生长模型等精确农业和精确农业机械研究方面改进精准农业。

(3) 德国。

①发展现状：德国作为欧洲信息化发展的成功典型，其农业信息技术不断推广普及，正向农业全面信息化迈进。德国农业生产、科研、教学领域基本上通过计算机网络来进行。其农业自动控制、网络计算机辅助决策技术的应用、计算机模拟和模型技术、遥感技术、精确农业技术、农机管理自动化等方面都走在世界前列。

②发展特点：一是政府重视农业信息化的政策与环境、资金的支持和农业信息化基础设施的建设投入。

二是开发和利用农业信息和网络资源，信息量大，用户充足，农业信息网络持续快速发展。

三是以关键技术带动农业信息化的发展。紧紧抓住模拟模型技术、计算机决策系统技术、精确农业技术等关键技术的研发和集成，带动整个农业信息化发展。

四是重视信息技术培训与教育。所有学校开设计算机和网络技术课程，特别注意促进妇女信息技术的培训。

（4）印度。

①发展现状：一是重视信息技术传输渠道建设。中央政府农业部门之间的开通网络，80%农业研究委员会可以通过拨号实现了连接，其他通过卫星实现了联接。国家网络信息中心与一个区级机构和一个地区的70个村庄实现了连接。借助中央——邦政府——地区农村发展部和村民自治组织的行政运行体系，在农村建立了21个信息中心，主要为Dhar地区的农村与部落服务。信息服务具有费用小、随时接收、没有时间限制。使得农民有很强的上网积极性。

二是重视数据库及网站建设。由国家农业研究委员会统管，将全国的研究机构和区域试验站、农业大学有机地组织起来，实行统一的软硬件和标准的录入格式，建立的7个数据库，实现全国资源快速传递和共建共享。一些农业网站已经开通并开始为用户提供服务。

②发展特点：一是在基础设施很不完善的条件下，采取公私共享的合作模式，充分利用村民自治组织，实现广大农民真正享受信息服务。

二是注重信息技术人才培养，加强对农民的培训。

三是鼓励和动员社会力量参与农村信息化建设。采用政府投入、私人投资和公私合营等灵活多样的融资渠道和投资模式，特别注意吸引私营企业加入信息化。

四是重视进行广泛国际交流合作。与美国麻省理工大学合作建立印度亚洲多媒体实验室致力于探索低成本易推广的信息系统、农村软件、实现数字农村等。

（5）韩国。

①发展现状：韩国作为农业信息化起步较晚的国家，采取了农业信息化的“追赶型”模式，注重信息技术应用的实效，建立了比较完善的农业信息系统。新型农业技术信息数据库为农民和公众提供新的农业技术信息。农业土壤环境信息系统为农民提供详细的原始土壤图的制备、土壤详图数据库、稻田和旱地土样分析等信息。农场信息技术系统主要向农场主、农户发布作物生长条件、农场全方位技术、害虫预测信息、农业标准设备的设计规划、特殊地点农户实用技术和

农村生活等信息。农场生产环境信息系统提供实时天气预报信息。牲畜出口产品管理系统提供畜产品价格动态分析信息。农民信息管理系统主要开发和提供农业管理项目。此外，韩国农业电子商务也极为发达。

②发展特点：一是利用多媒体远程咨询系统培训农民。政府采用先进的便携式摄像机和无线通讯设备进行田间演示教学，对农民进行技术培训，由专家现场解答农民提出的问题。政府还利用 Internet 会议系统实施农村夜校教育计划，每年约有 1 万左右的农民参加培训。

二是政府加大互联网基础设施投入。韩国已有 10% 的农民通过高速网络专线上网，设备费用由政府资助，上网费用由农民自己承担。没有家庭上网条件的农民，可以到附近的农业技术推广机构参加网上咨询。

2. 我国农业信息化发展现状及特点

（1）发展现状。一是村村通电话”“乡乡能上网”完全实现，广播电视“村村通”基本实现。截至 2009 年，我国农村居民计算机拥有量达到 7. 5 台/百户，移动电话拥有量达到 115. 2 部/百户，固定电话拥有量达到 67 部/百户。

二是覆盖部、省、地市、县的农业网站群基本建成，各级农业部门初步搭建了面向农民需求的农业信息服务平台，为农民提供科技、市场、政策等各类信息。据统计，我国农业网站数量达 31 000多家，其中政府建立的有 4 000多家。农业部相继建设了农业政策法规、农村经济统计、农业科技与人才、农产品价格等 60 多个行业数据库。

三是农业生物环境信息获取与解析、农业无线传感网络、农业过程数字模型与系统仿真、虚拟农业与数字化设计、精准农业与自动监控、呼叫中心、移动通信、互联网等信息技术已经在农村综合信息服务、农业政务管理、农业生产经营以及农产品流通等领域开展了相关应用推广工作，并且发展迅速，有逐步深化的趋势。

四是“县有信息服务机构、乡有信息站、村有信息点”的格局基本形成。全国 100% 的省级农业部门设立了开展信息化工作的职能机构，97% 的地市级农业部门、80% 以上的县级农业部门设有信息化管理和服务机构，70% 以上的乡镇成立了信息服务站，乡村信息服务站点逾 100 万个，农村信息员超过 70 万人。

（2）发展特点。一是农业信息化促进现代化。大田种植、设施园艺、畜禽养殖、水产养殖中的各种农业生产要素进行数字化设计、智能化控制、精准化运行、科学化管理，为农业现代化提供了重要支撑。

二是农业农村信息化进入崭新阶段。宽带、融合、安全、泛在的下一代国家信息基础设施建设力度加大，农村地区宽带网络建设进一步加强。农民的人均收入将有较大幅度提升，农民的信息消费意识、消费需求和消费能力将普遍增强，现代农业对信息技术应用需求迫切，农业农村信息化会将由以试验示范为目的和特征的政府推动阶段向以实际应用为目的和特征的需求拉动阶段过渡。

（3）我国农业信息化存在的问题。

①认识不到位：由于我国农业农村信息化发展处于起步阶段，一些地方农业部门尚未认识到加快推进农业农村信息化的重要性和紧迫性，一些地方对发展农业农村信息化的积极性不高，投入力度不够，措施不力。

②政策不明确：我国目前尚没有专门针对农业农村信息化的政策法规，各地缺乏面向农业企业、农民专业合作社、农民的各种优惠政策，导致各地发展农业农村信息化的动力不足。

③技术不成熟：目前，我国农业信息技术产品主要产自高校和科研院所的实验室，科研成果转化率和产业化率不高，集成示范应用力度不够，农业生产经营信息化所需的低成本、高质量的信息技术产品严重滞后，阻碍了我国农业信息技术的应用与推广。

④机制不灵活：我国农业农村信息化发展尚没有形成长效的运营机制，政府、农业企业、电信运营商以及 IT 企业等主体在农业农村信息化推进过程中的角色定位不明确，政府不够主动，企业不够积极。

第二节　我国农业信息化服务和利用

一、我国农业信息服务利用概述

（一）我国农业信息化服务利用发展历程

新中国成立以来，适应我国国情和农业农村经济发展状况，主要围绕信息体系建设和信息服务的农业信息化大体经过 4 个发展阶段。

第一阶段是从新中国成立初期至改革开放前。这一阶段的信息技术手段和具体工作内涵是常规、传统的，是电话传送和算盘处理的原始方式。

第二阶段是从 1978 年改革开放以来至 20 世纪 80 年代末。这是现代意义的农业信息化初始阶段。由于计算技术的发展，特别是计算机在农业统计和经营管理工作的逐步应用，数据处理能力得到了很大提高。1984 年，农业部为全国各省农业厅统一配备了长城 0520 微机，举办 3 期计算机培训班，有效推动了计算机在农业领域的应用，我国农业信息化出现了质的飞跃，应用主要是计算机数据计算和磁盘邮寄。

第三阶段是 20 世纪 90 年代。这 10 年间，计算机在农业领域的应用逐步得到重视，普及率逐年提高。更重要的是，这个时期信息技术的开发应用有了较快的发展，比如：利用计算机开展数据分析、点对点的信息传递发展到网络化传递、数据库和农业信息网站的建设等。这一阶段，伴随着世界信息化浪潮和网络时代的到来，我国农业信息化不论是在信息体系建设还是在信息服务方面都取得了较快发展。

第四阶段是进入 21 世纪以来至今。这一时期，各级农业部门适应形势发展的需要，全面贯彻党中央、国务院关于农业和农村工作的战略部属，农业信息化进入全面、高速发展时期，农业信息化在农业上全面应用，农业信息化建设成效显著。

（二）我国农业信息化服务利用的紧迫性和重要性

1. 加快推进农业信息化服务利用是建设社会主义新农村的迫切需要

没有农业农村信息化，就不可能有农业农村的现代化，也不可能实现新农村建设的目标。新形势下，增强农业农村综合生产能力、加快推进城镇化、实现城乡公共服务均等化、促进农村经济社会发展和进步，迫切需要信息化提供新动力和新手段。

2. 加快推进农业信息化服务利用是现代农业发展的客观需要

当前，我国农业正处于由传统农业向现代农业转变的重要战略机遇期。为农业生产经营活动注入新的活力，必须加快解决农产品市场体系不健全、农业生产组织化程度低、农业社会化服务体系不完善等方面的突出矛盾，将农业生产经营活动有效纳入社会主义市场经济体制，将现代信息技术应用作为农业生产经营连接市场经济体系的关键纽带，推动信息化与现代农业建设的紧密结合，实现农业产前、产中、产后的无缝结合，使广大农民享受现代科技进步成果，提升农业应对纷繁复杂的市场环境。

3. 加快推进农业信息化服务利用是实现城乡经济社会发展一体化发展的现实需要

长期以来，城乡差别一直是制约农村发展的瓶颈之一。构建功能完备、运转高效、反应灵敏的城乡一体化管理服务系统，促进家电下乡、信息下乡，激发农村消费需求，是建立城乡经济社会发展一体化新格局的重要着力点，是实现以工促农、以城带乡发展的重要途径。面对城镇化发展的新趋势，特别是不同区域的比较优势，应区分轻重缓急，推进农村文化教育、公共卫生、医疗救助、社会保障等方面的信息化建设，加快城乡公共服务均等化，切实缩小因受限于技术进步成果所产生的数字鸿沟，将深化农村信息化作为农村改革发展的重要机遇。

4. 加快推进农业信息化服务利用是培养新型农民的长远需要

农业农村改革开放不仅为社会主义新农村建设和现代农业建设奠定了坚实基础，而且为农业农村长期发展和繁荣提供了丰富的人力资源。加快农业农村信息化，将农民培养成为有文化、懂技术、会经营的新型农民必将为我国经济社会发展提供充足的人力资本和新的动力；抓住信息网络所能够提供的低成本、多样化、广覆盖的信息传播、知识扩散机遇，向广大农民传授各种先进适用的专业技术知识，提供多样化的信息咨询服务，必将在更大范围、更高层次、更多领域开阔农民视野、提高农民素质。

（三）我国农业信息化服务利用方向与任务

1. 指导方针

以邓小平理论、“三个代表”重要思想为指导，深入贯彻落实科学发展观，全面贯彻党的十七届三中、五中全会精神，按照在工业化、城镇化深入发展中同步推进农业现代化的要求，以保障农产品有效供给、农产品质量安全、农民增收为目标，以全面推进农业生产经营信息化为主攻方向，以农业农村信息化重大示范工程建设为抓手，完善农业农村信息服务体系，探索农业农村信息化可持续发展的运行机制，着力强化政策、科技、人才、体制对农业农村信息化发展的支撑作用，不断提高信息化服务“三农”的水平。

2. 基本原则

一是坚持政府主导，社会参与。农业农村信息化建设具有一次性投入大、投资回报周期长的特点。在当前农民信息消费能力较低，农业农村信息化市场运作机制不完善的形势下，迫切需要强化政府的主导作用，并积极鼓励引导电信运营商、IT 企业、高等院校、科研院所和农民专业合作社等各种社会力量参与，形成推进农业农村信息化发展的合力。

二是坚持创新发展，示范带动。注重把握信息技术和现代农业的发展趋势，创新农业农村信息化发展的技术、模式和机制，推动农业农村信息化快速、可持续发展。以工程带动为主要手段，在全国合理布局农业农村信息化重大示范工程，通过示范引入、中试熟化、以点带面，促进全国农业农村信息化的跨越式发展。

三是坚持协同共享、注重实效。统筹规划，加强部门、行业和企业的协调，积极探索农业农村信息化基础设施、信息资源、服务体系共建共享、互联互通模式，并立足当前实际，把握关键问题，科学设置建设任务，避免重复建设和资源浪费，确保各项工作取得实效。

四是坚持规范运作、安全可控。建立规范的农业农村信息化工作流程和监督机制，制定和完善相关标准，并强化制度和标准执行力度。坚持重大信息系统建设与信息安全建设并重，加强政策引导，坚持自主可控，强化对非自主信息安全技术与产品的管理监控，提高可控性。

3. 发展目标

一是农业农村信息化基础设施明显改善。在国家加快农村地区宽带网络建设，提高宽带普及率和接入带宽的前提下，促进农村电脑、电视、电话的进一步融合，逐步提高我国农村居民计算机的拥有量，每百户达到30台，提高农业领域的计算机应用水平。

二是农业生产信息化水平显著提升。种植业信息化建设稳步推进，设施农业、园艺业信息技术应用水平显著提高；养殖业信息化建设大力推进，规模化畜禽养殖业信息技术应用逐步扩大，渔业信息化迈上一个新台阶；农业生产信息化整体水平翻两番，达到12%。

三是农业经营信息化水平明显提高。农业企业、农民专业合作社信息化快速推进，农产品批发市场信息化水平大幅提高，农产品电子商务快速发展，农业经营信息化整体水平翻两番，达到20%。

四是农业管理信息化建设稳步推进。农业电子政务平台基本建成，农业资源管理、农业应急指挥、农业行政审批和农业综合执法等基本实现信息化，农产品质量安全监管信息化水平显著提升，农业行业管理信息化全面推进，农业管理信息化整体水平达到60%。

五是农业服务信息化水平显著增强。部、省、地市、县四级农业综合信息服务平台基本建成，信息资源共建共享成效显著，信息服务专家队伍更加壮大，信息处理、信息服务能力进一步提高，信息服务机制更加灵活有效，农业服务信息化整体水平达到50%。

4. 主要任务

“十二五”时期，我国农业农村信息化建设主要包括以下五项主要任务。

一是夯实农业农村信息化基础。

二是加快信息技术武装现代农业步伐。

三是助力农业产业化经营跨越式发展。

四是推进农业政务管理迈上新台阶。

五是开创农业信息服务新局面。

5. 重点工程

一是“金农工程”二期。主要包括完善“金农工程”一期建设、农产品供给安全信息系统建设、农产品质量安全信息系统建设、农业资源管理信息系统建设。

二是农业信息化建设工程。主要包括种植业生产信息化建设、养殖业生产信息化建设、农业经营信息化建设、农产品质量追溯信息化建设、农业安全生产信息化建设、农民专业合作社信息化建设。

三是农业信息服务工程。按照“资源整合，协同共享”的思路，重点建设部、省、地市和县四级农业综合信息服务平台体系，建设统一的运行管理标准规范，实现及时准确的针对性服务。主要包括部级农业综合信息服务平台建设、省级农业综合信息服务平台建设、地市级农业综合信息服务平台建设、县级农业综合信息服务平台建设。

二、我国农业信息服务新模式

（一）北京“221 信息平台”

北京“221 信息平台”（221 即“摸清市场需求和农业资源两张底牌、搞好科技和资金两个支撑、搭建一个信息平台”的代称）以资源整合和实际应用为重点，发展较为迅速。

1. 北京“221 信息平台”三大特点

特点一：政府支持、会员制运作。

特点二：统筹协调，联合共建。

特点三：农商对接，应用为主。

2. 北京“221 信息平台”四大服务体系

体系之一：农产品市场信息采集、分析与发布体系。

体系之二：农业远程信息服务体系。

体系之三：信息服务助农服务体系。

体系之四：涉农信息公众网络发布体系。

3. 北京“221 信息平台”七项服务功能

功能一：信息查询功能。

功能二：网上宣传功能。

功能三：促进农产品销售功能 。

功能四：即时通信功能。

功能五：个性化服务功能。

功能六：便民服务功能。

功能七：决策支持功能。

（二）上海“农民一点通”

2006 年，上海开始实施“千村通”工程，逐步为各个行政村配备为民综合信息服务终端查询机——“农民一点通”。上海在郊区县 1 400多个行政村建有农村综合信息服务站，每个服务站配备一台电脑和一台智能信息终端。

上海“农民一点通”五大服务新模式。

一是建立农业网上医院，实现农民与专家零距离咨询。

二是建立农民网上社会，实现农业信息化应用新模式。

三是制作个性化村级网站，实现城乡信息互通。

四是开发双屏机功能，实现图文音像并茂、实时联播。

五是实施定向远程授课，开拓专家服务新模式。

（三）浙江“农民信箱”

农民信箱系统是利用因特网和现代通信技术，为农民量身定制的信息工具。它以实名制注册使用并与手机相连，使农民群众能借助电脑和手机短信进行网上双向交流，是一个集通信联系联系、电子商务、电子政务、农技服务、办公交流、信息集成等功能于一体的面向“三农”的公共服务平台。

1. 农民信箱的五大特点

特点一：真名实姓注册。

特点二：手机信箱捆绑。

特点三：网上门牌号码。

特点四：农民坐等服务。

特点五：各级共同管理。

2. 农民信箱的六大功能

功能一：买卖信息对接。

功能二：信息资源集成。

功能三：农技 110 咨询。

功能四：网上信息调查。

功能五：写信常用词句。

功能六：外联邮箱。

3. 农民信箱的四大成效

成效一：建立起完善的农村信息联络体系。

成效二：解决了信息服务的“最后一公里”。

成效三：拓展了农业信息的应用范围。

成效四：提高了农民的信息意识。

（四）吉林“12316”新农村热线

“12316”新农村热线是一种整合了企业的网络资源和农业部门的信息资源，优势互补，开展农村信息服务的一种信息服务模式。

“12316”新农村热线的主要特点如下。

（1）采取“政府主导、企业参与、市场化运作”的运行模式。

（2）建立激励机制，注重服务质量。

（3）建立多层次、多途径的信息发布模式。

（4）建立完善的热线服务体系。

（五）江苏“农业物联网”

江苏省在加快推进农业现代化建设中，开展了物联网技术在现代农业生产领域的关键设备与应用技术体系的研发、应用与示范。

江苏“农业物联网”三大检测功能。

功能一：温室大棚智能化监测控。

功能二：畜禽养殖智能化监测控。

功能三：水产养殖水体环境智能监测控。

（六）云南“数字乡村”

云南省“数字乡村”工程是以自然村为单位，把乡、镇、村委会、自然村三级的图片、文字介绍、155 项数据报表指标、视频等资料采编后上传至服务器。乡镇子网20个栏目，村委会和自然村10个栏目，每个栏目都要有对应的文字说明，图片不少于50张。生成的基础信息资料客观、真实、科学、系统地反映出当地农业农村经济和社会发展变化情况，取得了五大成效。

成效一：采集了丰富的乡村信息，实现了乡村信息上网发布。

成效二：建成乡村基本情况数据库，进一步摸清了乡村"家底"。

成效三：建成了覆盖全省的"数字乡村"网站群，服务能力大幅提升。

成效四：拓展了建设内容，信息服务覆盖面不断扩大。

成效五：初步整合了"三农"信息资源，信息共享功能进一步增强。

（七）河北"三电一厅"

"三电一厅"指的是电脑、电视、电话和农业科技服务厅，是河北省建立的面向"三农"的信息发布与服务系统，属于河北信息化的基础性工作。这一系统利用"电脑"架设信息高速公路，利用"电视"举办农业专题节目，利用"电话"开通信息查询热线，利用"农业科技服务厅"设立信息服务窗口，以龙头企业、种养大户、专业协会、合作组织、农村经纪人、农业科技示范户等为主要对象，加快信息进村入户步伐，实现农村"户"联网，加强农业信息资源的开发利用，完善农业信息资源库。

（八）河北张家口市农业信息化服务

（1）张家口市政府创办了"农业信息网站"和"农业特色网站"，直接服务于全市农业生产。

（2）张家口市农业部门与中国移动通信公司张家口分公司联合建立了"12582"农业信息短信服务平台，通过发送短信使农业专家与农民进行互动。

（3）张家口市农业部门与中国联通公司张家口分公司联合建立了"12316"电话语音专家热线服务平台。

（4）张家口市与北京市农业部门合作，建立了"京张蔬菜产销信息服务平台"，采集、分析、发布蔬菜产销信息，使张家口市13个县的蔬菜信息采集中心直接与北京八大蔬菜批发市场相连接，实现了京张蔬菜产销信息一体化。

（5）张家口市农业信息进村入户工程。该工程由中国移动张家口分公司免费提供价值180万元的农村信息机1 200台，在全市209个乡镇和1 000个重点行政村建立乡村农业信息服务站，利用先进的无线网络通信技术，与市农业短信平台相结合，形成手段先进、反应灵敏、运行高效的信息采集、传输、发布的农业信息网络体系，以有效解决从县乡到农民的信息传递问题。目前，张家口市已在怀安、康保、张北、怀来等县投放农村信息机 300 多台，工程实施总体上起步良好。

（6）张家口承担国家推广实施的信息化试点“河北省新农村信息综合服务体系建设”项目，由怀来县科技局与廊坊市大华夏神农信息技术有限公司（国家信息化试点工程单位）实施，将在该县建立县级示范服务中心 1 个，村级示范服务站 1 个，村级信息服务站 10 个。

参考文献

霍习良，王殿武 . 2002. 土壤肥料学［M］. 北京：地震出版社 .

卢树昌 . 2011. 土壤肥料学［M］. 北京：中国农业出版社 .

全国农业技术推广服务中心 . 2004. 无公害农产品适用农药品种应用指南［M］. 北京：中国农业出版社 .

石伟勇 . 2005. 植物营养诊断与施肥［M］. 北京：中国农业出版社 .

宋志伟，杨定科，杜家方 . 2015. 现代农业生产经营［M］. 北京：中国农业科学技术出版社 .

孙慧生 . 2003. 马铃薯育种学［M］. 北京：中国农业出版社 .

孙欣，王宝地 . 2012. 张家口农业实用技术［M］. 北京：中国农业科学技术出版社 .

王慧军 . 2014. 基层农业技术推广人员培训教程［M］. 北京：中国农业大学出版社 .

奚玉银 . 2013. 北方小杂粮高产栽培及贮藏加工［M］. 北京：化学工业出版社 .

徐汉虹 . 2007. 植物化学保护学［M］. 北京：中国农业出版社 .

叶钟音 . 2002. 现代农药应用技术全书［M］. 北京：中国农业出版社 .

张福锁，陈新平，陈清，等 . 2009. 中国主要作物施肥指南［M］. 北京：中国农业大学出版社 .

张家口市农业科学院 . 2012. 冀北主要农作物栽培技术［M］. 北京：中国农业科学技术出版社 .

张文英 . 2005. 小麦玉米谷子杂种优势［M］. 北京：中国农业科学技术出版社 .